高职高专"十一五"规划教材

测量学基础

赵雪云 李峰 主编

化学工业出版社

·北京·

本书介绍了测量学的基本知识、技能和方法。全书共 12 章，内容包括绪论、测量学的基本知识、水准测量、角度测量、距离测量与直线定向、测量误差基本知识、平面控制测量、高程控制测量、地形图的基本知识、地形图测绘、地形图的应用、测绘新技术简介，每章后面附有思考题与习题。另外，本书配有《测量学基础实训指导书》（另册），是学生实践动手的依据和资料。

本书可作为高职高专测量技术及相关专业的专业基础课教材，也可作为建筑类等相关专业的教材或参考用书，也可作为工程技术人员的自学参考书。

图书在版编目（CIP）数据

测量学基础/赵雪云，李峰主编．—北京：化学工业出版社，2008.4（2023.1重印）
高职高专"十一五"规划教材
ISBN 978-7-122-02379-7

Ⅰ．测… Ⅱ．①赵…②李… Ⅲ．测量学-高等学校：技术学院-教材 Ⅳ．P2

中国版本图书馆 CIP 数据核字（2008）第 036770 号

责任编辑：王文峡
责任校对：蒋　宇　　　　　　　　　　　　　装帧设计：尹琳琳

出版发行：化学工业出版社（北京市东城区青年湖南街 13 号　邮政编码 100011）
印　　装：涿州市般润文化传播有限公司
787mm×1092mm　1/16　印张 17½　字数 438 千字　2023 年 1 月北京第 1 版第 10 次印刷

购书咨询：010-64518888　　　　　　　　　售后服务：010-64518899
网　　址：http://www.cip.com.cn
凡购买本书，如有缺损质量问题，本社销售中心负责调换。

定　　价：49.00 元　　　　　　　　　　　　　　　　　　　　　版权所有　违者必究

前　言

本教材是工程测量技术专业系列教材之一，是根据高职高专工程测量技术专业人才培养目标与规格要求编写的。本教材根据国家最新发布的测量标准和规范，结合近些年高等职业教育工程测量技术专业的教学改革，体现了工程测量技术专业课程教学改革的最新成果。本教材主要是为了满足高等职业教育工程测量技术专业的教学需要，也能适应其他相关专业教学及岗位培训等的需要。

测量学基础是工程测量技术专业的一门重要的专业技术课，本教材重点介绍了测量学的基本知识、常用测量仪器的构造和使用方法、小面积大比例尺地形图测绘等内容。在编写过程中，编者力求突出实践应用与可操作性，突出"以能力为本位的思想"；注重紧密结合测量工作实际，努力做到"深入浅出"，文字通俗易懂，内容精练；针对教材的基础性，坚持为工程测量技术专业高职教育的定位服务，侧重测量学的基本概念、基础知识与基本技能，内容上体现概念准确、方法简单，兼顾教材内容的系统完整性，对学生的专业入门和培养学生的专业能力具有重要作用。

本教材由山西建筑职业技术学院赵雪云统稿并担任主编，山西建筑职业技术学院李峰任第二主编。第一、三、十二章由赵雪云编写，第四、五章及《测量学基础实训指导书》由李峰编写，第六、十章由山西煤炭职业技术学院常巧梅编写，第八、九、十一章由山西建筑职业技术学院杨静编写，第二、七章由山西煤炭职业技术学院曹海春编写。本书由山西煤炭职业技术学院索效荣主审。

本书可作为高职高专测量技术及相关专业的专业基础课教材，也可作为建筑类等相关专业的教材或参考用书，以及工程技术人员的自学参考书。

在本教材的编写过程中，得到了化学工业出版社、山西建筑职业技术学院道桥与测量教研室和山西煤炭职业技术学院测量教研室的专家、老师的大力支持与帮助，提出了很多宝贵意见，在此一并表示感谢。

由于水平、时间有限，书中难免有欠妥之处，恳请广大读者批评指正。

编者
2008 年 2 月

目 录

第一章 绪论 1
第一节 测量学概述及各分支学科简介 1
一、测量学的概念 1
二、测量学的分类 1
第二节 测量学的任务及作用 3
一、测量学的任务 3
二、测量学的作用 3
第三节 测量学的发展概况 4
思考题与习题 5

第二章 测量学的基本知识 6
第一节 平面坐标系统和高程系统 6
一、地球的形状和大小 6
二、平面坐标系统 8
三、高程系统 12
第二节 用水平面代替水准面的限度 13
一、地球曲率对水平距离的影响 13
二、地球曲率对水平角的影响 14
三、地球曲率对高差的影响 14
第三节 测量工作概述 15
一、测量的实质 15
二、测量的基本工作 15
三、测量工作的基本程序和原则 15
思考题与习题 16

第三章 水准测量 17
第一节 水准测量原理 17
一、水准测量原理 17
二、转点、测站 18
第二节 水准测量仪器和工具 19
一、DS_3型微倾式水准仪的构造 19
二、自动安平水准仪简介 22
三、水准尺和尺垫 23
第三节 水准仪的使用 24

第四节　水准测量的施测方法 ·· 25
　　　一、水准点和水准路线 ·· 25
　　　二、水准测量的施测方法 ·· 26
　　第五节　水准测量成果计算 ·· 31
　　　一、普通水准测量的精度要求 ·· 31
　　　二、附合水准路线成果计算 ·· 31
　　　三、闭合水准路线成果计算 ·· 33
　　　四、支水准路线成果计算 ·· 33
　　第六节　微倾式水准仪的检验与校正 ·· 33
　　　一、水准仪的主要轴线 ·· 33
　　　二、水准仪的主要轴线应满足的条件 ·· 33
　　　三、水准仪的检验与校正 ·· 34
　　第七节　水准测量的误差及注意事项 ·· 36
　　　一、仪器误差 ·· 36
　　　二、观测误差 ·· 37
　　　三、外界条件的影响所带来的误差 ·· 37
　　思考题与习题 ··· 37

第四章　角度测量 ·· 39
　　第一节　水平角测量原理 ·· 39
　　　一、水平角的概念 ·· 39
　　　二、水平角测量原理 ·· 39
　　第二节　经纬仪的构造 ·· 40
　　　一、DJ_6型光学经纬仪的构造 ··· 40
　　　二、DJ_6经纬仪读数装置和读数方法 ··· 42
　　　三、DJ_2光学经纬仪简介 ··· 44
　　　四、电子经纬仪简介 ·· 45
　　第三节　经纬仪的使用 ·· 47
　　　一、对中 ·· 47
　　　二、整平 ·· 47
　　　三、调焦与照准目标 ·· 48
　　　四、读数 ·· 49
　　　五、度盘置数 ·· 49
　　第四节　水平角测量 ·· 49
　　　一、测回法 ·· 49
　　　二、方向观测法 ·· 51
　　第五节　垂直角测量 ·· 52
　　　一、垂直角的概念 ·· 52
　　　二、竖直度盘的构造 ·· 53
　　　三、垂直角的计算公式 ·· 54

四、垂直角的观测 ································· 54
　　五、竖盘指标差简介 ······························· 56
　　六、垂直角观测注意事项 ··························· 57
第六节　经纬仪的检验与校正 ···························· 57
　　一、经纬仪的主要轴线 ····························· 57
　　二、经纬仪的主要轴线间应满足的条件 ··············· 57
　　三、经纬仪的检验与校正 ··························· 58
思考题与习题 ·· 60

第五章　距离测量与直线定向 ·························· 62
第一节　钢尺量距 ······································ 62
　　一、距离丈量的工具 ······························· 62
　　二、直线定线 ····································· 63
　　三、距离丈量的一般方法 ··························· 65
　　四、钢尺量距的精密方法 ··························· 66
　　五、钢尺量距的误差及注意事项 ····················· 70
第二节　视距测量 ······································ 71
　　一、视距测量的计算公式 ··························· 71
　　二、视距测量的观测与计算 ························· 72
　　三、视距测量的误差及注意事项 ····················· 72
第三节　光电测距 ······································ 72
　　一、测距原理 ····································· 72
　　二、红外测距仪 ··································· 73
　　三、使用测距仪的注意事项 ························· 76
第四节　直线定向 ······································ 76
　　一、标准方向 ····································· 76
　　二、方位角 ······································· 77
　　三、象限角 ······································· 78
　　四、坐标方位角与象限角之间的关系 ················· 78
第五节　罗盘仪及其使用 ································ 79
　　一、罗盘仪的构造 ································· 79
　　二、罗盘仪的使用 ································· 79
思考题与习题 ·· 80

第六章　测量误差基本知识 ···························· 81
第一节　测量误差及其分类 ······························ 81
　　一、测量误差 ····································· 81
　　二、测量误差的分类 ······························· 82
　　三、偶然误差的特性 ······························· 83
第二节　衡量精度的标准 ································ 84

一、中误差 ·· 85
　　二、容许误差 ·· 85
　　三、相对误差 ·· 86
　第三节　算术平均值及其观测值的中误差 ······································ 86
　　一、算术平均值 ··· 86
　　二、观测值改正数 ·· 87
　　三、由观测值改正数计算观测值中误差 ····································· 87
　　四、算术平均值的中误差 ··· 88
　第四节　误差传播定律 ·· 89
　　一、线性函数误差传播定律 ·· 89
　　二、非线性函数误差传播定律 ··· 94
　思考题与习题 ·· 96

第七章　平面控制测量 ·· 97
　第一节　控制测量概述 ·· 97
　　一、控制测量的基本概念 ··· 97
　　二、平面控制测量的意义和方法 ·· 98
　第二节　导线测量的外业工作 ··· 100
　　一、导线测量的布设形式 ··· 100
　　二、导线测量外业 ·· 101
　第三节　导线测量内业计算 ·· 103
　　一、坐标正算的基本公式 ··· 104
　　二、坐标方位角的推算 ·· 104
　　三、闭合导线内业计算 ·· 105
　　四、附合导线内业计算 ·· 109
　　五、导线测量错误的检查 ··· 112
　第四节　图根三角锁测量 ·· 113
　　一、概述 ··· 113
　　二、图根三角锁（网）测量的外业工作 ··································· 114
　　三、线形锁的近似平差 ·· 115
　　四、中点多边形近似平差 ··· 119
　第五节　解析交会测量 ·· 122
　　一、概述 ··· 122
　　二、前方交会 ·· 123
　　三、侧方交会 ·· 125
　　四、后方交会 ·· 127
　第六节　辐射点的计算 ·· 129
　思考题与习题 ·· 130

第八章　高程控制测量 ··· 134

第一节　概述 ··· 134
　第二节　三、四等水准测量 ··· 135
　　一、技术要求 ·· 135
　　二、方法 ·· 135
　第三节　三角高程测量 ·· 135
　　一、三角高程测量的基本原理 ··· 135
　　二、地球曲率和大气折光对高差的影响 ·································· 136
　　三、图根三角高程路线的布设 ··· 137
　　四、三角高程测量的实施 ··· 138
　　五、三角高程测量路线的计算 ··· 139
　　六、独立交会高程点的计算 ·· 141
　思考题与习题 ·· 141

第九章　地形图的基本知识 ··· 143
　第一节　地形图和比例尺 ··· 143
　　一、地形图概述 ·· 143
　　二、比例尺及其分类 ·· 144
　　三、比例尺的精度 ··· 146
　第二节　地形图的分幅与编号 ··· 147
　　一、梯形分幅和编号 ·· 147
　　二、正方形或矩形图幅的分幅与编号 ····································· 150
　　三、国家基本比例尺地形图新的分幅和编号 ···························· 151
　　四、地形图图名、图号、图廓及接合图表 ································ 153
　第三节　地物、地貌在图上的表示符号 ···································· 154
　　一、地物符号 ·· 154
　　二、地貌符号 ·· 157
　思考题与习题 ·· 161

第十章　地形图测绘 ·· 162
　第一节　测图前的准备工作 ·· 162
　　一、技术资料的准备与抄录 ·· 162
　　二、图纸准备 ·· 162
　　三、绘制坐标格网 ··· 162
　　四、展绘控制点 ·· 164
　　五、方法、仪器工具的准备 ·· 165
　第二节　地形图的测绘方法 ·· 165
　　一、碎部点的选择 ··· 165
　　二、一个测站上的测绘工作 ·· 166
　　三、测站点的增补 ··· 170
　　四、注意事项 ·· 171

  五、地物的测绘 ··· 172
  六、地貌的测绘 ··· 175
  七、几种典型地貌的测绘 ·· 178
  八、测绘山地地貌时的跑尺方法 ·· 181
 第三节 地形图的拼接、整饰与检查、验收 ··· 181
  一、地形图的拼接 ·· 181
  二、地形图的整饰 ·· 182
  三、地形图的检查 ·· 183
  四、地形图的验收 ·· 185
  五、地形图质量评定 ··· 186
  六、提交资料 ·· 187
 思考题与习题 ·· 188

第十一章 地形图的应用 ··· 189
 第一节 地形图的识读 ·· 189
  一、图廓外的有关注记 ·· 190
  二、地貌阅读 ·· 190
  三、地物阅读 ·· 190
  四、植被分布阅读 ·· 190
 第二节 地形图应用的基本内容 ··· 191
  一、在图上确定某点的坐标 ·· 191
  二、在图上确定某点的高程 ·· 191
  三、在图上确定两点间的直线距离 ··· 192
  四、在图上确定某直线的坐标方位角 ·· 192
  五、在图上确定某直线的坡度 ··· 192
 第三节 地形图在工程建设中的应用 ·· 192
  一、面积量算 ·· 192
  二、按限制坡度选择最短路线 ··· 195
  三、沿指定方向绘制纵断面图 ··· 195
  四、确定汇水面积 ·· 196
 第四节 地形图在平整土地中的应用 ·· 196
  一、设计成水平场地 ··· 197
  二、设计成一定坡度的倾斜地面 ·· 199
  三、根据控制高程点设计倾斜面 ·· 200
 思考题与习题 ·· 201

第十二章 测绘新技术简介 ··· 203
 第一节 全站仪简介 ·· 203
  一、全站仪的结构原理 ·· 203
  二、全站仪的主要性能指标 ·· 204

三、全站仪的操作与使用 …………………………………………………… 204
第二节　GPS全球定位系统简介 ………………………………………… 215
一、概述 …………………………………………………………………… 215
二、GPS系统的组成 ……………………………………………………… 216
三、GPS定位的基本原理 ………………………………………………… 218
四、GPS测量的实施 ……………………………………………………… 220
思考题与习题 ………………………………………………………………… 221

参考文献 ……………………………………………………………………… 222

第一章
绪　论

第一节　测量学概述及各分支学科简介

一、测量学的概念

测量学是研究地球空间信息的学科。具体地讲是一门研究如何确定地球的形状和大小，以及测定地面、地下和空间各种物体的空间位置和几何形态等信息的科学与技术。它为人类了解自然、认识自然和能动地改造自然服务。

测量学的主要技术表现为测量与绘图，故测量学又有"测绘学"之称。

二、测量学的分类

测量学是测绘科学技术的总称，它所涉及的技术领域非常广泛，从地球的形状、大小至地球以外的空间，到地面上局部的面积和点位等有关数据和信息。按照研究范围与测量手段的不同，又分为许多分支学科。

（一）大地测量学

大地测量学是以地球表面上一个较大的区域，甚至整个地球为研究对象，研究地球的形状、大小和重力场，测定地面点几何位置和地球整体与局部运动的理论和技术的学科。研究地球的形状是指研究大地水准面的形状（或地球椭球的扁率）；测定地球的大小就指测定地球椭球的大小；研究地球重力场是指利用地球的重力作用研究地球形状等；测定地面点的几何位置是指测定以地球椭球为参考面的地面点位置和以大地水准面为基准的地面点高程。

随着科学技术的发展，大地测量学科的研究和应用范围发生了革命性的变化。现代大地测量学已经超越了过去传统的局限性，由区域性大地测量发展为全球性大地测量；由研究地球表面发展为涉及地球内部；由静态大地测量发展为动态大地测量；由测地球发展为可以测月球和太阳系各行星，并有能力对整个地学领域及航天等有关空间技术做出重要贡献。

（二）地形测量学

地形测量学是研究如何将地球表面较小区域内的地物（自然地物和人工地物）和地貌（地球表面起伏的形态）等测绘成地形图的基本理论、技术和方法的学科。地形图作为规划设计和工程施工建设的基本图件，在国民经济和国防建设中起着非常重要的作用。由于地形图测绘工作是在地表面范围不大的测区内进行的，而地球曲率半径很大（地球半径为6371km），可将小区域球面近似看作平面而不必顾及地球曲率及地球重力场的微小影响，从而使测量计算工作得到简化。

（三）摄影测量学

摄影测量学是利用摄影机或其他传感器采集被测物体的图像信息，经过加工处理和分析，以确定被测物体的形状、大小和位置，并判断其性质的理论和方法。测绘大面积的地表形态，主要用航空摄影测量。

摄影测量学是研究利用摄影或遥感的手段获取目标物的影像数据，从中提取几何的或物理的信息，并用图形、图像和数字形式表达测绘成果的学科。摄影测量学包括航空摄影、航天摄影、航空航天摄影测量、地面摄影测量等。航空摄影是在飞机或其他航空飞行器上利用航摄机摄取地面景物影像的技术；航天摄影是在航天飞行器（卫星、航天飞机、宇宙飞船等）中利用摄影机或其他遥感探测器（传感器）获取地球的图像资料和有关数据的技术；航空、航天摄影测量是根据在航空或航天飞行器上对地摄取的影像获取地面信息，测绘地形图；地面摄影测量是利用安置在地面上基线上两端点处的专用摄影机拍摄的立体像对，对所摄目标物进行测绘的技术。

用摄影测量手段成图是当今大面积地形图测绘的主要方法。目前，1∶50000～1∶10000的国家基本图主要采用摄影测量的方法完成。摄影测量发展很快，特别是与现代遥感技术相配合使用的光源可以是可见光或近红外光，其运载工具可以是飞机、卫星、宇宙飞船及其他飞行器。因此，摄影测量与遥感已成为测量学分支中非常活跃和富有生命力的一个独立学科。

（四）工程测量学

工程测量学是研究在工程规划设计、施工建设和运营管理各阶段中进行的测量工作的理论、技术和方法的学科，所以又称为实用测量学或应用测量学。它是测绘学在国民经济和国防建设中的直接应用。按工程建设进行的程序，工程测量在各阶段的主要任务有：在规划设计阶段所进行的测量工作，测绘拟建工程区域的地形图，为工程规划设计提供翔实的资料。在施工阶段进行的各种施工测量，是将图上设计好的建筑物标定到实地，确保其形状、大小、位置和相互关系，称为放样，并根据工程施工进度要求在实地准确地标定出工程各部分的平面和高程位置，作为施工和安装的依据，以确保工程质量和安全生产。工程竣工后，要将建筑物测绘成竣工平面图，作为质量验收和日后维修的依据，称为竣工测量；对于大型工程，如高层建筑物、水坝等，工程竣工后，为监测工程的运行状况，确保安全，需对工程的位置和形态进行周期性的重复观测，称为变形监测。工程测量服务的领域非常广阔，有军事建筑、工业与民用建筑、道路修筑、水利枢纽建造等。工程测量按其服务的对象又分为城市测量、铁路工程测量、公路工程测量、水利工程测量、地质勘探工程测量、地籍测量、建筑工程测量、工业厂区施工安装测量和矿山测量等。

（五）地图制图学

地图制图学是研究模拟地图和数字地图的基础理论、地图设计、地图编制和复制的技术方法及其应用的学科。它以地图信息传输为中心，探讨地图及其制作的理论、工艺技术和使用方法。它主要研究用地图图形反映自然界和人类社会各种现象的空间分布、相互联系及其动态变化，具有区域性学科和技术性学科的两重性，所以亦称地图学。其主要内容包括地图编制学、地图投影学、地图整饰和制印技术等。传统地图制图学的内容包括地图投影、地图编制、地图设计、地图制印和地图应用等。随着计算机技术的引入，现代地图制图学还包括用空间遥感技术获取地球、月球等星球的信息，编绘各种地图、天体图以及三维地图模型和制图自动化技术等。

（六）海洋测量学

海洋测量学是研究测绘海岸、水体表面、海底自然与人工形态及其变化状况的理论、技术和方法的学科。主要包括海道测量、海洋大地测量、海底地形测量、海洋专题测量以及航海图、海底地形图、各种海洋专题图和海洋图集的编制等。

以上几门分支学科，既自成体系、各有专务，又密切联系、互相配合，才能更好地为测绘事业服务。

第二节　测量学的任务及作用

一、测量学的任务

测量学的任务概括起来有三个方面：一是精确测定地面点的平面位置和高程，研究地球的形状和大小；二是对地球表面、地壳浅层和外层空间的各种自然和人造物体的几何、物理和人文信息数据及其时间变化进行采集、量测、存储、分析、显示、分发和利用；三是进行经济建设和国防建设所需要的测绘工作，以推动生产与科技的发展。

二、测量学的作用

新世纪，科学技术突飞猛进，经济发展日新月异，测绘越来越受到普遍重视，其应用领域不断扩大。在国民经济建设中，测量技术的应用非常广泛。例如：铁路、公路在建设之前，为了确定一条最经济、最合理的路线，事先必须进行该地带的测量工作，由测量成果绘制带状地形图，在地形图上进行线路规划设计，然后将设计的路线标定在地面上，以便进行施工；在路线跨越河流时，必须建造桥梁，在建桥之前，要绘制河流两岸的地形图，为桥梁的设计提供重要的图纸资料，最后将设计的桥墩位置在实地标定出来；在矿山井下各矿井之间，同一矿井各水平之间需要掘进巷道，巷道开挖之前，需要测量标定巷道的开口位置和巷道的掘进方向，以保证巷道的正确贯通。城市规划、给水排水、煤气管道等市政工程的建设，工业厂房和高层建筑的建造，在设计之初都需测绘各种比例尺的地形图，供工程设计使用。在施工阶段，要将设计的工程平面位置和高程在实地标定出来，作为施工的依据。待工程完工后，还要测绘竣工图，供以后改扩建和维修之用；对某些重要的建筑物和构筑物，在其建成以后，还需要进行变形观测，以确保其安全运行。在房地产的开发、管理和经营中，房地产测绘起着重要的作用。地籍图和房产图以及其他测量资料准确地提供了土地的行政和权属界址，每个权属单元的位置、界线和面积，每幢房屋与每层房屋的几何尺寸和建筑面积，经土地管理和房屋管理部门确认后具有法律效力，可以保护土地使用权人和房屋所有权人的合法权益，可为合理开发、利用和管理土地和房产提供可靠的图纸和数据资料，并为国家对房地产的合理税收提供依据。具体来说，测绘学在国民经济建设和国防建设中的主要作用可归纳为以下几方面。

① 提供地球表面一定空间内点的坐标、高程和地球表面点的重力值，为地形图测绘和地球科学研究提供基础资料。

② 提供各种比例尺地形图和地图，作为规划设计、工程施工和编制各种专用地图的基础图件。

③ 准确测绘国家陆海边界和行政区划界线，以保证国家领土完整和睦邻友好相处。

④ 为地震预测预报、海底和江河资源勘测、灾情和环境的监测调查、人造卫星发射、宇宙航行技术等提供测量保障。

⑤ 为地理信息系统的建立获得基础数据和图纸资料，以提供经济建设的决策参考。

⑥ 为现代国防建设和国家安全提供测绘保障。

随着我国经济社会信息化水平的不断提高，数字化基础地理信息已成为各个领域进行决策、管理、规划和建设等不可缺少的数字地理空间信息支撑条件，各方面对数字化测绘产品的需求量越来越大。我国将进入一个新的发展时期，在对经济结构进行战略性调整的同时，还将大力推进国民经济和社会信息化，以信息化带动工业化，实现社会生产力的跨越式发展。特别是随着国家西部大开发和中部崛起等重大战略的实施，国家将进一步加强水利、交通、能源、现代信息等基础设施建设，加大生态环境治理力度，合理进行资源的利用与开发，促进地区协调发展等，必将对测绘保障工作提出更高的要求，推动测绘事业进入新的发展阶段。

本课程属于测绘专业的专业基础课，通过本课程的学习，首先建立测量学科的有关基本概念，理解测量工作的基本原理，掌握测量工作的基本计算及量测技能，为后续专业课的学习打下坚实的基础。同时本课程还介绍了大比例尺地形测图的作业方法，意在培养测绘大比例尺地形图的基本技能。所以对本课程的学习应予以足够的重视。

本课程具有理论严密、概念多、实践性强等特点。通过本课程的学习，除了培养理论分析能力和实际动手能力之外，在素质方面，还要发扬测绘界吃苦耐劳、一丝不苟的优良传统，而且要具备执著的敬业精神、积极主动的工作态度和善于协作的团队精神。

测绘工作被称为"工程的眼睛"、"指挥员的参谋"。在经济和国防建设方面具有重大的意义和作用。在国家各方面建设工作规模日益巨大、复杂的形势下，测绘工作在国家建设事业中所承担的任务也愈来愈大。人们把测量工作者称为建设的"尖兵"，这是对测绘事业最崇高的评价，也是对每位测绘人的鞭策。

第三节 测量学的发展概况

测量学是在人类生产实践活动中产生并不断发展形成的一门应用学科，有着悠久的历史。早在几千年前，由于当时社会生产发展的需要，中国、埃及、希腊等古代国家的人民就开始创造并运用测量工具进行土地丈量、水利与农田灌溉等工程中的测量工作。在远古时代我国就发明了指南针，以后又制造了浑天仪等测量仪器，并绘制了相当精确的全国地图。指南针于中世纪由阿拉伯人传到欧洲，之后在全世界得到广泛应用，到今天仍然是利用地磁测定方位的简便测量工具。我国古代劳动人民为测量学的发展做出了突出贡献。

测量学最早用于土地整理，随着社会生产的发展，逐渐应用到社会的许多生产部门。17世纪发明望远镜后，人们利用光学仪器进行测量，使测量科学迈进了一大步。自19世纪末发展了航空摄影测量后，又使测量学增添了新的内容。随着现代光学及电子学理论在测量中的应用，先后发明并制造了一系列激光、红外光、微波测距、测高、准直和定位的仪器。而惯性理论在测量学中的应用，又发明了陀螺定向、定位仪器。这些先进仪器的应用，大大改进了测量手段，提高了测量精度和速度。从20世纪60年代以来，由于电子计算技术的飞速发展，出现了自动绘制地形图的仪器。人造地球卫星的发射以及遥感、遥测技术的发展，使得测绘工作者可以获得更加丰富的地面信息。随着计算机科学、信息工程学、现代仪器学的迅猛发展，促使现代测绘技术正在发生革命性的变化。它体现在现代大地测量学、摄影测量与遥感学、工程测量学、地图学与地理信息系统、海洋测量和测绘仪器等学科中出现的新理论和新方法，极大地推进了测绘学科的发展。目前，现代测量学正在努力实现"3S"结合，即GPS（Global Positioning System）全球卫星定位系统、RS（Remote Sensing）遥感、GIS（Geographical Information System）地理信息系统的结合与集成。以3S技术为代表的测绘新技术打破了传统测绘以大地、航测、制图学科划分的界限，具有观测范围大、速度快、精度高、全天候和部分智能化的特点。3S 的集成利用，构成整体的、实时的和动态的对地观测、分析和应用的运行系统，正满足了资源与环境调查、监测和自然灾害预测、预报，以及灾情调查、灾后恢复等对取得信息快捷准确的要求。由于 3S 技术的发展使人类有可能对社会、经济发展领域中诸多方面进行动态监测、综合分析和模拟预测，成为人类解决全球与区域性环境与发展问题的重要手段。

中华人民共和国成立后，我国测绘事业有了很大的发展。1954 年建立了 1954 年北京坐标系统。1956 年建立了黄海高程系统；建立了遍及全国的大地控制网、国家水准网、基本重力网和卫星多普勒网；完成了国家大地网和水准网的整体平差；完成了国家基本图的测绘工作。2005 年再次准确测定了珠穆朗玛峰最新高程（8844.43m）。1988 年 1 月 1 日，我国正式启用新的高程系统——1985 年国家高程基准，且在我国陕西西安泾阳县永乐镇建立了新的大地坐标原点，并用 IUGG-75 参考椭球，建立了我国独立的参心坐标系，称为 1980 年西安坐标系，为全国测绘工作奠定了良好的基础。与此同时，测绘工作者还配合国民经济建设进行了大量的测绘工作，例如进行了南京长江大桥、宝山钢铁厂、北京正负电子对撞机、青藏铁路、长江三峡水利枢纽等特大型工程的精确放样和设备安装测量。在测绘仪器制造方面，从无到有，现在不仅能生产大量常规测量仪器，像全站仪、GPS 接收机等一些先进的仪器也可批量生产。在测绘人才培养方面，1950 年，中国人民解放军总参谋部测绘局成立，同时各大军区分别成立了测绘学校。1952 年，清华大学等 6 所高等院校设置了测量工程专业，积极培养测绘技术人员。1956 年，成立了全国统一的测绘管理机构——国家测绘总局。多年来，已有几十所高等学校先后设立了测绘专业，为国家培养了大量高、中级测绘人才，构成了我国测绘领域从事科研、教学、生产的强大的各级各类专业人才队伍，大大提高了我国测绘科技水平。"数字中国计划"作为国家的战略计划已经提上了议事日程，测绘工作也已经纳入了"中国 21 世纪议程"。配合国家产业结构调整战略，测绘产业也正在进行产业结构调整，一个由现代化的新技术结构、高效益的新产业结构、现代化的新管理体系构成的新型地理信息产业即将形成。测绘仪器集成化，测绘过程自动化、实时化、动态化，测绘成果数字化及测绘系统智能化将是未来测绘工作的发展方向。

思考题与习题

1. 测量学的研究对象是什么？目前测量学分成了哪些独立学科，它们的研究对象分别是什么？
2. 地形测量学的主要任务是什么？本课程与其他专业课有何关系？
3. 试述测绘工作在我国经济建设中的重要作用。
4. 收集资料，了解当今测绘学科发展动态。

第二章
测量学的基本知识

第一节 平面坐标系统和高程系统

一、地球的形状和大小

多数测量工作都是在地球表面进行的，且测量学的主要研究对象是地球的自然表面，因此，必然会涉及地球的形状和大小问题。为了合理处理测量数据和测绘地形图，正确认识地球的形状和大小是非常必要的。

地球究竟是一个什么形状，怎样来表述它？这是自然科学研究的极其重要的问题之一。虽经过长期测定和研究，但现在还没有一个十分完善准确的结论。这一课题仍然是需要不断探讨和研究的重要课题。

地球的自然表面有海洋、有陆地，有高山、有深沟，是一个十分复杂的不规则表面，不便于用公式表达。在这样一个不规则的几何体表面无法进行测量的计算、绘图，也无法确定点间的相对位置。但要知道，在地球的自然表面，海洋面积约占其表面积的71％，而陆地面积仅占约29％。陆地表面虽然高低起伏，但最高的珠穆朗玛峰高出海面也不过8844.43m；而最深的马里亚纳海沟也不过比海面低11022m。这些最大的高低起伏，相对于地球的体积来说是极微小的。因此，可以设想有一个静止的海洋面，将它扩展延伸使其穿过陆地和岛屿，形成一个包围地球的封闭的海水面，将这个静止的海水面叫做水准面。由于海水受潮汐影响，时高时低，水准面有无穷多个。取一个与平均海水面高度一致，穿过大陆和岛屿，包围地球的封闭水准面，来代替地球的自然表面，这个假想的水准面叫做大地水准面。大地水准面包围的球体叫做大地体，通常用大地体代表地球的形状和大小。

地球上的任一质点，因受到地球引力，同时还受到因地球自转产生的离心力的作用，地球引力与离心力的合力，就是大家所熟悉的重力，重力方向也就是所说的铅垂线方向。水准面的物理特征就是一个重力的等位面，等位面处处与产生等位能的力的方向垂直，即水准面是一个处处与重力方向垂直的连续曲面。

由于地球引力的大小与地球内部的质量有关，而地球内部的质量分布又不均匀，这引起地面上点的各个重力方向产生不规则变化，因而大地水准面实际上是一个有微小起伏变化的不规则曲面。大地体也就是个无法用数学公式表达的不规则的球体。在这样一个不规则的形体表面还是无法进行测量工作的量测和计算。

长期的测量和研究结果表明，大地体与一个以椭圆的短轴为旋转轴的旋转椭球的形状十分近似。用一个可以用数学式表示的且与大地体非常接近的旋转椭球来代替大地体，将它作为测量工作中实际应用的地球形状。定位后的旋转椭球体称为参考椭球，其表面就称为参考椭球面。对参考椭球面的数学式加入地球重力异常变化参数的改正，便可得到大地水准面的近似的数学式。这样，从严格的意义上讲，测绘工作是取参考椭球面为测量的基准面，但在实际测量工作中，仍取大地水准面作为测量的基准面。对测量成果要求不十分严格时，则不必改正到参考椭球面上。另一方面，实际工作中又可以十分方便地得到水准面和铅垂线，所以用大地水准面作为测量的基准面便大大简化了操作和计算工作。因而水准面和铅垂线便成为测绘外业工作的基准面和基准线。

一个国家为了处理自己的大地测量成果，确定大地水准面与参考椭球面的关系，在适当地点选择一点 P，如图 2-1 所示。设想把椭球和大地体相切，切点 P' 位于 P 点的铅垂线上，这时，椭球面上的 P' 点的法线与该点的大地水准面的铅垂线相重合，并使椭球的短轴与地球自转轴平行。这项确定椭球与大地体之间相互关系的工作，称为参考椭球定位，P 点则称为大地原点。

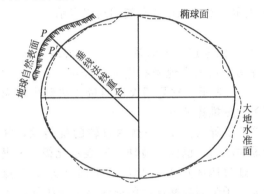

图 2-1　地球自然表面、大地水准面、椭球面

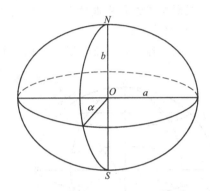

图 2-2　参考椭球形状和大小

椭球是绕椭圆的短轴 NS 旋转而成的，如图 2-2 所示。也就是说包含旋转轴 NS 的平面与椭球面相截的线是一个椭圆，而垂直于旋转轴的平面与椭球面相截的线是一个圆。旋转椭球的大小和形状，是由它的长半轴 a 和短半轴 b 所决定的；也可由任一半轴和扁率 $\alpha=(a-b)/a$ 来决定。参考椭球的长半轴 a、短半轴 b 和扁率 α，叫做参考椭球元素。

世界各国的科学家，对地球的形状和大小进行了不断的测定和研究，推导和采用的地球椭球元素很多。随着空间技术的不断发展和完善，各国之间观测资料的交流和综合应用的发展，测定的结果无疑日趋精确。表 2-1 列出了几个有代表性的测算成果。

表 2-1　各种参考椭球元素表

地球椭球名称	长半轴 a/m	短半轴 b/m	扁率 α	年代和国家
德兰布尔	6375653	6356564	1∶334	1800 年　法国
白塞尔	6377397	6356079	1∶299.2	1841 年　德国
克拉克	6378249	6356515	1∶293.5	1880 年　英国
海福特	6378388	6356912	1∶297.0	1909 年　美国
克拉索夫斯基	6378245	6356863	1∶298.3	1940 年　苏联
我国 1980 年国家大地测量坐标系	6378140	6356755	1∶298.257	1975 年　国际第三推荐值

各国测绘科技工作者，都希望推求适合于本国情况的参考椭球元素。由于历史所形成的原因，我国采用的参考椭球几经变化，新中国成立后，采用的是克拉索夫斯基椭球元素，由于克拉索夫斯基椭球元素与 1975 年国际第三推荐值相比，其长半径相差 105m，而我国

1978年根据自己掌握的测量资料推算出的地球椭球为 $a=6378143\text{m}$，$\alpha=1:298.257$。故我国决定自1980年起采用1975年国际第三推荐值作为参考椭球元素，它更适合我国的大地水准面的情况，从而使测量成果归算更加准确。因此我国设立了我国新的国家大地原点，设在陕西省泾阳县永乐镇。由此建立了我国新的国家大地坐标系——通常称为1980年国家大地坐标系或1980年西安坐标系。

由上述可知，地球表面除自然表面外，尚有大地水准面、参考椭球面两种表述方法。由于参考椭球的扁率很小，在测区面积不大时可把地球近似地看作圆球，其半径 $R=6371\text{km}$。

二、平面坐标系统

测量工作的实质是确定点的空间位置。在测量工作中，用三个量来表示点的位置。即：该点在基准面（参考椭球面）上的投影位置和该点沿投影方向到基准面（如大地水准面）的距离。投影位置通常用地理坐标或平面直角坐标表示，到基准面的距离用高程表示。

（一）大地坐标系

在测量工作中，通常是以参考椭球面及其法线为依据建立坐标系统，称为大地坐标系，参考椭球面上点的大地坐标用大地经度（L）和大地纬度（B）表示，它是用大地测量方法测出地面点的有关数据推算求得。

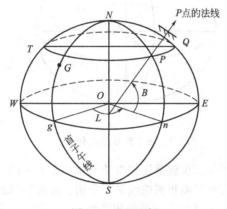

图 2-3 地理坐标

如图 2-3 所示：NS 为椭球自转的旋转轴，并通过椭球中心 O，也称为地轴，N 表示北极，S 表示南极。通过地面点 P 和地轴的平面称为过 P 点的子午面，子午面与椭球面的交线称为子午圈，也称为子午线（或叫经线）。国际上公认：通过英国格林尼治天文台的子午面称为首子午面或起始子午面，首子午面与参考椭球面的交线称为首子午线或起始子午线，也称起始经线。首子午面将地球分为东西两个半球。垂直于地轴的任一平面与参考椭球面的交线称为纬线或纬圈，各纬圈相互平行也称为平行圈。把通过参考椭球中心且垂直于地轴的平面称为赤道面，赤道面与参考椭球面的交线称为赤道。赤道面将地球分为南北两半球。

大地坐标就是以起始子午面和赤道面作为起算面的。

通过地面上某点（如 P）的子午面与首子午面之间的二面角 L，叫做该点的大地经度。大地经度是以首子午面起算，在首子午面以东的点的经度，从首子午面向东度量，称为东经。以西者向西度量，称为西经。其角值各从 $0°\sim180°$。在同一子午线上的各点经度相同，任意两点的经度之差称为经差。我国位于东半球，各地的经度都是东经。

通过地面上的任一点（如 P）作一与椭球面相切的平面，过该点作垂直于此切平面的直线，称为该点的法线。某点的法线与赤道面的交角 B，叫做该点的大地纬度。大地纬度是以赤道面起算，在赤道面以北的点的纬度，由赤道面向北度量，称为北纬。以南者向南度量，称为南纬，其角值各从 $0°\sim90°$。同一纬线上所有点的纬度相同。我国疆域全部在赤道以北，各地的纬度都是北纬。

由此可见，大地经度和大地纬度是以参考椭球面作为基准面。用经度、纬度表示地面点（如 P）位置的坐标系是在球面上建立的，故称为球面坐标，亦称为地理坐标。地面上一点的大地坐标（L、B）确定了该点在椭球面上的位置。

（二）高斯平面直角坐标系

地球在总体上是以大地体表示的，为了能进行各种运算，又以参考椭球来代替大地体。但是，椭球面是一个不可展开的曲面，要将椭球面上的图形描绘在平面上，需要采用地图投影的方法。

我国规定在大地测量和地形测量中采用正形投影的方法。正形投影的特点是：椭球面上的图形转绘到平面上后，保持角度不变形，而且在一定范围内由一点出发的各方向线段的长度变形的比例相同，所以也称等角投影。这就是说，正形投影在一定的范围内可保持投影前、后两图形相似，这正是测图所要求的。我国目前采用的高斯投影是正形投影的一种，这种投影方法是由高斯首先提出的，而后克吕格又加以补充完善，所以叫高斯-克吕格投影，简称高斯投影。

1. 高斯投影概述

高斯投影是一种等角横切椭圆柱分带投影。将椭球面上图形转绘到平面的过程，是一种数学换算过程。为了使初学者对高斯投影有一个直观的印象，故借助与高斯投影有着相同和类似之处的横椭圆柱中心投影作一简介。

在图 2-4(a) 中，设想用一个椭圆柱筒横套于参考椭球的外面，使之与任一子午线相切，这条切线就称为中央子午线或轴子午线，这样中央子午线就毫无改变地转移到椭圆柱面，即投影面上。同时使椭球柱中心轴与赤道面重合且通过椭球中心。若以地心为投影中心，用数学方法将椭球面上中央子午线两侧一定经差范围内的点、线、图形投影到椭圆柱面上（可以假想参考椭球体是透明体，地心是一个点光源，光的照射使点、线、面投影到椭圆柱面上），并要求其投影必须满足下列三个条件。

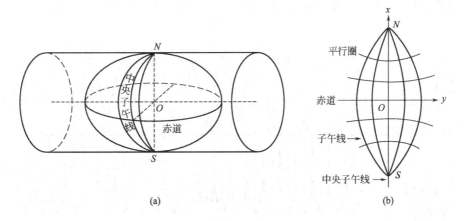

图 2-4 横椭圆柱中心投影

① 投影是正形的，即投影前后角度不发生变形；
② 中央子午线投影后为直线，且为投影的对称轴；
③ 中央子午线投影后长度不变。

上述三个条件中，第①个条件是所有正形投影的共同特点，第②、③两个条件则是高斯投影本身的特定条件。

将投影后的椭圆柱面沿过南北极的母线剪开并展成平面，这一狭长带的平面就是高斯投影平面，如图 2-4(b) 所示。根据高斯投影的特点，可以得出椭球面上的主要线段在高斯投影平面上的几个特性。

① 中央子午线投影后为直线，并且长度没有变形。

② 除中央子午线外，其余子午线的投影均为凹向中央子午线的曲线，并以中央子午线为对称轴。投影后长度发生变形，离中央子午线愈远，长度变形愈大。

③ 赤道圈投影后为直线，但长度有变形。

④ 除赤道外的其余纬圈，投影后为均凸向赤道的曲线，并以赤道为对称轴。

⑤ 所有长度变形的线段，其长度比均大于1。

⑥ 经线与纬线其投影后仍然保持正交。

由此可见，此种投影在长度和面积上都有变形，只有中央子午线是没有变形的线，自中央子午线向投影带边缘，变形逐渐增加，而且不管直线方向如何，其投影长度均大于球面长度。这是因为要将椭球面上的图形相似地（保持角度不变）表示到平面上，只有将椭球面上的距离拉长才能实现。所以，凡在椭球面上对称于中央子午线或赤道的两点，其在高斯投影面上相应对称。

2. 投影带划分

高斯投影虽然保持了等角条件，但产生了长度变形，且离中央子午线愈远，变形愈大。在中央子午线两侧经差3°范围内，其长度投影变形最大约为1/900。变形过大，对于测图、用图都不利，也影响图的使用，甚至是不允许的。

为了限制长度变形，满足各种比例尺的测图精度要求，国际上统一将椭球面按子午线以经差6°或3°划分成若干条带，限定高斯投影的范围。每一个投影范围就叫一个投影带，并依次编号。如图2-5所示，从起始子午线开始，自西向东以经差每隔6°划分一带，将整个地球划分成60个投影带，叫做高斯6°投影带（简称6°带）。6°带各带的中央子午线经度分别为3°、9°、15°、…、357°，中央子午线的经度 L_0 与投影带带号 N_6 的关系式为：

$$L_0 = N_6 \times 6° - 3° \tag{2-1}$$

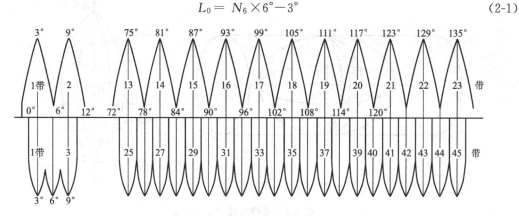

图 2-5 6°和3°投影带的关系

每一投影带两侧边缘的子午线叫做分带子午线，6°带的分带子午线的经度分别为0°、6°、12°、…、360°。

为了满足大比例尺测图和某些工程建设需要，常以经差3°分带。它是从东经1.5°的子午线起，自西向东按经差每隔3°划分为一个投影带，这样整个地球被划分为120带，叫做高斯3°投影带（简称3°带），如图2-5所示。显然，3°带各带的中央子午线经度分别为3°、6°、9°、…、360°。即3°带的带号 N_3 与中央子午线经度 L_0 的关系式为：

$$L_0 = N_3 \times 3° \tag{2-2}$$

3°带的分带子午线的经度依次为 1.5°、4.5°、7.5°、…、358.5°。

除上述 6°和 3°带外，有时根据工程需要，要求长度变形更小些，则可采用任意带。任意带的中央子午线一般选在测区中心的子午线，带的宽度为 1.5°。

3. 高斯-克吕格平面直角坐标系

采用高斯投影将椭球面上的点、线、图形转换到投影平面上，是属大地控制测量的范畴。我国大地控制测量为地形测量所提供的各级控制点的平面坐标，都已是高斯投影平面上的坐标。

根据高斯投影的原理，参考椭球面上的点均可投影到高斯平面上，为了标明投影点在高斯投影面的位置，可用一个直角坐标系来表示。在高斯投影中，每一个投影带的中央子午线投影和赤道的投影均为正交直线，故可建立直角坐标系。我国规定以每个投影带的中央子午线的投影为坐标纵轴（x 轴），赤道的投影为坐标横轴（y 轴），其交点为坐标原点 O。x 轴向北为正，向南为负；y 轴向东为正，向西为负。这就是全国统一的高斯-克吕格平面直角坐标系，也称为自然坐标。

由于我国幅员辽阔，东西横跨 11 个（13～23 带）6°带，21 个（25～45 带）3°带，而各自又独立构成直角坐标系，且我国地理位置位于北半球，故所有点的纵坐标值均为正值，而横坐标值则有正有负。为了便于计算，避免 y 值出现负值，规定将每一投影带的纵坐标轴向西平移 500km，即所有点的横坐标值均加上 500km，如图 2-6 所示。为了不引起各带内点位置的混淆，明确点的具体位置，即点所处的投影带，规定在 y 坐标的前面再冠以该点所在投影带的带号。将加上 500km 并冠以带号的坐标值叫做通用坐标值。

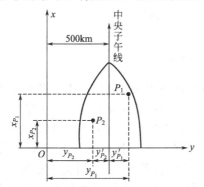

图 2-6　高斯平面直角坐标系

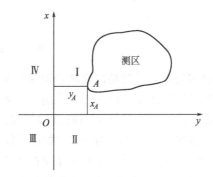

图 2-7　平面直角坐标系

如图 2-6 中，P_1、P_2 点均位于第 20 带，其自然坐标 $y'_{P_1}=+189672.8{\rm m}$，$y'_{P_2}=-105374.6{\rm m}$，则其通用坐标 $y_{P_1}=20689672.8{\rm m}$，$y_{P_2}=20394625.4{\rm m}$。

新中国成立后，我国先后采用了两套坐标系。原 1954 年北京坐标系的成果都可以换算为 1980 年西安坐标系的成果。由于几十年的国家建设和测量成果是巨大的，1954 年北京坐标系的成果资料，在一定时期内，还将继续使用。各地区的转换系数不同，使用控制点成果时，一定注意坐标系统的统一性。

(三) 独立平面直角坐标系

当测区的范围较小时，测区内没有国家统一的坐标系统，测图只是作为一个独立的工程或其他方面使用，可将该测区的大地水准面看成水平面，在该面上建立独立的平面直角坐标系，用平面直角坐标来表示地面点的平面位置。

如图 2-7 所示，测量上选用的独立平面直角坐标系，规定南北方向为纵坐标轴，记作 x

轴，x 轴向北为正，向南为负；以东西方向为横坐标轴，记作 y 轴，规定向东为正，向西为负。纵、横坐标轴的交点为坐标系的原点，记作 O 点。由于测量坐标系 x 轴、y 轴的位置正好与数学坐标系相反，为了使数学中的计算公式能够在测量上直接应用，测量坐标系的象限编号顺序也与数学坐标系相反，即从北东方向开始，按顺时针方向编号。为了避免坐标值出现负值，坐标原点 O 一般选在测区的西南角。

三、高程系统

地面点的高程是指地面点至大地水准面的铅垂距离，通常称为绝对高程，简称高程，用 H 表示。如图 2-8 所示。H_A、H_B 分别为 A 点和 B 点的高程。

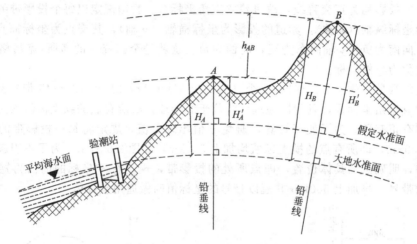

图 2-8 地面点的高程和高差

我国的高程系统是以青岛验潮站历年记录的黄海平均海水面为基准，由于平均海水面不便于随时联测使用，故在青岛大港 1 号码头西端青岛观象台的验潮站建立了"中华人民共和国水准原点"作为推算全国高程的依据。1956 年，验潮站根据连续 7 年（1950～1956 年）的潮汐水位观测资料，第一次确定了黄海平均海水面的位置，据此测得水准原点高程为 72.289m。按这个原点高程推算得高程称为"1956 年黄海高程系"。以后又根据连续 28 年（1952～1979 年）的潮汐水位观测资料，进一步精确确定了黄海平均海水面的位置，并重新测得水准原点高程为 72.2604m，采用这一原点高程值推算得各点高程称为"1985 年国家高程基准"。目前，控制点高程仍可能采用两种高程系统的某一种，使用控制点成果时一定注意高程系统的统一。

在局部地区有时可以假定一个水准面作为高程起算面，地面点到假定水准面的铅垂距离称为该点的相对高程。H_A'、H_B' 分别表示 A 点和 B 点的相对高程。

地面两点之间的高程之差称为高差或比高，用 h 表示。A、B 两点的高差为：

$$h_{AB} = H_B - H_A = H_B' - H_A' \tag{2-3}$$

地面两点之间的高差与高程系统无关。

由于测算过程中，要求高差必须能表明两点的高低情况，所以高差（比高）总是带有与观测方向相应的符号。如图 2-8 中，A、B 两点的高差 h，若测量方向从 A 到 B，则高差 $h_{AB} = H_B - H_A$ 为正，表明 B 点高于 A 点。若测量方向从 B 到 A，则高差 h_{BA} 为负，表明 A 点低于 B 点。

第二节 用水平面代替水准面的限度

当测区范围较小时，可以把水准面看作水平面。探讨用水平面代替水准面对距离、角度和高差的影响，以便给出限制水平面代替水准面的限度。

一、地球曲率对水平距离的影响

如图 2-9 所示，A、B、C 为地面点，它们在大地水准面上的投影为 a、b、c，切于该区域 a 点的水平面上的投影是 a、b'、c'。A、B 两点在大地水准面上的距离为 D，在水平面上的距离为 D'，两者之差 ΔD 就是用水平面代替水准面后对距离的影响。由图 2-9 可得

$$\Delta D = D' - D = R\tan\theta - R\theta = R(\tan\theta - \theta) \tag{2-4}$$

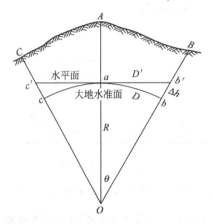

图 2-9 地球曲率对距离和高程的影响

根据三角函数的级数公式：$\tan\theta = \theta + \frac{1}{3}\theta^3 + \frac{2}{15}\theta^5 + \cdots$ 因 θ 角很小，只取其前两项，代入式(2-4) 得

$$\Delta D = R\left(\theta + \frac{1}{3}\theta^3 - \theta\right) = \frac{1}{3}R\theta^3$$

以 $\theta = \frac{D}{R}$ 代入上式，得

$$\Delta D = \frac{D^3}{3R^2} \tag{2-5}$$

或

$$\frac{\Delta D}{D} = \frac{D^2}{3R^2} \tag{2-6}$$

取地球半径 $R = 6371$ km，并以不同的距离 D 值代入式(2-5) 和式(2-6)，则可求出距离误差 ΔD 和相对误差 $\Delta D/D$，如表 2-2 所示。

表 2-2 水平面代替水准面的距离误差和相对误差

距离 D/km	距离误差 ΔD/mm	相对误差 $\Delta D/D$
10	8	1∶1 220 000
20	128	1∶200 000
50	1026	1∶49 000
100	8212	1∶12 000

结合表 2-2 分析后得出：在半径为 10km 的范围内，进行距离测量时，可以用水平面代替水准面，而不必考虑地球曲率对距离的影响。

二、地球曲率对水平角的影响

从球面三角学可知，同一空间多边形在球面上投影的各内角和，比在平面上投影的各内角和大一个球面角超值 ε，如图 2-10 所示。其值可根据多边形面积求得，即

$$\varepsilon = \rho \frac{P}{R^2} \tag{2-7}$$

式中　ε——球面角超值，(″)；
　　　P——球面多边形的面积，km²；
　　　R——地球半径，km；
　　　ρ——一弧度的秒值，$\rho = 206265″$。

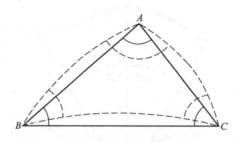

图 2-10　球面角超

以不同的面积 P 代入式(2-7)，可求出球面角超值，如表 2-3 所示。

表 2-3　水平面代替水准面的水平角误差

球面多边形面积 P/km²	球面角超值 ε/(″)	球面多边形面积 P/km²	球面角超值 ε/(″)
10	0.05	100	0.51
50	0.25	300	1.52

结合表 2-3 分析后得出：当面积 P 为 100km² 时，进行水平角测量时，可以用水平面代替水准面，而不必考虑地球曲率对距离的影响。

三、地球曲率对高差的影响

如图 2-9 所示，地面点 B 的高程为 H_B，用水平面代替水准面后，B 点的高程为 H_B'，其差值 Δh 即为用水平面代替水准面对高程的影响。由图可得：

$$(R + \Delta h)^2 = R^2 + D'^2 \tag{2-8}$$
$$2R\Delta h + (\Delta h)^2 = D'^2$$

则
$$\Delta h = \frac{D'^2}{2R + \Delta h}$$

前面已经证明了 D 与 D' 相差很小，可以用 D 代替 D'，同时 Δh 与 R 比较，Δh 很小可以忽略不计。因此，上式可改写为：

$$\Delta h = \frac{D^2}{2R} \tag{2-9}$$

以地球半径 $R = 6371$km 及不同的距离 D 代入式(2-9)，可得到表 2-4 所列的结果。

表 2-4　水平面代替水准面的高程误差

距离 D/km	0.1	0.2	0.3	0.4	0.5	1	2	5	10
Δh/mm	0.8	3	7	13	20	78	314	1 962	7 848

结合表 2-4 分析后得出：用水平面代替水准面，对高程的影响是很大的，因此，在进行高程测量时，即使距离很短，也应顾及地球曲率对高程的影响。

第三节　测量工作概述

一、测量的实质

当确定了地面点在投影平面上的坐标（x、y）和高程 H，地面点的空间位置就可以确定。所以测量工作的中心任务就是如何确定点的坐标（x、y）和高程 H。当然这些量的确定是借助角度测量、距离测量和高差测量而求得的，因此，把角度测量、距离测量和高差测量称为测量工作的三项基本工作。如何借助测量这些基本量来确定点的坐标和高程，是每个初学者学完本课程后必须理解的测量基本原理。

二、测量的基本工作

如前所述，地面点的空间位置是以地面点在投影平面上的坐标（x、y）和高程（H）决定的。但是在实际测量工作中，x、y、H 的值不能直接测定，而是通过观测未知点与已知点之间的表示相互位置关系的基本要素，利用已知点的坐标和高程，用公式推算未知点的坐标和高程。

如图 2-11 所示，A、B 为地面上两已知点，其坐标（x_A、y_A）、（x_B、y_B）和高程 H_A、H_B 均为已知，欲确定 1 点的位置，即 1 点的坐标（x_1、y_1）和高程 H_1，若观测了 B 点和 1 点之间的水平距离 D_{B1}、高差 h_{B1} 和未知方向与已知方向之间的水平角 β_1，则可利用公式推算出 1 点的坐标（x_1、y_1）和高程 H_1。

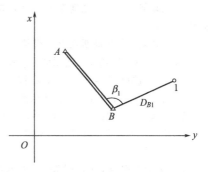

图 2-11　测量基本工作示意图

由此可见，确定地面点位的三个基本要素是水平角、水平距离和高差。所以，测量的三项基本工作是水平角测量、水平距离测量和高差测量。

三、测量工作的基本程序和原则

测量工作就是根据一定的目的、遵照规范要求，通过测绘全过程而获得真实表示地面物体情况和地表形态的地形图和准确可靠的点位资料，供有关部门使用。为此，测量工作必须根据统一的规范、图式和用图单位的要求进行施测，以保证其统一的精度和真实地显示地物和地貌。

在测量过程中，由于受到各种条件的影响，无论采用何种方法、使用何种仪器，测量的成果都会有误差。因此，在测量时应采取有效的措施、一定的程序和方法，将误差限制在容许范围内，尽量防止误差的累积，以保证测量成果质量和统一精度。因此，地形测量的基本程序概括起来可分为基本控制测量、图根控制测量和地形测图三大部分。

在这个作业过程中，为保证测量成果精度应遵循以下原则。

1. "从整体到局部，先控制后碎部"的原则

无论是测绘地形图还是施工放样，在测量过程中，为了减少误差的累积，保证测区内所测点的必要精度，首先应在测区内选择若干对整体具有控制作用的点，组成控制网，采用高精度的测量仪器和精密的测量方法，确定控制点的位置，然后以控制点为测站进行碎部测量。这样，不仅可以很好地限制误差的积累，而且可以通过控制测量将测区划分为若干个小区，同时展开几个工作面施测碎部，加快测量进度。

2. "边工作边检核"的原则

测量工作有内业和外业之分。为了确定地面点的位置，利用测量仪器和工具在现场进行测角、量距和测高差等测量工作，称为外业工作。将外业观测数据、资料在室内进行整理、计算和绘图等工作，称为内业工作。测量成果的质量取决于外业，但外业又要通过内业才能得出成果。为了防止出现错误，不论外业或内业，都必须坚持"边工作边检核"的原则，这样才能保证测量成果的质量和较高的工作效率。

思考题与习题

1. 何谓大地水准面？我国的大地水准面是怎样定义的？它在测量工作中起何作用？
2. 参考椭球和地球椭球有何区别？
3. 测量中常用的坐标系有几种？各有何特点？不同坐标系间如何转换坐标？
4. 北京某点的大地经度为 $116°20'$，试计算它所在的 $6°$ 带和 $3°$ 带带号，相应 $6°$ 带和 $3°$ 带的中央子午线的经度是多少？
5. 已知某点位于高斯投影 $6°$ 带第 20 号带，若该点在该投影带高斯平面直角坐标系中的横坐标 $y=-306579.210$m，写出该点通用坐标 y 值及该带的中央子午线经度 L_0。
6. 什么叫绝对高程？什么叫相对高程？两点间的高差如何计算？
7. 当 h_{AB} 为负值时，A、B 两点哪个高？
8. 已知 $H_A=421.365$m，$H_B=531.268$m。求 h_{AB} 和 h_{BA}。
9. 什么是测量中的基准线与基准面？在实际测量中如何与基准线与基准面建立联系？什么是测量计算与制图的基准线与基准面？
10. 测量工作的基本原则是什么？哪些是基本工作？

第三章

水 准 测 量

在测量工作中,地面点的空间位置是利用平面坐标和高程来表示的。测定地面点高程的工作,称为高程测量。高程测量的实质是测出两点间的高差,然后根据其中一点的已知高程推算出另一点的未知高程。高程测量是测量工作的三项基本工作之一。

按照使用仪器和测量原理的不同,高程测量一般分为水准测量、三角高程测量、GPS高程测量、气压高程测量四种方法。

① 水准测量是利用水准仪给出的水平视线读取竖立在两点上水准尺的数值,利用几何原理求得两点间的高差,最后算出点的高程的方法。这种方法称为几何水准测量,简称水准测量。

② 三角高程测量是通过测量倾斜视线的垂直角和两点间的水平(或倾斜)距离,根据三角学原理计算两点间的高差,利用已知高程计算未知点高程的方法。

③ GPS高程测量是利用GPS定位仪通过接收卫星信号测得地面点的高程的方法。这种方法又称为现代高程测量。

④ 气压高程测量是根据高程愈大、大气压力愈小的原理,利用气压计测得大气压力的变化,按相关原理和规律算出地面点的高程的方法。这种方法又称为物理高程测量。

上述四种方法中,水准测量是最基本、精度最高的方法,也是建立国家高程控制网的基本方法。

第一节 水准测量原理

一、水准测量原理

水准测量的基本原理是利用水准仪提供的水平视线,借助于竖立在地面点上的水准尺,直接测定两点间的高差,进而由已知点的高程推算出未知点的高程。如图3-1所示,设 A、B 为地面上的两点,若已知 A 点的高程,欲求 B 点的高程。首先要测出 A、B 两点间的高差 h_{AB}。为此,可在 A、B 两点之间安置一台可以提供水平视线的仪器——水准仪,并在两点上竖立带有刻划线的标尺——水准尺 p_A 和 p_B。若测量是沿 A 至 B 点的方向进行,则 A 点称为后视点,A 点处的水准尺 p_A 称为后视尺,B 点称为前视点,B 点处的标尺 p_B 称为前视尺。当水准仪的望远镜视准轴(视线)位于水平位置时,将望远镜依次瞄准这一对水准尺,视线交后视尺 p_A 于 M,读出尺上对应分划值 $M=a$,视线交前视尺 p_B 于 N,读出对应分划值 $N=b$。则由图中可以看出,AB 两点的高差为:

$$h_{AB}=a-b \tag{3-1}$$

读数 a 和 b 通常分别称为后视读数和前视读数,所以前视点对后视点的高差,等于后视

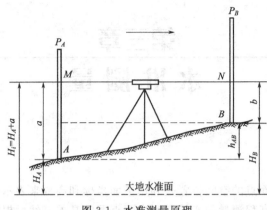

图 3-1 水准测量原理

读数减去前视读数。若 $a>b$，则所得的高差 h_{AB} 为正，即前视点 B 高于后视点 A，反之，则高差 h_{AB} 为负，即 B 点低于 A 点。

根据 A 点的已知高程 H_A 和测定的高差 h_{AB} 就可以算出 B 点的高程 H_B，即

$$H_B = H_A + h_{AB} = H_A + (a-b) \tag{3-2}$$

这是一种常用的高程计算方法。另外还有一种计算 B 点高程的方法，即

$$H_B = H_A + (a-b) = (H_A + a) - b = H_i - b \tag{3-3}$$

式中，$H_i = H_A + a$ 称为仪器视线高程。

当根据一个已知高程的后视点，同时去测定多个未知点高程时，应用式(3-3)计算就很方便，这个公式在工程测量中经常用到，这种方法通常称为向前水准测量。

二、转点、测站

当两点间距离较远或高差较大，安置一次仪器不可能测得其高差时，可以在两点间连续设置若干次仪器，加设若干个过渡性立尺点（称为转点），然后分段设站进行观测。

如图 3-2 中，若已知 A 点高程为 H_A，欲求 B 点高程 H_B，必须把 AB 路线分成若干段，由 A 向 B 测定各段的高差。首先将水准仪安置在 A 点与 1 点中间，照准 A 点水准尺，读得后视读数 a_1，接着照准 1 点的水准尺读得前视读数 b_1。然后将水准仪迁至 1 点与 2 点之间，此时 1 点水准尺作为后视尺不动，仅须将尺面转向仪器，将原立于 A 点的水准尺移至 2 点作为前视，以同样方法读取后视读数 a_2 和前视读数 b_2。依此类推，直到测完最末

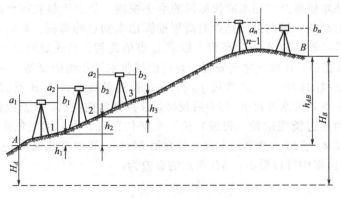

图 3-2 水准测量的基本方法

一站为止。

假设在 AB 路线内依次安置 n 次水准仪，根据式(3-1)，则有：
$$h_1 = a_1 - b_1$$
$$h_2 = a_2 - b_2$$
$$\cdots$$
$$h_n = a_n - b_n$$

上列各式相加，得 A 至 B 点的高差 h_{AB} 为：
$$h_{AB} = \sum_1^n h = \sum_1^n a - \sum_1^n b \tag{3-4}$$

则 B 点的高程为：
$$H_B = H_A + h_{AB}$$

由式(3-4)可看出，A 至 B 点的高差等于各段高差的代数和，也等于后视读数总和减去前视读数总和。

图 3-2 中的 1、2、…、n-1 点称为转点，它们起传递高程的作用。转点必须选在稳定的石头尖上，如遇土质松软或没有稳定石头的地方，应放置尺垫并踩实，然后将标尺立于尺垫上。在仪器由一测站迁至下一测站时，前视点的尺垫位置不能移动，否则水准测量成果将产生错误。观测时，每安置一次仪器，叫做一个测站。

第二节　水准测量仪器和工具

水准测量仪器和工具主要包括水准仪、水准尺和尺垫等。

一、DS_3 型微倾式水准仪的构造

我国将水准仪按其精度划分为四个等级：DS_{05}、DS_1、DS_3 和 DS_{10}。字母 D 和 S 分别为"大地测量"和"水准仪"汉语拼音的第一个字母，其下标代表仪器的测量精度，表示仪器每公里往返测量平均高差中误差。DS_{05} 及 DS_1 型水准仪属于精密水准仪，DS_3 和 DS_{10} 型水准仪属于普通水准仪。工程测量中广泛使用的是 DS_3 型水准仪。

水准仪按其结构可分为水准管式微倾水准仪、具有补偿器的"自动安平"水准仪和数字式水准仪三种。

图 3-3 是我国生产的水准管式 DS_3 型微倾式水准仪，其构件名称如图所示。

DS_3 型微倾式水准仪主要由望远镜、水准器和基座三部分组成。所谓微倾是指该类仪器装有一个微倾螺旋，通过转动微倾螺旋，可使望远镜在竖直面内作微小的仰俯转动，以调整望远镜视线使其水平，从而提供水平视线，进行水准测量。

（一）基座

基座是支撑仪器的底座，主要有脚螺旋和连接板，用中心螺旋穿过三角架架头中心并旋进水准仪基座的连接板，就可将水准仪固定在三脚架的架头上。通过调节基座上的三个脚螺旋可以根据水准器气泡的指示来整平仪器。

（二）望远镜

望远镜的主要用途是瞄准目标并在水准尺上读数。它包括物镜、十字丝、调焦透镜和目镜四部分，如图 3-4 所示。

物镜 1 是一组透镜组，相当于一个凸透镜，它和十字丝分划板 2 固定在望远镜筒内。被

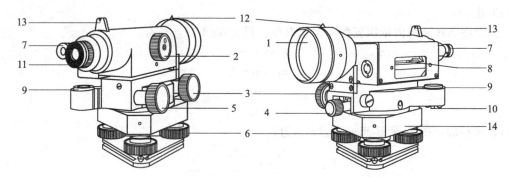

图 3-3 DS₃ 型微倾式水准仪

1—物镜；2—物镜调焦螺旋；3—微动螺旋；4—制动螺旋；5—微倾螺旋；6—脚螺旋；
7—水准管气泡观察窗；8—管水准器；9—圆水准器；10—圆水准器校正螺丝；
11—目镜；12—准星；13—照门；14—基座

观测的目标，通过物镜后成像在十字丝分划板附近。调焦透镜 3 相当于一个凹透镜，固定在望远镜内部的调焦镜筒上，它通过齿轮和外部的调焦螺旋相连。转动调焦螺旋（物镜调焦螺旋），可使调焦透镜在物镜筒内的物镜与其后焦点之间前后移动，使远近不同的目标都能清晰地成像在十字丝分划板平面上。目镜 4 装在可以转动的螺旋套筒（目镜筒）上。通过转动目镜筒，使目镜前后移动，可以使十字丝影像十分清晰。十字丝是用来照准尺子和读数的，它是刻在玻璃板上的两条相互垂直的细丝，竖向的一条称为竖丝，横向的一条长丝称为横丝（又称中丝），横丝上下还有两条对称的短丝是用来测量距离的，称为视距丝。

十字丝中心（或称十字丝交点）与物镜光心的连线，称为视准轴，如图 3-4 中所示的 OO' 线，亦即观测时照准目标的视线。

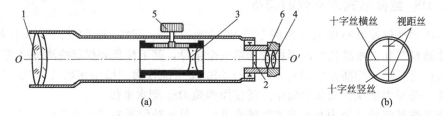

图 3-4 望远镜

1—物镜；2—十字丝分划板；3—调焦透镜；4—目镜；5—物镜调焦螺旋；6—目镜调焦螺旋

望远镜的操作步骤如下。

① 先进行目镜对光。把望远镜对准明亮的背景，转动目镜调焦螺旋，使十字丝成像清晰。对于同一个观测者来说，目镜对光只需在观测前调节好，以后的观测过程中，就不需要再进行调节。

② 转动望远镜，利用望远镜筒上的照门和准星大致照准水准尺（目标），称为粗瞄，然后拧紧制动螺旋。

③ 转动物镜调焦螺旋进行对光，使尺子的影像非常清晰，并转动微动螺旋，使尺子的影像靠近十字丝的一侧，以便于读数。

④ 消除视差。为了检查对光质量，可用眼睛在目镜后上下微微晃动，如发现十字丝与尺子（目标）的影像有相对移动，则说明尺子成像平面与十字丝平面不重合，这种现象称为视差。视差存在会引起观测误差，故瞄准目标后须首先消除视差。消除的方法是重新进行物

镜对光，若经物镜反复对光后，仍有视差存在，就应重新进行目镜对光。

望远镜使用步骤可以简单概括为：粗瞄—制动—调焦—微动—精确瞄准。

（三）水准器

水准器是能够标志出水平线（面）和铅垂线（面）的一种设备，是测量仪器的重要组成部分。水准仪上的水准器是用来指示视准轴是否水平或仪器竖轴是否竖直的装置。水准器有圆水准器和管水准器两种。圆水准器装在基座上，用以粗略整平仪器；管水准器装在望远镜旁，用于精确整平视准轴之用。

1. 圆水准器

圆水准器是一个圆柱形的玻璃盒子，装嵌在金属框内。盒内灌注酒精或乙醚，加热封闭，冷却后产生间隙形成小气泡——水准气泡，如图 3-5 所示。圆柱盒顶面的内壁磨成球面，其半径为 0.5~2m。玻璃盖的中央刻有一个小圆圈，其圆心即为水准器的零点。连接零点和球心的直线，称为圆水准轴。当气泡位于小圆圈中央且气泡中心与圆水准器零点重合时，称为气泡居中，此时，圆水准轴就处于铅垂位置。

在结构上圆水准轴与圆水准器底面呈正交关系。所以，当圆水准轴铅垂时，底面就处于水平位置，因而与圆水准器底面严密接触的直线或平面就成水平了。

圆水准器的格值，是指气泡由圆水准器中心向任意方向移动 2mm 时，水准器轴所倾斜的角度。格值大小反映了水准器的整平精度。圆水准器格值通常有 8′、15′、30′等。因圆水准器格值较大，灵敏度较低，用来确定水平位置的精度较低。通常在测量仪器上只是作为粗略整平之用。

圆水准器下端有三个校正螺旋，供校正圆水准轴时使用。

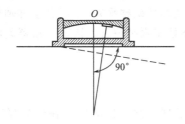

图 3-5　圆水准器

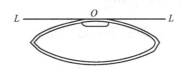

图 3-6　管水准器及水准管轴

2. 管水准器

管水准器又简称水准管（图 3-6），是较精确的水准器，常用来精确整平仪器。管水准器内壁的纵剖面是一段圆弧，其半径约为 80~200m。管内盛满冰点低、流动性强、附着力小的易流液体（如酒精或乙醚等）。封闭管子时，加热使液体膨胀而排出一部分，然后将开口融闭，待冷却后，管内就形成一个为液体蒸气所充满的空间，这个空间称为水准管气泡，如图 3-6 所示。为了便于观察水准管的倾斜度，在水准管外面刻有若干个分划，每个分划的间隔为 2mm，分划的中点 O 即水准管内表面的中点，称为水准管的零点。过水准管圆弧中点 O 的纵切线 LL 称为水准管轴。当气泡中心与零点重合，即气泡两端对应分划关于零点对称时，称为气泡居中，此时，水准管轴就处于水平位置。

水准管要求有一定的灵敏度。水准管上相邻分划线对应的一段圆弧所对的圆心角值称为水准管分划值（或称为格值）。也可以理解为：水准管气泡移动一个分划时，管水准轴相应倾斜的角度。水准管分划值的大小直接反映了水准管的灵敏度，分划值越小，则水准管灵敏度越高，整平精度也越高；反之，分划值大，灵敏度低，精度差。DS_3 型微倾式水准仪的水

准管分划值一般为 $20''$。

必须指出，不能说水准器的灵敏度越高越好。因为灵敏度愈高，使气泡居中所花费的时间也就愈多，操作的难度相应增大，增加了外业工作量，所以对水准器灵敏度的要求（即分划值的设计）总是应与仪器的总体质量、精度指标以及作业要求相适应。

3. 符合式水准器

通常观察水准器气泡是否居中，是通过人眼直接观察气泡两端对应分划线是否关于水准器零点对称，其精度必然受到人眼功能的限制。为了使水准管气泡严格居中，提高整平精度，大多数水准仪在水准管上方装有符合棱镜系统，称为符合式水准器，如图 3-7 所示。符合棱镜系统由三块棱镜组成，气泡两端的各半个影像经过反射之后，反映在望

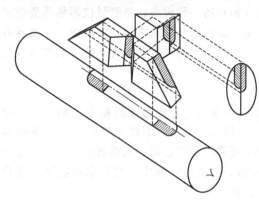

图 3-7 符合式水准器

远镜旁的观察窗内。若气泡两端半个影像符合，即表示气泡居中，若气泡两端的两半影像错开，则说明气泡未居中，须转动微倾螺旋使气泡居中。

符合式水准器不但使用方便，更重要的是它把气泡偏移零点的距离放大一倍，因此，能充分反映出较小的偏移，提高了目估气泡居中的精度。

水准仪望远镜与符合式水准器固连在一起，且管水准器轴与望远镜视准轴平行。仪器粗略整平后，转动微倾螺旋，管水准轴和照准轴就产生同样的微小倾斜，而不改变垂直轴的位置（视准轴高度变化甚微）。当符合水准器气泡居中（仪器精确整平），这时管水准轴就精确处于水平位置了。当然，与管水准轴平行的视准轴也就处于水平位置，因此，仪器就给出了观测所需的水平视线。

二、自动安平水准仪简介

近年来，各种型号的自动安平水准仪有了很大的发展。此类仪器可以在仪器概略整平后，即视准轴在没有处于精确水平位置的情况下，通过补偿器的作用，得到相当于视线水平时的标尺读数。图 3-8 为北京测绘仪器厂出产的 DS_3 型自动安平水准仪外貌。

自动安平水准仪不需要设置水准管和微倾螺旋，操作简便，能大大提高工效，已被广泛应用于水准测量中。自动安平水准仪与微倾式水准仪的区别在于：自动安平水准仪没有水准管和微倾螺旋，而是在望远镜的光学系统中装置了补偿器。

（一）水准仪自动安平的原理

当圆水准器气泡居中后，视准轴仍存在一个微小倾角 δ，在望远镜的光路上安置一补偿器，使通过物镜光心的水平光线经过补偿器后偏转一个 β 角，仍能通过十字丝交点，这样十字丝交点上读出的水准尺读数，即为视线水平时应该读出的水准尺读数。

自动补偿器的种类很多，无论采用哪种方式，由于仪器的倾角是变化的，所以要求自动安平装置的补偿量也必须随仪器的倾角变化而变化。一般采用悬挂式，靠重力作用与望远镜倾斜方向作相对偏转。为了使悬挂的棱镜尽快停止摆动，还设有阻尼装置。图 3-9 为德国蔡司厂生产的 Koni007 自动安平水准仪，其补偿器的主要部件是一块等腰直角棱镜，用弹性薄簧片（吊带）把棱镜悬挂成重力摆。摆动范围为 $10'$，摆静止后摆轴方向与重力方向一致。

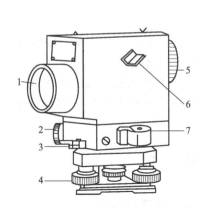
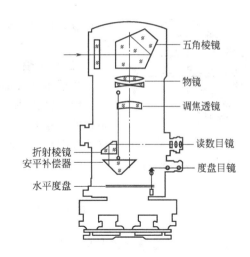

图 3-8　DS₃ 型自动安平水准仪

1—物镜；2—水平微动螺旋；3—水平制动螺旋；
4—脚螺旋；5—目镜；6—反光镜；7—圆水准器

图 3-9　Koni007 自动安平水准仪

由于无需精平，这样不仅可以缩短水准测量的观测时间，而且对于施工场地地面的微小震动、松软土地的仪器下沉以及大风吹刮等原因引起的视线微小倾斜，能迅速自动安平仪器，从而提高了水准测量的观测精度。

（二）自动安平水准仪的使用

使用自动安平水准仪时，首先将圆水准器气泡居中，然后瞄准水准尺，等待 2～4s 后，即可进行读数。有的自动安平水准仪配有一个补偿器检查按钮，每次读数前按一下该按钮，确认补偿器能正常工作后再读数。

三、水准尺和尺垫

（一）水准尺

水准尺是水准测量时用于高差度量的重要工具，其质量的好坏直接影响水准测量的精度。因此，水准尺通常用干燥不易变形的优质木料、玻璃钢或铝合金制成。水准尺按精度高低可分为精密水准尺和普通水准尺。精密水准尺用镍铁合金制成，配合精密水准仪使用。普通水准尺用木料、铝材和玻璃钢制成，有直尺和塔尺两种，如图 3-10 所示。直尺按长度有 2m 和 3m 两种，塔尺长 5m，尺面分划一般 1cm（或 0.5cm）一格，每分米处有数字注记，分米数字上面的红点表示米数，如一个红点表示 1m。

塔尺多用于地形测量、工程测量，可以缩短长度，携带方便，但接头处容易损坏，影响尺子的精度。所以，精度要求较高的水准测量，规定要用直尺。

直尺型的水准尺长 3m，尺身两面均绘有区格式厘米分划，称为双面水准尺。尺面分划一面为黑白相间，叫黑面；另一面为红白相间，叫红面。双面水准尺必须成对使用，以便检核和提高读数精度。两根水准尺黑面底端注记均从零开始，而红面底端的起始注记分别为 4687mm 和 4787mm。每一根水准尺同一位置红、黑面读数均相差一

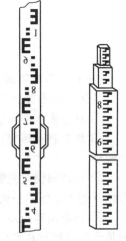

图 3-10　水准尺

图 3-11 尺垫

个常数,即尺常数。尺上装有圆水准器,用于检查水准尺竖直的程度。

(二) 尺垫

每根水准尺都附有一个尺垫,如图 3-11 所示。尺垫为三角形,一般用生铁铸成,中央有一突起的圆顶,下有三个尖足。在土质松软处测量时,为了防止水准尺的位置和高度发生变化,应在转点处放置尺垫,将尺垫的三足踩入土中并踩实,然后将水准尺轻轻地放在中央突起处。

第三节 水准仪的使用

下面以 DS_3 型微倾式水准仪为例,介绍其使用方法。水准仪的正确操作程序是:安置水准仪→粗略整平→调焦与照准→精确整平→读数。

(一) 安置水准仪

使用水准仪时,先打开三脚架安放在测站上(两立尺点之间),使其高度适中,架头大致水平,将架腿踩入土中。从箱中取出仪器,安放在架头上并立即旋紧中心螺旋。仪器的各种螺旋都调整到中间位置,以便螺旋能向两个方向(左右或上下)移动。

(二) 粗略整平

粗平是利用脚螺旋的转动将圆水准器的气泡居中。如图 3-12(a) 所示,先将望远镜视准轴置于与脚螺旋 1、2 的连线相平行的方向,然后两手以相反方向旋转脚螺旋 1 和 2,则气泡就向左手大拇指旋转的方向移动,待气泡移到中间位置时,如图 3-12(b) 所示,再转动脚螺旋 3,使气泡移至正中央。在操作熟练以后,不需再将气泡的移动分解为两步,而是双手同时转动三个脚螺旋使气泡居中。操作中视气泡的具体位置适当控制两手的动作。

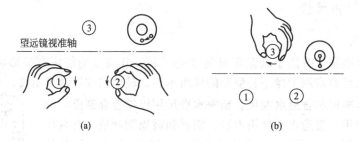

图 3-12 水准仪粗略整平

(三) 调焦与照准

具体操作步骤如下。

① 在瞄准水准尺前,先进行目镜对光,使十字丝成像清晰。

② 松开制动螺旋,转动望远镜,利用粗瞄器(照门和准星)粗略照准水准尺并旋紧制动螺旋。

③ 转动物镜对光螺旋进行对光,使尺子的影像非常清晰,并转动微动螺旋,使尺子的影像靠近十字丝的一侧,以便于读数(如图 3-13 所示)。

④ 检查消除视差。当尺像与十字丝分划板不重合时,眼睛靠近目镜上下微微移动,可看见十字丝横丝在水准尺上的读数随之变动,这种现象叫视差。消除视差的方法是仔细转动目镜对光螺旋与物镜对光螺旋,直至尺像与十字丝网平面重合。视差对观测成果的精度影响

很大，必须加以消除。重新对光，直到消除视差为止，此时，十字丝与水准尺的成像都非常清晰。

（四）精确整平

照准水准尺后，不能立即读数，先从观察窗观看符合水准器的气泡是否居中。若不居中，应转动微倾螺旋使气泡符合，只有在气泡符合时，水准仪的视准轴才精确水平。由于气泡比较灵敏，移动时有一个惯性，所以，转动微倾螺旋的速度不能过快，特别是在符合水准器的两端气泡将要对齐时应特别注意。

（五）读数

在符合气泡完全符合的瞬间，应立即在水准尺上读数。用

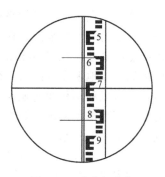

图 3-13 瞄准与读数

望远镜在尺上读数，是读取十字丝横丝与尺子相截处的分划值，由于尺子在望远镜中的成像通常是倒像，其分米注记数字是由上往下逐渐增大，所以应从上往下读数，依次读出米、分米、厘米数，最后估读毫米数。如图 3-13 中的读数为 0.720m。在尺子上的读数一般习惯以毫米为单位报四位数字，例如 1.425m 只需读 1425 四位数字，0.048m 只读 0048，同时记录员在记录前应复述一遍读数，经观测员默认后方可记录。这对于观测、记录及计算工作都有一定好处，可以防止不必要的错误。

在水准尺上读数，是水准测量的基本操作之一，读数速度越快越好，否则气泡又可能偏离中心，影响观测精度。因此，测前观测员应熟悉标尺分划和注记数字的特点，尤其掌握厘米分划的黑、白格和红、白格的奇、偶数读数交替规律，同时熟悉每 5cm 一个"E"字分区的特点，便于从望远镜中快速读取读数。

第四节 水准测量的施测方法

一、水准点和水准路线

（一）水准点

用水准测量方法建立的高程控制点称为水准点。水准点是水准测量中测高程的依据，一般用 BM 表示。

水准点有永久性水准点和临时性水准点两种。永久性水准点多用石料、金属或混凝土制成，顶面设置半球状的金属标志，其顶点表示水准点的高程和位置。如图 3-14(a) 所示。水

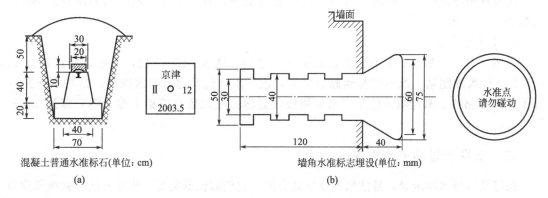

图 3-14 水准点标志

准点应埋设在不易损坏的坚实土质内。也可将水准点埋设于基础稳定的建筑物墙角适当高度处，称之为墙上水准点。在冻土带，水准点应深埋在冰冻线以下 0.5m，称之为地下水准点。水准点的高程可在当地测量主管部门索取，作为地形图测绘、工程建设和科学研究引测高程的依据。工地上布设的临时性水准点通常可将大木桩打入地下，桩顶钉一个半球状铁钉来标定，也可以利用稳固的地物，如坚硬的岩石、房角等。如图 3-14（b）所示。临时性水准点的绝对高程都是从国家等级水准点上引测的，若引测有困难，可采用相对高程。临时性水准点一般都为等外水准测量的水准点。

水准点埋好后，应编号并绘制点位略图，在图上要注名定位尺寸、水准点编号和高程，称为"点之记"。便于日后寻找和使用。

（二）水准路线

在水准测量中，为了避免观测、记录和计算中发生人为错误，并保证测量成果达到一定的精度要求，必须布设成某种形式的水准路线，利用一定的条件来检验所测成果的正确性。水准路线一般有以下三种形式。

1. 闭合水准路线

如图 3-15（a）所示，其布设方法是从一个已知水准点 BM_A 开始，沿各待测高程点 1、2、3 等点进行水准测量，最后又回到原水准点 BM_A，这种水准路线称为闭合水准路线。

其检核条件是闭合水准路线各测段的高差代数和理论上等于零，即 $\sum h_{理}=0$。

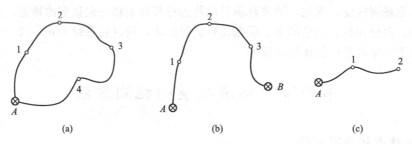

图 3-15 水准测量路线

2. 附合水准路线

如图 3-15（b）所示，其布设方法是从一个已知水准点 BM_A 开始，沿各待测高程点 1、2、3 等点进行水准测量，最后附合到另一水准点 BM_B 上，这种水准路线称为附合水准路线。

其检核条件是附合水准路线各测段的高差代数和，理论上等于两个已知水准点 BM_A、BM_B 之间的高差，即 $\sum h_{理}=H_{BM_B}-H_{BM_A}$。

3. 支水准路线

如图 3-15（c）所示，其布设方法是从一个已知水准点 BM_A 开始，沿各待测高程点 1、2 等点进行水准测量，既不闭合到原出发点，也不附合到其他已知水准点，这种水准路线称为支水准路线。其检核条件是支水准路线往返测高差代数和理论上等于零，即 $\sum h_{往理}+\sum h_{返理}=0$。

二、水准测量的施测方法

四等及等外水准测量，是按精度要求区分的。它们对仪器类型、作业方法、视线长度以及读数误差等都有相应的要求，一般应符合表 3-1 中的规定。

表 3-1　四等及等外水准测量精度要求

等级	仪器型号	视线长/m	前后视距之差/m	前后视距累积差/m	黑红面读数差/mm	黑红面所测高差之差/mm	双仪高所测高差之差/mm
四等	S_3	80	5	10	3	5	5
等外	S_3	100	10	50	4	6	6

（一）双仪器高法观测程序与记录

等外水准测量若使用单面尺，可采用双仪器高法进行观测。首先在前、后视点上竖立标尺，两尺之间安置水准仪并粗略整平。按下列测站观测步骤进行。

① 照准后视尺，读取下、上丝读数；转动微倾螺旋，使符合水准管气泡严密符合，按中丝在标尺上读数，分别记入手簿相应栏中；

② 转动水准仪照准前视尺，读取下、上丝读数；同样转动微倾螺旋，使符合水准管气泡严密符合，按中丝在标尺上读数，同样记入手簿；

③ 变更仪器高度 10cm 以上，重新安置仪器；

④ 照准后视尺，使符合水准管气泡严密符合，读取中丝读数并记录；

⑤ 照准前视尺，符合水准管气泡严密符合后读取中丝读数并记录。

表 3-2 是采用双仪器高法进行等外水准测量的记录格式，现将计算作简要说明。

表 3-2　等外水准测量（双仪器高法）记录手簿

自南坪　　　　　　　　天气：晴　　　　　　　　观测者：×××
测至李庄　　　　　　　成像：清晰　　　　　　　记簿者：×××
日期：2007 年 8 月 20 日　　始：8：00　终：9：10　　仪器：28688

测站	点号	视距/m	后视读数/mm	前视读数/mm	高差/mm +	高差/mm −	高差中数/m	高程/m
Ⅰ	A	56	1890 1992		0745 0741		+0.743	54.815
	1	54		1145 1251				
Ⅱ	1	72	2515 2401		1102 1100		+1.101	
	2	75		1413 1301				
Ⅲ	2	98	2001 2114		0850 0854		+0.852	
	3	96		1151 1260				
Ⅳ	3	41	1012 1142			0601 0603	−0.602	
	4	43		1613 1745				
Ⅴ	4	79	1318 1421			0906 0904	−0.905	
	B	77		2224 2325				56.004
		691	17.806	15.428			+1.189	
计算检核				$h=\dfrac{1}{2}(17.806-15.428)=+1.189$				1.189

表 3-2 中每一站均有两个后视读数和两个前视读数,各算得两个高差值。因其差数均在等外水准测量规定的限差 6mm 之内,所以取平均值作为各站前后两点间的高差。为了校核这一测段全部计算有无错误,先以后视读数的总和减去前视读数的总和除以 2,得总高差 $\Sigma h = +1.189\mathrm{m}$,然后再求所有高差中数的代数和 $\Sigma h = +1.189\mathrm{m}$,用两种方法计算的总高差结果应相同,说明手簿计算正确。这些计算填在表 3-2 最下面一行。

(二) 双面尺法观测程序与记录

四等及等外水准测量,一般采用双面尺法进行施测。其外业观测记录、计算及检查等见表 3-3。在表 3-3 中,(1)~(8) 代表观测数据,括号内的数字表示记录和计算的顺序。四等和等外水准测量每测站观测程序相同,只是各项技术指标不同而已。每个测站的观测顺序如下。

表 3-3 水准测量记录手簿

自 石庄　　　　　　　　　　天气:晴　　　　　　　　观测者:×××
测至 蟠龙　　　　　　　　　成像:清晰　　　　　　　记簿者:×××
日期:2007 年 9 月 18 日　　　始:8:30 终:9:45　　　仪器:26688

测站编号	后尺 下丝 上丝 后距 视距差 d	前尺 下丝 上丝 前距 Σd	方向及尺号	水准尺读数 黑面	水准尺读数 红面	$K+$黑减红	高差中数	备注
	(1) (2) (15) (17)	(5) (6) (16) (18)	后 前 后-前	(3) (7) (11)	(4) (8) (12)	(9) (10) (13)	(14)	
1	1591 1097 49.4 +1.3	0739 0258 48.1 +1.3	后 A 前 B 后-前	1384 0551 +0833	6171 5239 +0932	0 -1 +1	+0.832	A 尺 $K=4787$ B 尺 $K=4687$
2	2461 1646 81.5 -2.2	2196 1359 83.7 -0.9	后 B 前 A 后-前	1934 2008 -0074	6623 6793 -0170	-2 +2 -4	-0.072	

① 照准后视尺黑面,读取下丝、上丝读数,转动微倾螺旋,使符合水准管气泡严密符合,按中丝在标尺上读数,分别记入表 3-3 中的 (1)、(2)、(3) 各栏内。

② 照准后视尺红面,符合水准管气泡符合后读取中丝读数,记入手簿中 (4) 处。

③ 转动水准仪照准前视尺黑面,读取下丝、上丝读数,转动微倾螺旋,使符合水准管气泡严密符合后读取中丝读数,分别记入手簿 (5)、(6)、(7) 各栏内。

④ 照准前视尺红面,检查符合水准管气泡符合后,读取中丝读数,记入手簿 (8) 处。

这样的观测顺序简称为"后—后—前—前"或"黑—红—黑—红"。

四等与等外水准测量实际观测时,可以不读 (1)、(2) 和 (5)、(6) 处读数,而转动微倾螺旋,使视距丝的上(或下)丝对准标尺某一整数分划(整米或整分米的起始线)。默估出上、下丝之间在标尺上所截取的厘米分划数,按一厘米相当于实地距离一米,直接读出仪器至前、后视标尺的距离,分别记入 (15) 和 (16) 栏内。

在观测过程中,需特别注意的是:若采用微倾式水准仪观测时,每次按中丝读数前,必须注意符合水准管气泡是否严格符合。读数应仔细、准确、果断。记录应将观测员所报读数复述一次后再记录。立尺员必须将尺垫踩实安置稳妥，不应放置在土质松软的地方。当观测员照准标尺读数时，立尺员应将水准标尺垂直竖立在尺垫上（在固定点时，则直接立在点的标志上），尤其注意沿视线方向前后立直。观测过程中不得碰动仪器、脚架和尺垫。迁站时，原后视尺必须在本站各项计算全部结束且各项限差全部符合后，方可向前移动尺垫，但原前视尺转为后视尺，尺垫且勿碰动。

（三）双面尺法测站上手簿的计算及检核

1. 后、前视距及视距累积差计算

表 3-3 中（15）、（16）是后、前视距，以米为单位。（17）和（18）分别是前后视距差及前后视距累积差。若上、下丝读数（1）、（2）和（5）、（6）以毫米为单位，则视距可按下列公式计算：

$$后距(15)=\{(1)-(2)\}\div 10$$
$$前距(16)=\{(5)-(6)\}\div 10$$
$$后、前视距差\ d(17)=(15)-(16)$$
$$每站视距累积差\sum d(18)=本站的(17)+前站的(18)$$

前后视距差（17）和视距累积差（18）从理论上说最好为零，但实际上很难做到，也没有必要。对于四等和等外水准，（17）分别要求不超过 5m 和 10m，（18）分别要求不超过 10m 和 50m。

2. 同一标尺黑、红面读数之检核

同一标尺黑、红面读数差按下列各式进行计算：

$$后视尺(9)=(3)+K-(4)$$
$$前视尺(10)=(7)+K-(8)$$

计算中用到的 K 是尺常数，即同一根标尺红黑两面零点的差数，两根尺的 K 不一样，分别为 4687 和 4787，相差 100mm，因此，所用的两根尺的 K 值，应列在表 3-3 中备注栏内，以便计算。

（9）和（10）分别为后视和前视标尺黑、红面读数差，理论上都应等于零，但因观测有误差，四等和等外水准分别不得超过 3mm 和 4mm。按上述公式计算（9）和（10）不甚方便。另一方面野外记录要求准确、迅速，且多用口算。因此若将上述计算（9）和（10）的公式作某些变换，即可得出便于口算检核黑、红面读数的后两位尾数正确性的简便算式。即：

(9)=(3)$_{后两位尾数}$−[(4)$_{后两位尾数}$+13]或(9)=[(3)$_{后两位尾数}$−13]−(4)$_{后两位尾数}$

(10)=(7)$_{后两位尾数}$−[(8)$_{后两位尾数}$+13]或(10)=[(7)$_{后两位尾数}$−13]−(8)$_{后两位尾数}$

例如，表 3-3 中第一站的检核为：

$$(9)=[84-13]-71=71-71=0$$
$$(10)=[51-13]-39=38-39=-1$$

至于读数前两位数字是否正确，只需在黑面读数的前两位数字上加上 47（红面为 4687 时）或 48（红面为 4787 时），视其是否等于红面的前两位数字即可。但是要注意，切勿只计算检查后两位尾数、不算前两位大数，否则，将不能及时发现大数的读数错误。

3. 测站高差的计算与检核

按照两标尺黑、红面读数分别计算高差，并计算黑、红面高差之差进行检核，其计算式为：

$$黑面所测高差(11)=(3)-(7)$$

红面所测高差(12)＝(4)−(8)

同一测站黑、红面高差之差(13)＝(11)−{(12)±100}＝(9)−(10)

$$\text{黑、红面高差之差}(14)=\frac{1}{2}\{(11)+(12)\pm 100\}$$

由于两尺的 K 相差 100mm，所以（11）与（12）也应相差 100mm。但因观测有误差，对于四等和等外水准来说，考虑了 100mm 以后，黑、红面高差之差容许值为 5mm 和 6mm。

（11）、（12）之差应与（9）、（10）之差相等，即为（13）。如果两者不一致，说明计算有错。计算（13）、（14）时，要以黑面高差（11）为依据来决定红面高差（12）是加或减 100。

在每一测站上，只有当上述各项即表 3-3 中的（9）、（10）、（13）、（17）、（18）等数值经检核计算后，都分别不超过相应的限差时，才能迁移测站。

4. 外业观测手簿计算检核

每天的外业观测或测段、路线观测结束后，应全面检核手簿各项记录和计算。为此手簿每页最后设"每页检核"一栏，专门进行以下检核计算。

（1）高差部分　每页上，后视红、黑面读数总和与前视红、黑面读数总和之差，应等于红、黑面高差之和，还应等于该页平均高差总和的两倍。

① 对于测站数为偶数的页

$$\sum[(3)+(4)]-\sum[(7)+(8)]=\sum[(11)+(12)]=2\sum(14)$$

② 对于测站数为奇数的页

$$\sum[(3)+(4)]-\sum[(7)+(8)]=\sum[(11)+(12)]=2\sum(14)\pm 0.100$$

（2）视距部分

末站视距累积差值：末站$(18)=\sum(15)-\sum(16)$

总视距$=\sum(15)+\sum(16)$。

上述各式两端计算结果相等，说明该页或该测段手簿计算正确无误，否则，应认真检查记录手簿，查找计算错误并予以改正。后两式在测站数为偶数时，则不需要加减 100。要注意，$\sum(14)$ 的检核由于取中数时的凑整误差影响，尾数可能有微小差别。

（四）水准测量注意事项

水准测量并不复杂，但稍有疏忽就容易出错，造成返工。因此，在水准测量作业过程中应注意以下几点。

① 水准仪应安置在坚实的地面上，三脚架要踩实。走动时不要碰动脚架，观测时不要用手扶脚架。

② 仪器距前、后视尺的距离应大致相等，以消除视准轴不平行水准管轴的误差以及地球曲率与大气折光等影响。

③ 在烈日下作业，要打伞遮护仪器，以免影响观测精度。

④ 在水准测量过程中，如遇工作间歇，应尽量在固定点上结束观测。如不可能，也可沿路线打下三个稳固木桩作为间歇转点，观测其高差。间歇后，检测最后两个间歇点间的高差，与间歇前的高差比较，如较差在容许范围内（对四等与等外分别为 5、6mm），则可采用前后两高差的中数并由最后的间歇转点继续向前施测。若超过限值，则须退后检查前两个间歇点间的高差，当确定转点位置无变化后，再由此转点继续向前施测。

⑤ 测量记录不得用橡皮擦、刀片刮，不得随意涂抹。须保持原始记录整洁、清晰、美观。水准测量和距离测量中，直接观测数据中的厘米和毫米位数字只要记到手簿中，无论何

种原因都不得改动,而应该将该测站观测结果划去,重新进行观测。直接读数中的米和分米位改动时,须用一条线轻轻划掉错误数字,在上方填写正确数字,要保持原有错数字清晰。在同一测站上观测的读数,不得有两个相关数字的连环更改。例如,更改了标尺的黑面读数后,又更改同一标尺的红面读数。

第五节 水准测量成果计算

成果计算时,要首先检查水准测量手簿,检查手簿中各项数据是否齐全、正确,然后计算高差闭合差,若高差闭合差符合精度要求,则调整闭合差,最后求出各点的高程。在成果计算时注意"边计算边检核"。

一、普通水准测量的精度要求

不同等级的水准测量,对高差闭合差的容许值有不同的规定。对于等外水准测量,高差闭合差的容许值 $f_{h容}$ 按下面的公式计算。

$$f_{h容}=\pm 40\sqrt{L} \quad 平地 \tag{3-5}$$

$$f_{h容}=\pm 12\sqrt{n} \quad 山地 \tag{3-6}$$

式中 $f_{h容}$——高差闭合差的容许值,mm;
L——水准路线长度,km;
n——测站数。

原则上当 $\sum n/\sum L>15$ 站时,用山地公式。

二、附合水准路线成果计算

如图 3-16 所示,A、B 为两个已知水准点,1、2、3 点为待测点,其已知数据和观测数据如图。计算步骤如下所示。

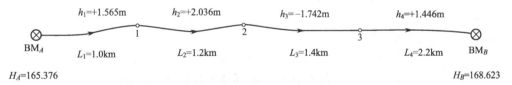

图 3-16 附合水准路线

1. 记录数据
列表填写已知数据和观测数据,见表 3-4。
2. 精度评定
如前所述,对于符合水准路线 $\sum h_理=H_B-H_A$;实测各测段高差代数和 $\sum h_测$ 与 $\sum h_理$ 之差称为符合水准路线高差闭合差 f_h,即:

$$f_h=\sum h_测-(H_B-H_A) \tag{3-7}$$

本例中,高差闭合差为:

$$f_h=\sum h_测-(H_B-H_A)=3.305-(168.623-165.376)=0.058(m)=58(mm)$$

计算高差闭合差的容许值:

$$f_{h容}=\pm 40\sqrt{L}=\pm 40\sqrt{5.8}=\pm 96(mm)$$

表 3-4 附合水准路线成果计算表

测段编号	点　名	距离/km	实测高差/m	改正数/mm	改正后高差/m	高程/m	点　名
1	2	3	4	5	6	7	8
1	BM_A	1.0	+1.565	−10	+1.555	165.376	BM_A
2	1	1.2	+2.036	−12	+2.024	166.931	1
3	2	1.4	−1.742	−14	−1.756	168.955	2
4	3	2.2	+1.446	−22	+1.424	167.199	3
Σ	BM_B	5.8	+3.305	−58	+3.247	168.623	BM_B
辅助计算	\multicolumn{7}{l}{ $f_h = \Sigma h - (H_B - H_A) = 0.058\text{m} = 58(\text{mm})$　　$f_{h容} = \pm 40\sqrt{L} = \pm 96(\text{mm})$ $\lvert f_h \rvert < \lvert f_{h容} \rvert$，精度符合要求 $\Sigma V = -58\text{mm}$　$H_B - H_A = +3.247\text{m}$ }

因为 $\lvert f_h \rvert < \lvert f_{h容} \rvert$，显然精度符合要求。

3. 调整高差闭合差

高差闭合差调整的原则和方法是按与测段距离或测站数成正比的原则，反号分配到实测高差中，即

$$V_i = -\frac{f_h}{\Sigma L} \cdot L_i \text{ 或 } V_i = -\frac{f_h}{\Sigma n} \cdot n_i \tag{3-8}$$

式中　V_i——第 i 段的高差改正数，m；
　　　f_h——高差闭合差，m；
　　　ΣL——水准路线总长度，m；
　　　L_i——第 i 段的水准路线长，m；
　　　Σn——水准路线测站数总和；
　　　n_i——测段测站数。

本例中，各测段改正数为：

$$V_1 = -f_h \times L_i / \Sigma L = -58/5.8 \times 1.0 = -10(\text{mm})$$
$$V_2 = -f_h \times L_i / \Sigma L = -58/5.8 \times 1.2 = -12(\text{mm})$$
$$\cdots$$

计算检核：$\Sigma V = -f_h = -58\text{mm}$，计算无误。

4. 计算改正后高差

$$h_{i改} = h_{i测} + V_i \tag{3-9}$$

本例中，各测段改正后的高差为：

$$h_{1改} = h_{1测} + V_1 = 1.555\text{m}$$
$$h_{2改} = h_{2测} + V_2 = 2.024\text{m}$$
$$\cdots$$

计算检核：$\Sigma h_{i改} = H_B - H_A = +3.247\text{mm}$，计算无误。

5. 计算各点高程

根据起点高程和各测段改正后的高差，依次推算各点高程，即

$$H_1 = H_A + h_{1改} = 166.931\text{m}$$

$$H_2 = H_1 + h_{2改} = 168.955 \text{m}$$
......

计算检核：$H_{B(推算)} = H_{B(已知)} = 168.623\text{m}$，计算无误。

三、闭合水准路线成果计算

闭合水准路线成果计算方法与步骤和附合水准路线成果计算基本相同，只有形式上的两点不同，归纳如下。

① $f_h = \sum h_{测}$；

② 计算检核：若 $\sum h_{i改} = 0$ mm，则计算无误；若 $H_{A(推算)} = H_{A(已知)}$，则计算无误。

四、支水准路线成果计算

【例】 如图 3-17 所示，已知 $H_A = 86.785\text{m}$，往返共测 16 站，求 H_1。

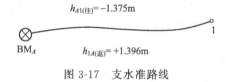

图 3-17 支水准路线

解 计算过程如下：

1. 计算高差闭合差

$$f_h = h_{往} + h_{返} = -1.375 + 1.396 = +0.021(\text{m})$$

2. 计算高差闭合差容许值

$$f_{h容} = \pm 12\sqrt{16} = \pm 12\sqrt{16} = \pm 48(\text{mm})$$

显然精度符合要求，可以平差。

3. 计算平均高差

$$h_{A1改} = (h_{A1} - h_{1A})/2 = (-1.375 - 1.396)/2 = -1.386(\text{m})$$

4. 计算未知点高程

$$H_1 = H_A + h_{A1改} = 85.399(\text{m})$$

第六节 微倾式水准仪的检验与校正

一、水准仪的主要轴线

(1) 望远视准轴 CC

(2) 水准管轴 LL

(3) 圆水准器轴 $L'L'$

(4) 仪器竖轴 VV，如图 3-18 所示

二、水准仪的主要轴线应满足的条件

(1) $CC // LL$

(2) $L'L' // VV$

(3) 十字丝横丝 $\perp VV$

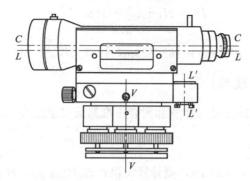

图 3-18　水准仪的主要轴线

其中，$CC // LL$ 为主要条件，因为水准测量的关键在于水准仪能提供一条水平视线，而水平视线就是根据这个条件来实现的。

上述几何条件在仪器出厂时均检验合格，但由于长期使用和运输中的震动等影响，各部分连接可能松动，使各轴线关系发生变化。因此，仪器使用前必须进行检验，必要时进行校正。

三、水准仪的检验与校正

（一）圆水准器的检验与校正

（1）检验目的　使圆水准器轴平行于仪器竖轴。

（2）检验原理　假设竖轴与圆水准器轴不平行，那么当气泡居中时，圆水准器轴竖直，竖轴则偏离竖直位置 α 角，如图 3-19(a) 所示。将仪器绕竖轴旋转 180°时，如图 3-19(b) 所示，此时圆水准器轴从竖轴右侧移至左侧，与铅垂线夹角为 2α。圆水准器气泡偏离中心位置，气泡偏离的弧长所对的圆心角等于 2α。

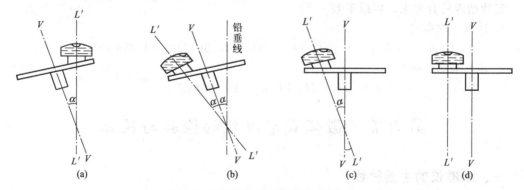

图 3-19　圆水准器的检验与校正

（3）检验方法　转动脚螺旋使圆水准器气泡居中，然后将仪器绕竖轴旋转 180°，看气泡是否居中，若气泡仍居中，说明此项检验合格；若气泡不居中则需要校正。

（4）校正方法　转动脚螺旋使气泡回到偏离零点距离的一半，如图 3-19(c) 所示，此时竖轴处于竖直位置，圆水准器轴仍偏离铅垂线方向一个 α 角。然后用校正针松开圆水准器底下的固定螺钉，拨动三个校正螺钉，使气泡居中，如图 3-19(d) 所示，此时圆水准器轴亦处于铅垂线方向。

圆水准器装置如图 3-20 所示。此项校正需反复进行，直到仪器旋转至任何位置时，圆水准器气泡都居中为止，然后将固定螺钉拧紧。

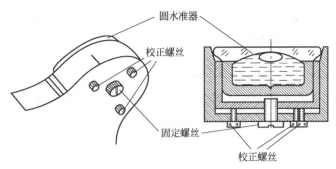

图 3-20 圆水准器装置

(二) 十字丝的检验与校正

(1) 检验目的　使十字丝横丝垂直于仪器竖轴。

(2) 检验原理　如果十字丝横丝垂直于仪器竖轴，当竖轴处于竖直位置时，十字丝横丝是不水平的，用横丝的不同部位在水准尺上的读数也不相同。

(3) 检验方法　仪器整平后，用十字丝交点对准远处目标，拧紧制动螺旋。转动微动螺旋，如果目标点始终在横丝上作相对移动，如图 3-21 中的（a）、（b）所示，说明十字丝横丝垂直于仪器竖轴；如果目标偏离横丝，如图 3-21 中的（c）、（d）所示，则说明十字丝横丝不垂直于仪器竖轴，应进行校正。

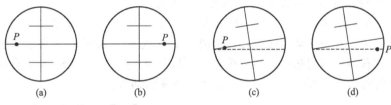

图 3-21 十字丝横丝的检验

(4) 校正方法　松开目镜座上的三个十字丝环固定螺钉，松开四个十字丝环压环螺钉，如图 3-22 所示，转动十字丝环，使横丝与目标点重合，再进行检验，直至目标点在横丝上作相对移动为止，再拧紧固定螺丝，盖好护罩。

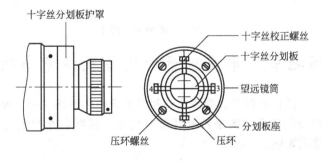

图 3-22 十字丝的校正装置

(三) 水准管的检验与校正

(1) 检验目的　使水准管轴平行于视准轴。

(2) 检验原理　若水准管轴不平行于视准轴，会出现一个交角 i，由于 i 角的影响产生的读数误差称为角 i 误差。在地面上选 A、B 两点，将仪器安置在 A、B 两点中间，测出正

确高差 h，然后将仪器移至 A 点（或 B 点）附近，再测高差 h'，若 $h=h'$，则水准管轴平行于视准轴，若 $h \neq h'$，则两轴不平行。

(3) 检验方法

① 如图 3-23 所示，在平坦地面上，选择相距 80~100m 的两点 A 和 B，将仪器严格置于 A、B 两点中间，采用两次测量（即双仪器高法）的方法，取平均值得出 A、B 两点的正确高差 h_{AB}（注意两次高差之差不得大于 3mm）；

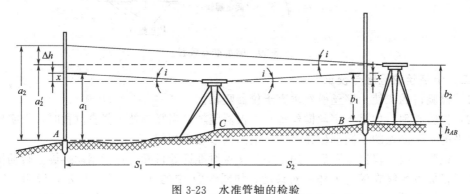

图 3-23 水准管轴的检验

② 将仪器搬至 B 点附近约 3m 处重新安置，读取 B 尺读数 b_2，计算 $a_2 = b_2 + h_{AB}$，如 A 尺读数 a_2 与 a_2' 不符，则表明误差存在，其误差大小为：

$i = (a_2 - a_2') \times \rho'' / D_{AB}$，对于 DS_3 型水准仪，当 $i > 20''$ 时，应校正。

(4) 校正方法　首先转动微倾螺旋，使读数 a_2 变成 a_2'，如图 3-24 所示，然后用校正针拨动水准管的左右两个固定螺钉，然后拨动上下两个校正螺钉，一松一紧，升降水准管的一端，使水准管气泡居中，符合要求后，再拧紧校正螺钉即可。

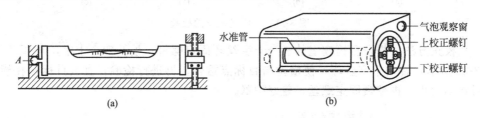

图 3-24 水准管轴的校正

第七节　水准测量的误差及注意事项

水准测量的误差包括仪器误差、观测误差和外界条件的影响三个方面。为了提高水准测量的精度，必须分析和研究误差的来源及其影响规律，根据误差产生的原因，采取相应措施，尽量减弱或消除其影响。

一、仪器误差

1. 视准轴与水准管轴不平行误差

仪器误差主要是望远镜的视准轴与水准管轴不平行所带来的 i 角误差。规范规定，DS_3 水准仪的 i 角大于 $20''$ 才需要校正，水准仪虽经检验校正，但不可能彻底消除 i 角对高差的影响，要求在作业中采用前后视距离相等的方法来消除。规范规定，对于四等水准测量，一站的前、后视距差不大于 5m，前、后视距累积差不大于 10m。

2. 水准尺误差

水准尺误差包括：分划误差、尺面弯曲误差、尺长误差等，这些误差是由于标尺本身的原因和使用不当所引起的，要求检定其分划与变形；由于使用、磨损等原因，水准标尺的底面与其分划零点不完全一致，其差值称为零点差，可采用在两固定点间设偶数站的方法来消除。

二、观测误差

1. 水准管气泡居中误差

水准测量是利用水平视线来测定高差的，视线的水平是根据水准管气泡居中来实现的。由于气泡居中存在误差，致使视线偏离水平位置，从而带来读数误差。为了减弱该误差的影响，要求每次读数前，必须使水准管气泡严格居中。

2. 读数误差

水准尺估读毫米数的误差大小与望远镜的放大倍率及视线长度有关，也与视差有关。要求望远镜的放大倍率和最大视线长度应遵循规定，以保证读数精度，并仔细调焦，消除视差。

3. 水准尺倾斜误差

水准尺倾斜，将使尺上读数增大，从而带来误差。如水准尺倾斜 $3°30'$，在水准尺上 1m 处读数时，将产生 2mm 的误差。为了减小该误差的影响，要求用水准尺气泡居中或"摇尺法"来读数。

三、外界条件的影响所带来的误差

1. 大气折光与地球曲率的影响

因大气层密度不同，对光线产生折射，使视线产生弯曲，从而使水准测量产生误差。视线离地面愈近，视线愈长，大气折光影响愈大。要求用前后视距离相等，选择有利的观测时间，控制视线与地面物体的距离等方法减弱其影响。地球曲率的影响采用前后视距离相等的方法来消除。

2. 温度和风力的影响

由于温度高和日晒，读水准尺接近地面部分的读数时会产生跳动，从而影响读数。规范规定，四等水准测量视线离地面最低高度应达到三丝能同时读数。另外，当水准管在烈日的直接照射下，气泡会向温度高的方向移动，从而影响气泡居中，所以要求打测伞，防止阳光直接照射仪器，特别是气泡。

当风力超过四级时，将影响仪器的精平，应停止观测。

3. 仪器和尺垫升沉的影响

由于水准仪升沉，使视线发生改变，而引起高差误差。如采用"后前前后"的观测程序可减弱其影响；如果在转点发生尺垫升沉，将使下一站的后视读数改变，也将引起高差的误差。如采用往返观测方法，取成果的中数，可减弱其影响。

为了防止仪器和尺垫升沉的影响，测站和转点应选在土质坚实处，并踩实三脚架和尺垫，使其稳定。

思考题与习题

1. 设 A 为后视点，B 为前视点，A 点的高程是 20.123m。当后视读数为 1.456m，前视读数为 1.579m，问 A、B 两点的高差是多少？B、A 两点的高差又是多少？绘图说明 B 点比 A 点高还是低？B 点的高程是多少？

2. 何为视准轴？何为视差？产生视差的原因是什么？怎样消除视差？
3. 水准仪上圆水准器与管水准器的作用有何不同？何为水准器分划值？
4. 转点在水准测量中起到什么作用？
5. 水准仪有哪些主要轴线？它们之间应满足什么条件？什么是主条件？为什么？
6. 水准测量时要求选择一定的路线进行施测，其目的何在？
7. 水准测量时，前、后视距相等可消除哪些误差？
8. 试述水准测量中的计算校核方法。
9. 水准测量中的测站检核有哪几种？如何进行？
10. 数字水准仪主要有哪些特点？
11. 将图 3-25 中的水准测量数据填入表 3-5 中，A、B 两点为已知高程点 $H_A = 23.456$m，$H_B = 25.080$m，计算并调整高差闭合差，最后求出各点高程。

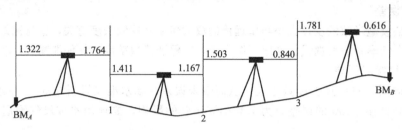

图 3-25　水准测量示意图

表 3-5　水准测量记录手簿

测站	测点	水准尺读数		实测高差 /m	高差改正数 /mm	改正后高差 /m	高程 /m
		后视(a)	前视(b)				
Ⅰ	BM_A 1						
Ⅱ	1 2						
Ⅲ	2 3						
Ⅳ	3 BM_B						
计算 检核	Σ						

12. 设 A、B 两点相距 80m，水准仪安置于中点 C，测得 A 尺上的读数 a_1 为 1.321m，B 尺上的读数 b_1 为 1.117m，仪器搬到 B 点附近，又测得 B 尺上读数 b_2 为 1.466m，A 尺读数为 a_2 为 1.695m。试问水准管轴是否平行于视准轴？如不平行，应如何校正？
13. 试分析水准尺倾斜误差对水准尺读数的影响，并推导出其计算公式。
14. 调整如图 3-26 所示的闭合水准测量路线的观测成果，并求出各点高程，$H_I = 48.966$m。

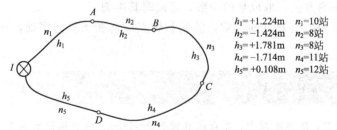

$h_1 = +1.224$m　$n_1 = 10$站
$h_2 = -1.424$m　$n_2 = 8$站
$h_3 = +1.781$m　$n_3 = 8$站
$h_4 = -1.714$m　$n_4 = 11$站
$h_5 = +0.108$m　$n_5 = 12$站

图 3-26　闭合水准测量路线简图

第四章
角 度 测 量

角度测量是测量工作的基本内容之一。它包括水平角测量和垂直角测量。其中水平角是确定地面点位关系的三个基本要素之一,用以确定点的平面位置;而垂直角可用来间接测定地面点的高程,或用于将倾斜距离换算成水平距离,在三角高程测量和视距测量等工作中必不可少。

经纬仪是角度测量的主要仪器,在测量中,最常用的普通仪器有 DJ_6 和 DJ_2 型光学经纬仪。

第一节 水平角测量原理

一、水平角的概念

水平角是某一点到两目标的方向线垂直投影在水平面上的夹角,即通过这两方向线所作两竖直面间的二面角,用 $β$ 来表示,其角值范围为 $0°\sim360°$。

如图 4-1 所示,A、O、B 是地面上任意三个点,OA 和 OB 两条方向线所夹的水平角,就是通过 OA 和 OB 沿两个竖直面投影在水平面 P 上的两条水平线 $O'A'$ 和 $O'B'$ 的夹角 $β=\angle A'O'B'$。

二、水平角测量原理

如图 4-1 所示,为了获得水平角 $β$ 的大小,在水平面 P 上放置一个顺时针方向刻划的圆形度盘,将其中心置于 O' 点上,那么 $O'A'$ 和 $O'B'$ 在水平度盘上总有相应读数 a 和 b,则水平角为:

$$β = b - a \tag{4-1}$$

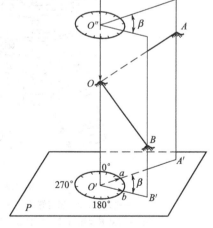

图 4-1 水平角测量原理

同理,此水平度盘只要保持水平放置且其中心在 O 点所决定的铅垂线上,置于任何位置均可。如图 4-1 中将其中心置于 O' 点上。

根据上述原理,经纬仪必须具备一个水平度盘及用于照准目标的望远镜。测水平角时,要求水平度盘能放置水平,且水平度盘的中心位于水平角顶点的铅垂线上,望远镜不仅可以水平转动,而且能俯仰转动以瞄准不同方向和高低不同的目标,同时保证俯仰转动时望远镜视准轴扫过一个竖直面。经纬仪就是根据上述原理设计制造的测角仪器。

第二节 经纬仪的构造

经纬仪有不同的种类和型号。按读数设备的不同,经纬仪可分为游标经纬仪、光学经纬仪和电子经纬仪三种,其中游标经纬仪已淘汰,光学经纬仪开始逐步向电子经纬仪过渡。

光学经纬仪是经纬仪的一种,它的类型较多,按精度分,我国有 DJ_{07}、DJ_1、DJ_2、DJ_6、DJ_{15}、DJ_{60} 等几个等级,其中最常用的是 DJ_6 和 DJ_2 两种类型。D、J 分别是"大地测量"、"经纬仪"两个词汉语拼音的第一个字母,数字"6"、"2"表示该类仪器所能达到的精度指标,即野外"角度测量一测回方向观测中误差"分别为 $\pm6''$、$\pm2''$。DJ_6 属于中等精度仪器,是工程测量中常用的一种,DJ_2 属精密仪器,主要用于控制测量和重要的工程测量。

光学经纬仪的类型虽然很多,但它们的基本结构大致相同。本节仅介绍 DJ_6 型光学经纬仪的基本结构、读数方法及使用方法。

一、DJ_6 型光学经纬仪的构造

图 4-2 为北京光学仪器厂生产的 DJ_6 型光学经纬仪。现以 DJ_6 型光学经纬仪为例说明光学经纬仪的构造,它主要有照准部、水平度盘和基座三部分组成,如图 4-3 所示。

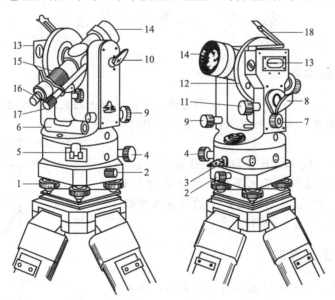

图 4-2 DJ_6 型光学经纬仪的构造
1—脚螺旋;2—固定螺旋;3—照准部制动扳钮;4—水平微动螺旋;5—度盘离合器
(复测扳钮);6—照准部水准管;7—测微轮;8、18—反光镜;9—望远镜微动
螺旋;10—望远镜制动扳钮;11—竖盘指标水准管微动螺旋;12—竖盘;
13—竖盘指标水准管;14—望远镜物镜;15—物镜对光螺旋;
16—望远镜目镜;17—读数显微镜

(一) 照准部

照准部是指经纬仪基座上能绕竖轴旋转的部分。它主要包括:望远镜、支架、横轴、读数设备、竖直度盘、照准部水准管、竖轴和光学对中器等。

(1) 望远镜 望远镜用以瞄准目标,构造与水准仪上的望远镜大致相同,只不过放大倍

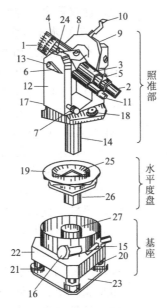

图 4-3 光学经纬仪的组成

1—望远镜物镜；2—望远镜目镜；3—望远镜调焦螺旋；4—准星；5—照门；6—望远镜制动螺旋；
7—望远镜微动螺旋；8—竖直度盘；9—竖盘指标水准管；10—竖盘指标水准管反光镜；
11—读数显微镜目镜；12—支架；13—水平轴；14—竖轴；15—照准部制动螺旋；
16—照准部微动螺旋；17—水准管；18—圆水准器；19—水平度盘；20—轴
套固定螺旋；21—脚螺旋；22—基座；23—三角形底版；24—罗盘插座；
25—度盘轴套；26—外轴；27—度盘旋转轴套

率更高，十字丝局部由单线变成了双线，使照准精度更高。安置好仪器后，望远镜不但可以随照准部水平转动，而且可以绕水平轴俯仰转动。水平轴与望远镜固连在一起，组装在仪器两侧支架上，水平轴可在支架上转动，从而使望远镜随之俯仰转动。为了方便使用，望远镜的水平与俯仰转动分别设有制动螺旋和微动螺旋加以控制。根据测角原理，望远镜构造还满足以下关系：望远镜视准轴垂直于水平轴，水平轴垂直于仪器竖轴，以实现测角时望远镜俯仰转动能扫过一个竖直面的要求。

(2) 读数设备　读数设备为比较复杂的光学系统。光线由反光镜进入仪器，通过一系列透镜和棱镜，分别把水平度盘和竖直度盘及测微器的分划影像，反映在望远镜旁的读数显微镜内，以便读取水平度盘和竖直度盘的读数。图 4-4 为 DJ_6 型光学经纬仪分微尺读数系统光路图。

(3) 竖直度盘　竖直度盘固定在水平轴的一端，与水平轴垂直，且二者中心重合，并随望远镜一起旋转，同时设有竖盘指标水准管及其微动螺旋，以控制竖盘指标。此系统用于测量垂直角，将于第五节中进一步介绍。

(4) 照准部水准管　照准部水准管用于精确整平仪器，有的经纬仪上还装有圆水准器，用于粗略整平仪器。水准管轴垂直于竖轴，借以使经纬仪的竖轴竖直和水平度盘处于水平位置。

(5) 竖轴　竖轴是照准部的旋转轴，插入基座上筒状形的轴套内，使整个照准部绕竖轴平稳地旋转。

(6) 光学对中器　光学对中器由目镜、物镜、分化板和转向棱镜组成，专门用于仪器对中，使仪器中心与测站点位于同一条铅垂线上。

(二) 水平度盘

水平度盘是由光学玻璃制成的精密刻度盘。盘上刻有 0°～360°顺时针注记的分划线，最小分划值有 1°、30′、20′三种，用于度量水平角。水平度盘单独装在竖轴上，其盘面与竖轴垂直，所以竖轴竖直时（即水准器泡居中），水平度盘水平。在水平角测量过程中，水平度盘固定不动，不随照准部转动。

为了改变水平度盘位置，仪器设有水平度盘转动装置。一种是采用水平度盘转换手轮。使用时，转动手轮，此时水平度盘随着转动。待转到所需位置时，将手松开，水平度盘位置即设置好。

在复测经纬仪中，水平度盘与照准部之间的关系是由复测扳手控制的。按下该扳手时，水平度盘和照准部结合，转动照准部时水平度盘随着一起转动，度盘读数不变；将复测扳手扳上，则照准部与水平度盘分离，转动照准部时水平度盘不动，指标所指水平度盘上的读数随着照准部的转动而改变。有些仪器复测扳手在控制度盘与照准部的离合关系时，上下位置与上述相反，使用仪器时注意判断。

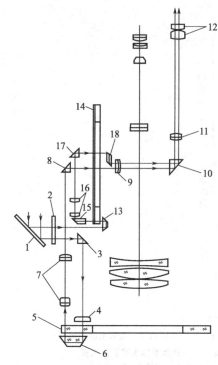

图 4-4 分微尺读数系统光路图
（图中各标号含义见正文）

利用复测扳手控制度盘与照准部的离、合的关系，就可将度盘读数调到所需读数。

(三) 基座

经纬仪的基座与水准仪的基座相同。基座上的三个脚螺旋用于整平仪器，测量时将三脚架上的中心连接螺旋旋进基座的连接板，就可将经纬仪固定在三脚架的架头上。

二、DJ$_6$ 经纬仪读数装置和读数方法

(一) 分微尺读数装置及其读数方法

图 4-4 是 DJ$_6$ 分微尺读数系统光路图。外来光线经过反光镜 1，进入毛玻璃 2，然后以均匀而柔和的漫射光线照明仪器内部。其中一部分光线经棱镜 3 转折 90°后，经聚光透镜 4，通过水平度盘 5，经棱镜 6 转向 180°后，再透过水平度盘，水平度盘分划和注记影像经过显微镜组 7 放大，然后经棱镜 8 的转折，到达刻有分微尺的指标镜 9，经过棱镜 10 转向后，过透镜 11，在读数显微镜口内就能看到放大后水平度盘分划和分微尺像（见图 4-5 上部窗口），另一部分外来光线经过棱镜 13，转向 180°后，透过竖盘 14，再经过棱镜 15，转向后，通过竖盘显微镜组 16 放大，经过转向棱镜 17、菱形棱镜 18，同样成像于刻有分微尺的指标镜 9 中。因此，在读数显微镜内同样能看到放大后竖直度盘分划和另一分微尺像（见图 4-5 下部窗口）。

如图 4-5 所示，在读数显微镜中的视场中有水平度盘和竖直度盘两个读数窗口。度盘上每一格为 1°(60′)，度

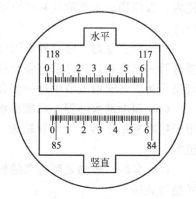

图 4-5 光学分微尺读数

盘每格（1°）的影像宽度经放大后正好等于分微尺的总长度，故分微尺的总长代表 1°，将其分成 60 个小格，每小格代表 1′，因此，在分微尺上可直接读到 1′，估读到 0.1′（即 6″）。

读数时，应以分微尺上的零分划线为指标线，它所指的度盘上的位置就是度盘读数的位置，实际读数时，先读出落在测微尺上的度盘分划线的注记值（如 118°），再以该度盘分划线为指标线，在分微尺上读取不足度盘分划值（1°）的读数，二者相加即得度盘读数。如图 4-6 中，水平度盘和竖直度盘的读数分别为 118°03.9′（118°03′54″）和 85°02.3′（85°02′18″）。

（二）单平板玻璃测微器读数方法

DJ_6-1 型经纬仪，是采用单平板玻璃测微器读数装置的仪器（图 4-2），图 4-6 是它的读数系统光路图。外来光线经反光镜 1、毛玻璃 2、棱镜 3 和 5，照亮了竖直度盘 4 和水平度盘 7，同时经透镜组 6 和 10 将竖直度盘和水平度盘的分划通过单平板玻璃 11、棱镜 12 后成像在读数窗 14 上，最后，光线经过 15 的折射，在读数显微镜 17 内可清晰地看到

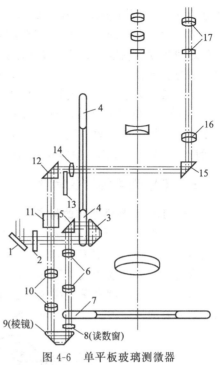

图 4-6　单平板玻璃测微器
读数系统光路图
（图中标号含义见正文）

水平度盘、竖直度盘和测微尺 13 的分划影像。由于度盘分划线一般不能恰好成像于读数窗 14 的双指标线的中间，所以在透镜组 10 和 12 之间还装有单平板玻璃 11，它和测微尺 13 是连在一起的，当转动装在仪器支架上的测微轮时，借助机械和光学的作用，单平板玻璃随着转动，从而使度盘分划影像产生微小的位移，从而可使度盘分划影像移动到刚好被双指标线夹住，由于测微尺和单平板玻璃的连动，因而度盘分划影像的位移量可由测微尺的移动量测定。当度盘分划影像移动一个分划值（即 30′）时，测微尺也正好走完全程（30′）。

图 4-7 为在读数显微镜视场内所见到的度盘和测微尺的影像。上、中、下窗口分别为测微尺、竖直度盘、水平度盘分划影像。上面测微窗中的单指标线和下面两个窗口的双指标线是固定不动的读数指标线。度盘分划值为 30′，测微尺的量程为一个度盘分划值（30′），将其分为 30 个大格，每大格为 1′，每 5′注记一个数字，每一大格又分为 3 小格，因此测微尺

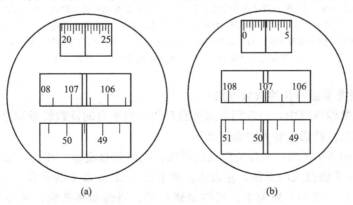

图 4-7　单平板玻璃光学测微器读数

共分为90格，最小分划值则为20″，约能估读到十分之一格（即2″）。

读数时，先转动测微轮，使度盘某一分划线的影像精确地移至双指标线的正中间，读出该分划线的度盘读数，然后再读出单指标线在测微尺上对应的读数，将两个读数相加，即为度盘的应有读数。如图4-7(a)所示，双指标线所夹的水平度盘数值为49°30′，单指标线在最上面测微尺读数窗中的读数为22′20″，故应有的读数值为49°30′+22′20″=49°52′20″。图4-7(a)中竖直度盘分划线没有平分双指标线，故竖直度盘不能准确读数，为了准确读取竖直度盘的读数，在读数前同样需转动测微轮，使竖直度盘某一分划线精确地平分双指标线，然后读数，如图4-7(b)中竖直度盘的读数为107°00′+02′30″=107°02′30″。

三、DJ_2光学经纬仪简介

（一）DJ_2型光学经纬的特点

DJ_2型光学经纬仪精度较高，常用于国家较高等级平面控制测量和精密工程测量。图4-8是苏州第一光学仪器厂生产的DJ_2型光学经纬仪，与DJ_6型光学经纬仪相比，在结构上除望远镜的放大倍数较大，照准部水准管的灵敏度较高外，主要是读数设备及读数方法不同。另外，在DJ_2型光学经纬仪读数显微镜中，只能看到水平度盘和竖直度盘中的一种影像，如果要读另一种，就要转动换像手轮，使读数显微镜中出现需要读数的度盘影像。

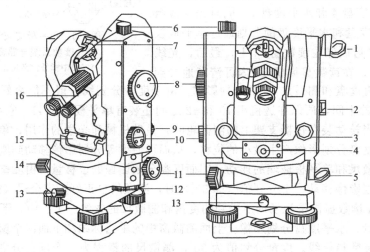

图4-8 DJ_2型光学经纬仪

1—竖盘反光镜；2—竖盘指标水准管观察镜；3—竖盘指标水准管微动螺旋；4—光学对点器；5—水平度盘反光镜；6—望远镜制动螺旋；7—光学瞄准器；8—测微手轮；9—望远镜微动螺旋；10—换像手轮；11—水平度盘变换手轮；12—照准部；13—轴座固定螺旋；14—照准部制动螺旋；15—照准部水准管；16—读数显微镜

（二）DJ_2型光学经纬仪的读数方法

在DJ_2型光学经纬仪中，一般都采用度盘对径分划重合的读数设备和方法，读数精度明显提高。现将常见读数形式和方法介绍如下。

第一种，如图4-9所示，大窗为度盘的影像，仍然是每度做一注记，每度分三格，度盘分划为20′。小窗为测微尺的影像，左边注记数字从0到10以1′为单位，右边注记数字从0到10以10″为单位，最小分划为1″，可估读到0.1″。当转动测微轮，使测微尺读数由0′移动到10′时，度盘正、倒像的分划线向相反的方向各移动半格（相当于10′）。

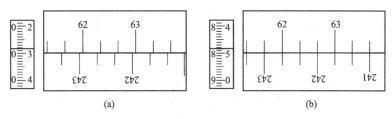

图 4-9 DJ₂ 型光学经纬仪读数示意

读数时，先转动测微轮，使正、倒像的分划线精确重合，然后找出邻近的正、倒像相差 180°的分划线，并注意正像应在左侧，倒像在右侧，此时便可读出度盘的度数，即正像分划的数字；再数出正像的分划线与倒像的分划线之间的格数，乘以度盘分划值的一半（因正倒像相对移动），即 10′，便得出度盘读数的 10′ 的倍数；最后从左边小窗中的测微尺上读取不足 10′ 的分数和秒数，估读到 0.1″。

如图 4-9(a) 所示，正、倒像的分划线没有精确重合，不能读数；应使用测微轮将其调节成如图 4-9(b) 所示，其读数为 62°28′48.3″。

第二种，如图 4-10 所示，其读数原理同第一种，所不同的是采用了数字化读数。其左下侧小窗为测微窗，读数方法完全同第一种（图中为 7′14.9″）；右下侧小窗为度盘对径分划线重合后的影像，没有注记，但在读数时必须上下线精确重合；上面的小窗左侧的数字为度盘读数，中间偏下的数字为整 10′ 的注记（图中为 75°30′）。所以，图中所示度盘读数为 75°37′14.9″。

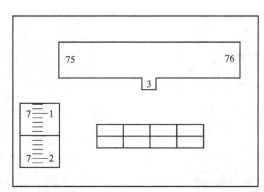

图 4-10 DJ₂ 型光学经纬仪读数示意

第三种，如图 4-11 所示，其读数方法类似于第一种。其上面小窗为度盘对径分划线重合后的影像，读数方法完全同第一种；下面小窗称为秒盘（测微分划盘），不足 10′ 的分数和秒数由此读出，秒盘上的下排数字以 1′ 为单位，上排数字以 1″ 为单位，估读到 0.1″。如图 4-11(a) 所示水平度盘读数为 6°40′06.3″，(b) 图所示竖直度盘读数为 0°19′56.6″。

四、电子经纬仪简介

电子经纬仪是在光学经纬仪的基础上发展起来的新一代测角仪器。

(一) 电子经纬仪的主要特点

① 采用电子测角系统，实现了测角自动化、数字化，能将测量结果自动显示出来，减轻了劳动强度，提高了工作效率。

② 可与光电测距仪组合成全站型电子速测仪，配合适当的接口可将观测的数据输入计

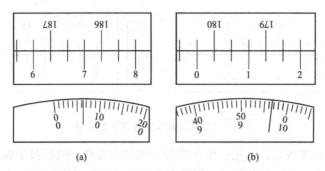

图 4-11 DJ₂ 型光学经纬仪读数示意

算机,实现数据处理和绘图自动化。

(二) 电子经纬仪测角原理

电子经纬仪仍然是采用度盘来进行测角的。与光学测角仪器不同的是,电子测角是从度盘上取得电信号,根据电信号再转换成角度,并自动以数字方式输出,显示在显示器上。电子测角度盘根据取得信号的方式不同,可分为光栅度盘测角、编码度盘测角和电栅度盘测角等。

图 4-12 为 DJD₂ 级电子经纬仪,该仪器采用光栅度盘测角,水平、竖直度盘显示读数分辨率为 1″,测角精度可达 2″。图 4-13 为液晶显示窗和操作键盘。键盘上有 6 个键,可发出不同指令。液晶显示窗中可显示提示内容、垂直角(V)和水平角(H_R)。

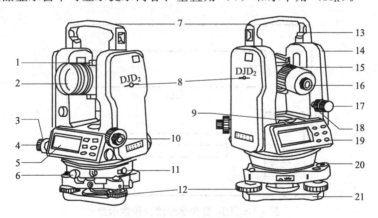

图 4-12　DJD₂ 电子经纬仪

1—粗瞄准器;2—物镜;3—水平微动螺旋;4—水平制动螺旋;5—液晶显示屏;6—基座固定螺旋;
7—提手;8—仪器中心标志;9—水准管;10—光学对点器;11—通讯接口;12—脚螺旋;
13—手提固定螺丝;14—电池;15—望远镜调焦手轮;16—目镜;17—垂直制动手轮;
18—垂直微动手轮;19—键盘;20—圆水准器;21—底版

(三) 电子经纬仪的使用

电子经纬仪使用时,首先要在测站点上安置仪器,在目标点上安置目标,然后调焦与照准目标,最后在操作键盘上按测角键,显示屏上即显示角度值。对中、整平以及调焦与照准目标的操作方法与光学经纬仪一样,键盘操作方法见使用说明书即可,在此不再详述。

在 DJD₂ 级电子经纬仪支架上可以加装红外测距仪,与电子手簿相结合,可组成组合式电子速测仪。能测水平角、垂直角、水平距离、斜距、高差、点的坐标数值等。

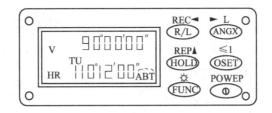

图 4-13　DJD_2 电子经纬仪的液晶显示窗和操作键盘

第三节　经纬仪的使用

一、对中

对中的目的是使水平度盘中心与测站点的标志中心位于同一铅垂线上。对中方法有垂球对中及光学对点器对中两种。

1. 垂球对中

在连接螺旋的下面挂上垂球，使垂球尖精确对准测站点的标志中心。对中时，先将三脚架张开，架在测站点上，目估使三脚架的架头中心与测站点的标志中心大致在同一铅垂线上，脚架高度适中，架头大致水平。将中心连接螺旋置于架头中心并挂上垂球，调整垂球线的长度，平移并踩紧三脚架腿使垂球尖大致对准测站点标志。然后将经纬仪用中心连接螺旋固定在架头上（暂不完全拧紧），两手扶住仪器基座，在三角架头上适当地平移仪器，使垂球尖精确对准测站点 O。一般测量工作中要求对中误差不大于 3mm。最后，将中心连接螺旋拧紧。

2. 光学对点器对中

装有光学对点器的经纬仪，可用光学对点器进行对中。用光学对点器对中和用垂球对中相比，可使对中精度从 3mm 提高到 0.5mm。

张开三脚架，目估初步对中且使三脚架架头大致水平，高度适中。装上仪器，拧紧连接螺旋。进行光学对点器目镜、物镜调焦（对光），目镜对光可以通过转动目镜筒使光学对点器分划板上的小圆圈（或十字）清晰，再前、后拉动目镜筒，使地面测站点标志影像清晰。踩实一架腿，双手握住另外两只架腿保持架头大致水平挪动脚架，同时观察光学对点器，使测站点标志的影像移至对点器中心圆圈内，踩紧两架腿。然后再通过光学对点器观测测站点，检查是否严格对中，若没有严格对中，可旋转基座上的脚螺旋使其严格对中。

二、整平

整平的目的是使仪器的竖轴竖直和水平度盘处于水平位置。

若是垂球对中，整平的方法如图 4-14 所示，转动仪器的照准部，使照准部水准管与任意两个脚螺旋的连线平行，然后按照左手拇指规则（即气泡移动的方向与左手大拇指转动的方向一致），两手同时向里或向外转动这两个脚螺旋，如图 4-14(a)，使气泡居中。然后将照准部旋转 90°，再旋转第三个脚螺旋，如图 4-14(b)，使水准管气泡居中。这样反复进行几次，直到照准部旋转到任何方向，水准管气泡偏离零点均不超过一格为止。

使用光学对点器安置经纬仪时，对中和整平两项工作互相影响，因此，必须按照特定步骤操作，方可提高安置速度。在前述对中的基础上，首先调节三脚架的架腿，靠伸缩其中两

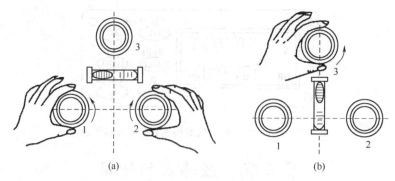

图 4-14 经纬仪整平

个架腿使圆水准器气泡居中，然后按图 4-14 所示的方法，整平仪器，使照准部水准管气泡居中，再观察对中情况。仪器经整平后，对中会受到影响（此时有很小的偏离），此时可松开中心连接螺旋，在架头上平移仪器，使测站点中心再回到对点器圆圈中心。这时整平又受到影响，可再次整平。因整平和对中操作互相影响，需要按步骤反复进行，直至两个目的均达到为止。

三、调焦与照准目标

照准目标就是用望远镜十字丝中心精确地瞄准目标。其操作顺序如下。

（1）目镜调焦　松开仪器水平制动螺旋和望远镜制动螺旋，将望远镜对向明亮背景，转动目镜调焦螺旋，使十字丝最为清晰；

（2）粗略瞄准目标　用准星和照门（或粗瞄器）概略对准目标，然后拧紧水平制动螺旋及望远镜制动螺旋；

（3）物镜调焦　转动物镜调焦螺旋，使目标影像清晰，并注意消除视差；

（4）精确瞄准目标　转动水平微动和望远镜微动螺旋，使十字丝中心精确地瞄准目标；

（5）读数　打开并调节反光镜的角度，使读数窗明亮，转动读数显微镜调焦螺旋，使读数窗内分划清晰，然后按前述方法进行读数。

注意在测量水平角时，应使用十字丝竖丝靠近交点附近的部分照准目标，并尽量对准目标底部。如图 4-15(b) 所示。当所照准的目标较细时，常用单丝平分目标，如图 4-15(a)；当照准目标较粗时，常采用双丝对称夹住目标，如图 4-15(b)。进行垂直角测量时，而是使十字丝横丝（中丝）靠近交点附近部分切准目标的顶部或特定部位，在记录时一定要注记照准位置，如图 4-15(c)。

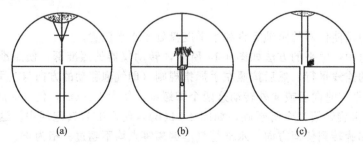

图 4-15 望远镜瞄准

(a) 水平角观测单丝平分；(b) 水平角观测双丝夹准；(c) 垂直角观测中丝切准

望远镜照准目标时，注意两手之间的协调操作。通常一手轻握照准部或望远镜，并缓慢转动照准部或望远镜以粗略照准，另一只手应持住水平制动螺旋（制动扳手），当通过粗瞄器瞄准目标后，马上旋紧（关上）制动螺旋。望远镜照准目标的步骤可概括为：粗瞄—制动—调焦—微动—精确瞄准。

四、读数

调节反光镜，使读数系统明亮，且亮度适中为好；转动读数显微镜目镜调焦螺旋，使度盘、测微尺及指标线的影像清晰；然后根据仪器的读数设备，按前述的读数方法读数。

五、度盘置数

为了减弱度盘的刻划误差和计算方便，在水平角观测时，通常规定某一清晰、成像稳定的目标作为"零方向"，并将度盘起始读数调整为某一规定值，这一操作过程称为"置数"。

1. 装有水平度盘变换手轮的光学经纬仪度盘"置数"方法

① 当仪器对中、整平后，盘左位置，照准起始目标（零方向）。

② 转动水平度盘变换手轮，使度盘读数调整至预定读数即可。为防止观测时碰动度盘变换手轮，度盘"置数"后应及时盖上护盖。

2. 装有度盘离合器的复测经纬仪度盘"置数"方法

① 当仪器对中、整平后，转动测微轮，将测微尺读数调到预定读数（一般为 $5'$ 以内即可），盘左位置，将度盘离合器复测扳钮扳上，转动照准部，使度盘读数接近预定读数，旋紧照准部制动螺旋，调节水平微动螺旋，使 $0°$（或预定读数）刻划线平分双指标线。

② 将度盘离合器复测扳钮扳下，使度盘与照准部结合（即水平度盘和照准部一起转动）。精确照准起始目标，将复测扳钮扳上，即可开始测角。

当测角精度要求较高时，往往需要观测几个测回。为了减小度盘分划误差的影响，各测回应根据测回数 n，按 $180°/n$ 变换水平度盘位置。例如：观测三个测回时，度盘起始读数可分别调至略大于 $0°$、$60°$、$120°$ 数值处。

第四节 水平角测量

水平角的观测方法，根据观测条件、精度要求、施测时所使用仪器以及观测目标的多少，分为测回法、方向观测法和复测法等几种。现主要介绍常用的前两种测角方法。

一、测回法

测回法是测角的基本方法。这种观测方法只适用于观测两个方向之间的单角。

如图 4-16 所示，欲观测水平角 $\angle AOB$，先在 A、B 两点上设置观测标志（标杆或测钎），在角的顶点 O 上安置经纬仪，然后按下列步骤进行观测。

① 盘左位置（又称正镜位置，观测时从目镜处看竖盘在望远镜的左侧），按前述方法精确照准左边目标点 A，将水平度盘"置数"（注意：水平度盘"置数"后，应检查确认精确照准目标 A），读取水平度盘读数 $a_{左}$（$00°05'18''$），记入观测手簿相应的栏内（表 4-1）。

图 4-16 水平角观测

表 4-1 水平角观测手簿（测回法）

观测日期：2007 年 10 月 23 日　　　　　天气：晴　　　　　观测者：×××
开始时刻 10 时 00 分　　　　　　　　　成像：清晰　　　　记簿者：×××
结束时刻 11 时 20 分　　　　　　　　　通视：良好　　　　仪器：J_6 28688

测站	目标	盘位	读数 /(° ′ ″)	半测回角值 /(° ′ ″)	一测回角值 /(° ′ ″)	备注
1	2	3	4	5	6	7
O	A	左	00　05　18	158　43　12	158　43　24	（图示 β 角，O 为测站，A、B 为目标）
	B		158　48　30			
	A	右	180　05　12	158　43　36		
	B		338　48　48			

② 松开照准部及望远镜制动螺旋，依顺时针方向转动照准部，精确照准右边目标点 B，读取水平度盘读数 $b_左$（158°48′30″），同样记入观测手簿相应的栏内。

以上两步用盘左观测，称为盘左半测回或上半测回，则上半测回所测角值 β 为：

$$\beta_左 = b_左 - a_左 = 158°48′30″ - 00°05′18″ = 158°43′12″$$

计算方法为：人站在测站点 O，面对待测角，将右方向的读数减去左方向的读数，即得夹角 β。如 $b_左$ 小于 $a_左$，计算时应在 $b_左$ 上加 360°后再减去 $a_左$。

③ 倒转望远镜，使仪器变为盘右位置（又称倒镜位置，即在观测时竖盘在望远镜的右侧），精确照准 B 点，读取水平度盘读数 $b_右$（338°48′48″），记入观测手簿。

④ 松开照准部及望远镜制动螺旋，逆时针方向转动照准部，瞄准 A 点，读取水平度盘读数 $a_右$（180°05′12″），记入观测手簿。

以上③、④两步用盘右观测，称为盘右半测回或下半测回，则下半测回测得的角值 β 为：

$$\beta_右 = b_右 - a_右 = 338°48′48″ - 180°05′12″ = 158°43′36″$$

上、下两个半测回合称为一测回。对于 DJ_6 型经纬仪，一测回上、下半测回角值之差，规范中未作规定，一般不应大于 ±36″。当符合要求后，取两个半测回测得的角值的平均值作为一测回的观测结果；否则，应重测。本例上、下两半测回角值之差为 24″，符合要求。

故一测回平均角值为：

$$\beta = \frac{1}{2}(\beta_左 + \beta_右) = \frac{1}{2}(158°43′12″ + 158°43′36″) = 158°43′24″$$

测回法观测水平角手簿记录与计算见表 4-1。

注意：如果采用多个测回观测，则需根据测回数按照 $180°/n$ 的原则进行度盘"置数"。且各测回角值之差不应大于 $\pm 24''$，取各测回平均值作为最后角值。

二、方向观测法

当在一个测站上需观测 3 个或 3 个以上的方向时，通常采用全圆方向观测法（简称全圆方向法）。如图 4-17 所示，在测站点 O 上，用全圆方向法观测 O 点到 A、B、C、D 各方向之间的水平角，其操作步骤如下。

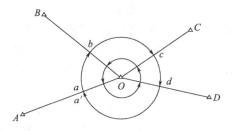

图 4-17 全圆方向法观测水平角

① 在测站点 O 上安置仪器，选择一距离适中、背景明亮、成像清晰的目标 A 作为起始方向（又称零方向），盘左位置瞄准选定的起始方向 A，水平度盘的读数置为略大于 $0°$（即度盘置零），检查确认精确照准目标 A 后，读取水平度盘读数 $a(0°02'12'')$，记入手簿中相应栏内（表 4-2）。

表 4-2 水平角观测手簿（全圆方向法）

观测日期：2007 年 10 月 30 日　　　　天气：晴　　　　观测者：×××
开始时刻 10 时 00 分　　　　　　　　成像：清晰　　　记簿者：×××
结束时刻 11 时 20 分　　　　　　　　通视：良好　　　仪 器：$J_6 28688$

测站	测回	目标	水平度盘读数 盘左 /(° ′ ″)	水平度盘读数 盘右 /(° ′ ″)	2C (″)	平均读数 $\frac{左+(右\pm180°)}{2}$ /(° ′ ″)	一测回归零方向值 /(° ′ ″)	各测回平均方向值 /(° ′ ″)	备注
1	2	3	4	5	6	7	8	9	10
O	1	A	0 02 12	180 02 00	+12	(0 02 10) 0 02 06	0 00 00	0 00 00	
		B	37 44 18	217 44 06	+12	37 44 12	37 42 02	37 42 01	
		C	110 29 06	290 28 54	+12	110 29 00	110 26 50	110 26 49	
		D	150 14 48	330 14 42	+06	150 14 45	150 12 35	150 12 28	
		A	0 02 18	180 02 12	+06	0 02 15			
归零差			$\Delta_左 = +06$	$\Delta_右 = +12$					
O	2	A	90 03 30	270 03 24	+06	(90 03 33) 90 03 27	0 00 00		
		B	127 45 36	307 45 30	+06	127 45 33	37 42 00		
		C	200 30 24	20 30 18	+06	200 30 21	110 26 48		
		D	240 16 00	60 15 48	+12	240 15 54	150 12 21		
		A	90 03 42	270 03 36	+06	90 03 39			
归零差			$\Delta_左 = +12$	$\Delta_右 = +12$					

表中：$2C=$盘左读数$-$(盘右读数$\pm180°$)

② 松开照准部及望远镜制动螺旋，按顺时针方向依次照准 B、C、D 各点，每观测一点，均读取水平度盘读数 $b(37°44'18'')$、$c(110°29'06'')$、$d(150°14'48'')$，同样记入手簿中相应栏内。

③ 继续顺时针转动照准部，再次照准起始目标 A，读取水平度盘读数 $a'(0°02'18'')$，称之为"归零"。将读数记入手簿。

a' 与 a 之差 $06''$ 称为"归零差"，目的是为了检查水平度盘的位置在观测过程中是否发生变动。按照《城市测量规范》要求，采用 DJ_6 型经纬仪进行城市一、二、三级导线水平角观测时，半测回归零差不应大于 $\pm18''$；而进行图根控制测量时，半测回归零差一般不得大于 $\pm24''$。

上述工作称为盘左半测回或上半测回观测。

④ 倒转望远镜，盘右位置照准起始方向 A，读取水平度盘读数并记入手簿相应栏内，按逆时针方向依次照准 D、C、B、A 各方向，读数并记入手簿，称为盘右半测回或下半测回观测。同样，两次照准 A 点的读数差 $12''$ 称为下半测回"归零差"。

同样，盘左、盘右两个半测回合称为一个测回，其余各测回观测只需按要求变换零方向的度盘位置，观测、记录方法完全相同。表 4-2 为全圆方向观测法手簿的记录和计算举例。

通常，由同一台仪器测得的各等高目标的 $2C$ 值应为常数，因此 $2C$ 的变化大小可作为衡量观测质量的标准之一。对于 DJ_2 型经纬仪，当垂直角小于 $3°$ 时，一测回各方向的 $2C$ 变化值不应超过 $\pm13''$。对于 DJ_6 型经纬仪 $2C$ 互差一般测量规范中没有限差规定。

由于有"归零"观测，因此起始方向上、下半测回各有前、后两个读数，最后取平均值列于有关列的上面。例如表 4-2 中第一测回 A 方向的盘左、盘右平均读数为：$\frac{1}{2}(0°02'06''+0°02'15'')=0°02'10''$，列于表 4-2 第 7 栏上方并加上括号。

为了便于以后的计算和比较，通常把起始方向值改化为 $0°00'00''$，要保持各方向之间的角度关系不变，需将计算出的各方向的平均读数都分别减去起始方向 OA 的平均读数（表 4-2 中第一测回为 $0°02'10''$），即得各方向的"一测回归零方向值"。例如表 4-2 中第一测回 B 方向的归零方向值为：$37°44'12''-0°02'10''=37°42'02''$。

《城市测量规范》规定，对于 DJ_6 型经纬仪观测水平角，同一方向各测回归零方向值互差不应大于 $\pm24''$。若同一方向各测回归零方向值互差符合限差，则取各测回方向值平均值即得各测回平均方向值，将相邻两方向值分别相减即可求得各水平角值。一测回观测完成后，应及时进行计算，各项较差如有超限，则应重测。

第五节　垂直角测量

一、垂直角的概念

所谓垂直角，是指在同一竖直面内，某点至观测目标的方向线与水平线之间的夹角，通常用 α 表示，角值为 $+90°\sim-90°$。其中方向线在水平线以上时，称为仰角，垂直角符号为"$+$"；方向线在水平线以下时，称为俯角，垂直角符号为"$-$"。

为了测量垂直角的大小，如图 4-18 所示，在地面 O 点和 A 点所决定的竖直面内，也设想竖直放置一个有刻度的圆盘（称为竖直度盘），使竖直度盘的中心和 O 点一致，则方向线 OA 与本竖直面内过 O 点的水平线在竖直度盘上所夹的角度 α，即为所要测量的 OA 方向线的垂直角，因为是俯角，其符号为"$-$"，为了满足仪器测量要求，图中架设在 O 点的仪器

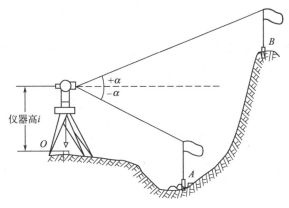

图 4-18 垂直角测量原理

高等于 A 点的觇标高，OA 方向线向上做了平移。同理，OB 方向线的垂直角为仰角，其符号为"+"。

二、竖直度盘的构造

经纬仪上的竖盘装置是用来观测垂直角的，它主要有竖直度盘（简称竖盘）、竖盘指标、竖盘指标水准管和竖盘指标水准管微动螺旋组成（如图 4-19 所示）。竖盘固定在横轴的一端，横轴垂直于竖盘且过竖盘中心。竖盘与望远镜固连成一体，当望远镜在竖直面内绕横轴转动时，竖盘随望远镜一起在竖直面内转动。竖盘读数指标线与竖盘指标水准管固连在一起，设置在竖直度盘中心，二者不随望远镜一起转动。转动竖盘指标水准管微动螺旋，可使竖盘指标水准管与读数指标一起绕横轴作微小转动，当竖盘指标水准管气泡居中时，竖盘读数指标线就处于正确位置。因此，在进行垂直角观测时，每次读取竖盘读数之前，都必须转动竖盘指标水准管微动螺旋，使竖盘指标水准管气泡居中。望远镜向上（或向下）瞄准目标时，竖盘也随之一起转动了同样的角度，而竖盘读数指标线不动，当望远镜视准轴水平，竖

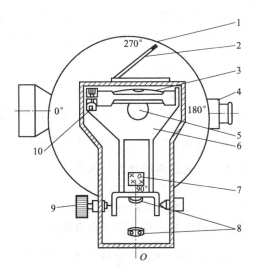

图 4-19 竖直度盘的结构

1—竖直度盘；2—水准管反射镜；3—竖盘水准管；4—望远镜；5—横轴；6—支架；7—转向棱镜；8—透镜组；9—竖盘水准管微动螺旋；10—竖盘指标水准管校正螺丝

盘读数为一定值（通常为 0°、90°、180°、270°中的一个），因此，测量垂直角时，只需瞄准目标读取竖盘读数即可。

光学经纬仪的竖盘是由光学玻璃制成的，其刻划注记一般为 0°～360°全圆式注记。注记方向有顺时针与逆时针两种形式，如图 4-20 所示。

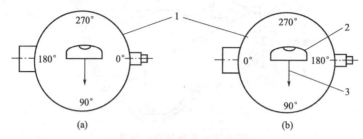

图 4-20　竖直度盘的注记形式
1—竖盘；2—竖盘指标水准管；3—竖盘读数指标线

现代经纬仪取消了竖盘指标水准管和竖盘指标水准管微动螺旋，而增加了一个补偿器，设计制成竖盘指标自动归零，简化了垂直角观测的操作，使用极为方便。

三、垂直角的计算公式

由垂直角的基本概念及测角原理可知，竖盘读数指标线处于正确位置时，垂直角 δ 是观测目标时的读数与望远镜视准轴水平时的读数（定值）之差。所以测定垂直角时，只对目标点一个方向进行读数就可算得垂直角。

在计算垂直角时，究竟是哪一个读数减哪一个读数，则应按竖盘的注记形式来确定垂直角的计算公式。为此，在观测垂直角之前，先盘左将望远镜大致放水平，观察一下读数，然后将望远镜慢慢上仰，观察读数是增大还是减小。若读数增大，则垂直角等于瞄准目标时的读数减去视线水平时的读数（定值）；若读数减小，则用视线水平时的读数（定值）减去瞄准目标时的读数，即为盘左的垂直角。

如图 4-21 所示，这种顺时针注记的竖盘，盘左、盘右时水平视线的读数分别为 90°和 270°，设 L 为盘左时视线照准目标时的读数，R 为盘右时视线照准目标时的读数。则由图可得垂直角的计算公式为：

$$\text{盘左}\quad \alpha_L = 90° - L \tag{4-2}$$

$$\text{盘右}\quad \alpha_R = R - 270° \tag{4-3}$$

为了消除误差，将盘左、盘右所测得的垂直角取中数，得一测回垂直角为：

$$\alpha = \frac{1}{2}(\alpha_L + \alpha_R) = \frac{1}{2}(R - L - 180°) \tag{4-4}$$

同理可得逆时针注记的竖盘，垂直角的计算公式为：

$$\text{盘左}\quad \alpha_L = L - 90° \tag{4-5}$$

$$\text{盘右}\quad \alpha_R = 270° - R \tag{4-6}$$

同样，将盘左、盘右垂直角取中数，得一测回垂直角为：

$$\alpha = \frac{1}{2}(\alpha_L + \alpha_R) = \frac{1}{2}(L - R + 180°) \tag{4-7}$$

四、垂直角的观测

垂直角的观测方法有两种：一是中丝法，二是三丝法。现将中丝法的观测、记录及计算

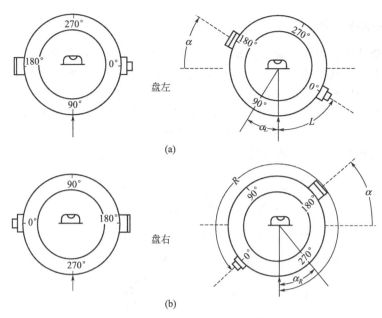

图 4-21 竖盘与垂直角计算

方法叙述如下。

① 在测站点上安置仪器。盘左位置，瞄准目标点，使仪器十字丝中丝精确切于目标的特定部位（一般为目标的顶端）。

② 转动竖盘指标水准管微动螺旋，使竖盘指标水准管气泡居中，读取竖盘读数 $L(81°18'42'')$，记入垂直角观测手簿中相应位置（见表 4-3）。对于带有自动安平补偿器的经纬仪，切准目标后打开自动补偿器开关即可读数。

表 4-3 垂直角观测记录手簿

观测日期：2007 年 11 月 6 日　　　　天气：晴　　　　观测者：×××
开始时刻 10 时 00 分　　　　　　　　成像：清晰　　　记簿者：×××
结束时刻 11 时 20 分　　　　　　　　通视：良好　　　仪　器：J_6 28688

测站	目标	盘位	竖盘读数 /(°′″)	半测回垂直角 /(°′″)	指标差 x /(″)	一测回垂直角 /(°′″)	备注
O	$\dfrac{M}{\text{杆顶}}$	左	81 18 42	+8 41 18	+6	+8 41 24	竖盘注记形式同图 4-21
		右	278 41 30	+8 41 30			
	$\dfrac{N}{\text{桩顶}}$	左	124 03 30	-34 03 30	+12	-34 03 18	
		右	235 56 54	-34 03 06			

③ 倒转望远镜成盘右位置，同法照准原目标的同一部位，按第二步操作并读取竖盘读数 $R(278°41'30'')$，记入观测手簿。

④ 计算垂直角 α。根据垂直角计算公式，计算出垂直角。

以上观测称为一测回。图根控制的垂直角观测，一般要求中丝观测两测回，且两个测回要分别进行，不得用两次读数的方法代替。如果在一个测站上观测多个方向的垂直角，则在盘左时可顺时针依次照准各目标，分别读取并记录盘左竖直度盘的读数，盘右时逆时针依次照准各目标，并读数、记录。垂直角的计算方法同上。

五、竖盘指标差简介

上述垂直角计算公式是在假定竖盘指标处在正确的位置上而得出的，也就是当视线水平、竖盘指标水准管气泡居中时，竖盘读数是 90°的整数倍。如果竖盘指标线偏离正确位置，那么当竖盘指标水准管气泡居中，望远镜视线水平，指标所指读数与应有读数（90°或270°）相差一个小角度 x（如图 4-22 所示），x 即称为竖盘指标差。指标向度盘读数增大方向偏移，规定 x 为正，反之为负。指标差产生的原因，是竖盘指标水准管未校正完善，竖盘指标水准管与竖盘读数指标线的关系不正确，这可以进行校正。

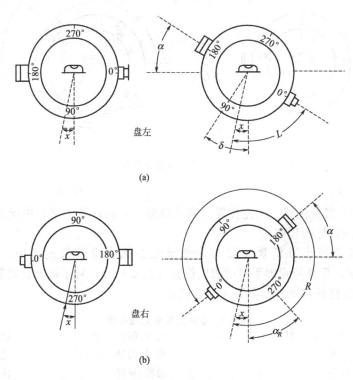

图 4-22 竖直度盘指标差

图 4-22 中，由于竖盘读数指标线左偏（向读数增大方向偏移），当竖盘指标水准管气泡居中，视线瞄准一个目标时，读数比正确读数大了一个 x 值，则正确的垂直角为：

$$\alpha = 90° - (L - x) = \alpha_L + x \tag{4-8}$$

同理，盘右位置时，垂直角的正确值为：

$$\alpha = (R - x) - 270° = \alpha_R - x \tag{4-9}$$

此时 δ_L、δ_R 已不是正确的垂直角了。

将式(4-8)和式(4-9)所得垂直角取平均，得：

$$\alpha = \frac{1}{2}(R - L - 180°) = \frac{1}{2}(\alpha_L + \alpha_R) \tag{4-10}$$

可以看出，式(4-4)与式(4-10)完全相同。由此可知，取盘左、盘右垂直角平均值作为最终结果可以消除竖盘指标差的影响。

将式(4-8)和式(4-9)相减并除以 2，则得到竖盘指标差的计算公式：

$$x = \frac{1}{2}(L + R - 360°) = \frac{1}{2}(\alpha_R - \alpha_L) \tag{4-11}$$

当一测回观测结束后，应立即计算指标差和垂直角。通常按式(4-11)计算得指标差后，可利用式(4-8)、式(4-9)和式(4-10)中任意两式计算垂直角并检核。一般用式(4-8)和式(4-9)计算和检核比较简便。

《城市测量规范》规定，在同一测站上观测不同目标垂直角时，对于 DJ_6 型光学经纬仪，同一测回各方向竖盘指标差较差不应超过 $\pm 25''$；同一方向各测回垂直角互差应不大于 $\pm 25''$，否则必须重测。

六、垂直角观测注意事项

① 横丝切准目标部位应在观测手簿相应栏中注明或绘图表示，同一目标盘左、盘右必须切准同一部位。

② 盘左、盘右照准目标时，应使目标影像位于竖丝附近两侧的对称位置上，这样有利于消除十字丝横丝不水平引起的误差。

③ 每次读数前，必须使竖盘指标水准管气泡居中。

④ 观测垂直角时，还需及时量取仪器高度和目标高度，量至厘米，记入观测手簿相应栏内。

第六节 经纬仪的检验与校正

经纬仪各主要轴线之间，必须满足一定的几何条件，才能保证成果质量和精度。但是，由于长期使用和搬运过程中的振动，其几何关系往往会发生变动。因此，在使用前必须认真进行检验和校正，使仪器各轴线间保持正确的几何关系。

一、经纬仪的主要轴线

如图 4-23 所示，经纬仪的主要轴线有：竖轴（VV）、横轴（HH）、视准轴（CC）和水准管轴（LL）。

二、经纬仪的主要轴线间应满足的条件

① 水准管轴应垂直于竖轴（$LL \perp VV$）；
② 十字丝纵丝应垂直于水平轴；
③ 视准轴应垂直于水平轴（$CC \perp HH$）；
④ 水平轴应垂直于竖轴（$HH \perp VV$）；
⑤ 望远镜视准轴水平、竖盘指标水准管气泡居中时，指标读数应为 90° 的整倍数，即竖盘指标差为零。

经纬仪在出厂时，上述几何条件是满足的。但是，由于仪器长期使用或受到碰撞、震动等影响，均能导致轴线位置发生变化。所以，在正式作业前，应对经纬仪进行检验，如发现上述几何关系不满足，必须校正，直到满足为止。

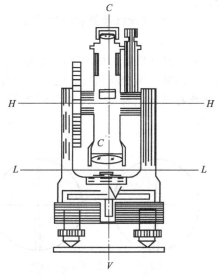

图 4-23 经纬仪的主要轴线

三、经纬仪的检验与校正

(一) 水准管轴的检验与校正

1. 检验

首先利用圆水准器粗略整平仪器,然后转动照准部使水准管平行于任意两个脚螺旋的连线方向,调节这两个脚螺旋使水准管气泡居中,再将仪器旋转180°,如水准管气泡仍居中,说明水准管轴与竖轴垂直;若气泡不再居中,则说明水准管轴与竖轴不垂直,需要校正。

2. 校正

如图 4-24(a) 所示,设竖轴与水准管轴不垂直,偏离了 α 角,则当仪器绕竖轴旋转180°后,竖轴不垂直于水准管轴的偏角为 2α,如图 4-24(b) 所示。

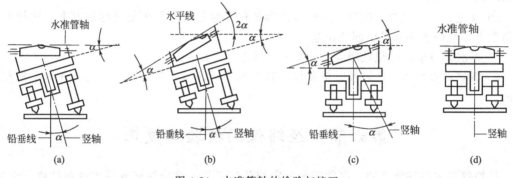

图 4-24 水准管轴的检验与校正

校正时,用校正针拨动水准管一端的校正螺丝,使气泡回到偏离中心位置的一半,即图 4-24(c) 所示位置,此时水准管轴与竖轴垂直,然后再相对转动这两只脚螺旋,使气泡居中,如图 4-24(d)。

此项检校需要反复进行,直至仪器旋转到任意方向,气泡仍然居中或偏离零点不大于半格为止。

(二) 十字丝纵丝的检验与校正

1. 检验

首先整平仪器,用十字丝纵丝的上端或下端精确照准远处一明显的目标点,如图4-25所示,然后制动照准部和望远镜,转动望远镜微动螺旋使望远镜绕横轴作微小俯仰,如果目标点始终在纵丝上移动,说明条件满足,如图 4-25(a) 所示;否则需要校正,如图 4-25(b) 所示。

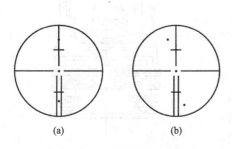

图 4-25 十字丝纵丝的检验

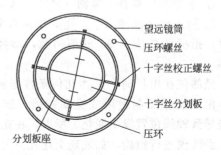

图 4-26 十字丝纵丝的校正

2. 校正

常见结构如图 4-26 所示，是将装有十字丝环的目镜筒用压环和四个压环螺丝与望远镜筒相连接。校正时，先旋下目镜分划板护盖，松开四个压环螺丝，转动目镜筒，使目标点在望远镜上下俯仰时始终在十字丝纵丝上移动为止，最后将压环螺丝拧紧，拧上护盖。

（三）望远镜视准轴的检验与校正

视准轴不垂直于水平轴所偏离的角值 C 称为视准轴误差。具有视准轴误差的望远镜绕水平轴旋转时，视准轴将扫过一个圆锥面，而不是一个平面。这样观测同一竖直面内不同高度的点，水平度盘的读数将不相同，从而产生测角误差。

这个误差通常认为是由于十字丝交点在望远镜筒内的位置不正确而产生的，其检校方法如下。

1. 检验

① 在平坦地面上选择一条长约 100m 的直线 AB，将经纬仪安置在 A、B 两点的中点 O 处，如图 4-27 所示，并在 A 点设置一瞄准标志，在 B 点横放一根刻有毫米分划的尺子，使尺子与 OB 尽量垂直，标志、尺子应大致与仪器同高；

② 用盘左瞄准 A 点，制动照准部，倒转望远镜在 B 点尺上读数 B_1，如图 4-27(a)；

③ 用盘右再瞄准 A 点，制动照准部，倒转望远镜再在 B 点尺上读数 B_2，如图 4-27(b)；

若 B_1 与 B_2 两读数相同，则说明条件满足。如不相同，由图可知，$\angle B_1OB_2 = 4C$，由此算得：

$$C = B_1B_2 \times \rho / 4D$$

式中，D 为 O 点到尺子的水平距离，若 $C > 60''$，则必须校正。

2. 校正

校正时，在尺子上定出一点 B_3，使 $B_2B_3 = B_1B_2/4$，OB_3 便与横轴垂直。所以，用拨针拨动图 4-26 中左右两个十字丝校正螺丝，一松一紧，左右移动十字丝分划板，直至十字丝交点与 B_3 影像重合。这项校正也需反复进行。

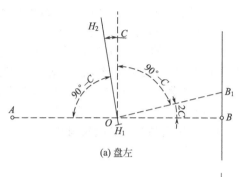

(a) 盘左

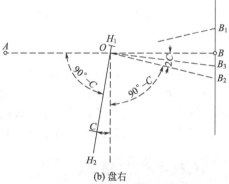

(b) 盘右

图 4-27 视准轴的检验

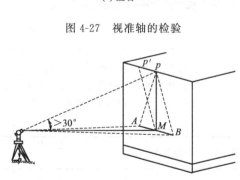

图 4-28 水平轴的检验

（四）水平轴的检验与校正

若水平轴不垂直于竖轴，则仪器整平后竖轴虽已竖直，水平轴并不水平，因而视准轴绕倾斜的水平轴旋转所形成的轨迹是一个倾斜面。这样，当照准同一铅垂面内高度不同的目标点时，水平度盘的读数并不相同，从而产生测角误差，影响测角精度，因此必须进行检校，方法具体如下。

1. 检验

① 在距一垂直墙面 20～30m 处，安置经纬仪，整平仪器，如图 4-28 所示；

② 盘左位置，照准墙上部某一明显目标 P，仰角稍大于 30°为宜；
③ 然后制动照准部，放平望远镜在墙上标定 A 点；
④ 倒转望远镜成盘右位置，仍照准 P 点，再将望远镜放平，标定 B 点；

若 A、B 两点重合，说明水平轴是水平的，水平轴垂直于竖轴；否则，说明水平轴倾斜，水平轴不垂直于竖轴，需要校正。

2. 校正

① 在墙上定出 A、B 两点连线的中点 M，仍以盘右位置转动水平微动螺旋，照准 M 点，转动望远镜，仰视 P 点，这时十字丝交点必然偏离 P 点，设为 P' 点。

② 打开仪器支架的护盖，松开望远镜水平轴的校正螺丝，转动偏心轴承，升高或降低水平轴的一端，使十字丝交点准确照准 P 点，最后拧紧校正螺丝。

由于光学经纬仪密封性好，仪器出厂时又经过严格检验，一般情况下水平轴不易变动。但测量前仍应加以检验，如有问题，最好送专业修理单位检修。

（五）竖盘指标差的检验与校正

1. 检验

安置仪器，用盘左、盘右两个镜位观测同一目标点，分别使竖盘指标水准管气泡居中，读取竖盘读数 L 和 R，用式(4-11)计算竖盘指标差 x，若 x 值超过 $1'$ 时，应进行校正。

2. 校正

先计算出盘右（或盘左）时的竖盘正确读数 $R_0 = R - x$（或 $L_0 = L - x$），仪器仍保持照准原目标，然后转动竖盘指标水准管微动螺旋，使竖盘指标在 R_0（或 L_0）上，此时竖盘指标水准管气泡不再居中了，用校正针拨动水准管一端的校正螺丝，使气泡居中。

此项检校亦须反复进行，直至指标差小于规定的限度为止。

思考题与习题

1. 分别说明水准仪和经纬仪的安置步骤，并指出它们的区别。
2. 什么是水平角？经纬仪为何能测水平角？
3. 什么是垂直角？观测水平角和垂直角有哪些相同点和不同点？
4. 对中、整平的目的是什么？如何进行？若用光学对中器应如何对中？
5. 完成表 4-4 中测回法测水平角的计算。

表 4-4 测回法观测手簿

测 站	竖盘位置	目标	水平盘读数 /(° ′ ″)	半测回角值 /(° ′ ″)	一测回角值 /(° ′ ″)	各测回平均角值 (° ′ ″)
I 测回 O	左	A	0 36 24			
		B	108 12 36			
	右	A	180 37 00			
		B	288 12 54			
II 测回 O	左	A	90 10 00			
		B	197 45 42			
	右	A	270 09 48			
		B	17 46 06			

6. 经纬仪上的复测扳手和度盘位置变换手论的作用是什么？若将水平度盘起始读数设定为 $0°00'00''$，应如何操作？

7. 简述测回法观测水平角的操作步骤。

8. 水平角方向观测中的 $2c$ 是何含义？说明为何要计算 $2c$，并检核其互差。

9. 完成表 4-5 中全圆方向观测法观测水平角的计算。

表 4-5 全圆方向法观测手簿

测站	测回数	目标	水平度盘读数		$2c=$左－(右±180°) /(° ′ ″)	平均读数 /(° ′ ″)	归零后方向值 /(° ′ ″)	各测回归零后方向平均值 /(° ′ ″)	各测回方向间的水平角
			盘左 /(° ′ ″)	盘右 /(° ′ ″)					
O	1	A	0 02 30	180 02 36					
		B	60 23 36	240 23 42					
		C	225 19 06	45 19 18					
		D	290 14 54	110 14 48					
		A	0 02 36	180 02 42					
	2	A	90 03 30	270 03 24					
		B	150 23 48	330 23 30					
		C	315 19 42	135 19 30					
		D	20 15 06	200 15 00					
		A	90 03 24	270 03 18					

10. 何谓竖盘指标差？如何计算、检核和校正竖盘指标差？

11. 整理表 4-6 中垂直角观测记录。

表 4-6 垂直角观测手簿

测站	目标	竖盘位置	竖盘读数 /(° ′ ″)	半测回垂直角 /(° ′ ″)	指标差 /(° ′ ″)	一测回垂直角 /(° ′ ″)	备注
O	1	左	72 18 18				270° 180°　　0° 90°
		右	287 42 00				
	2	左	96 32 48				
		右	263 27 30				

12. 经纬仪上有哪些主要轴线？它们之间应满足什么条件？为什么？

13. 角度观测为什么要用盘左、盘右观测？能否消除因竖轴倾斜引起的水平角测量误差？

14. 望远镜视准轴应垂直于横轴的目的是什么？如何检验？

15. 经纬仪横轴为何要垂直与仪器竖轴？如何检验？

16. 试述经纬仪竖盘指标自动归零的原理。

17. 电子经纬仪主要特点有哪些？它与光学经纬仪的根本区别是什么？

18. 电子经纬仪的测角系统主要有哪几种？其中关键的技术有哪些？

第五章
距离测量与直线定向

本章主要介绍水平距离的测量方法。水平距离测量是测量的三项基本工作之一，其主要任务是测量地面两点之间的水平距离。水平距离是指地面上两点垂直投影在同一水平面上的直线距离，是确定地面点平面位置的要素之一。按照使用工具和量距方法的不同，距离测量的方法有钢尺量距、视距测量、电磁波测距和 GPS 测距等。

钢尺量距是用钢卷尺沿地面丈量距离。该方法适用于平坦地区的短距离量距，易受地形限制。

视距测量是利用经纬仪或水准仪望远镜中的视距丝装置按几何光学原理测距。该方法适用于低精度的短距离量距。

电磁波测距是用仪器接收并发射电磁波，通过测量电磁波在待测距离上往返传播的时间计算出距离。该方法精度高，测程远，适用于高精度的远距离量距。

GPS 测距是利用两台 GPS 接收机接收空间轨道上 4 颗以上 GPS 卫星发射的载波信号，通过一定的测量和计算方法，求出两台 GPS 接收机天线相位中心的距离。

直线定向是确定两点间相对位置关系的必要环节，在此一并介绍。

第一节 钢 尺 量 距

一、距离丈量的工具

（一）钢尺

钢尺是用薄钢片制成的带状尺，可卷入金属圆盒内，故又称钢卷尺，如图 5-1 所示。尺宽约 10～15mm，长度有 20m、30m 和 50m 等几种。钢尺最小刻划至毫米（少数钢尺只在起点 10cm 内有毫米分划），在每厘米、分米和米分划处注有数字。根据尺的零点位置不同，有端点尺和刻线尺之分，如图 5-2 所示，使用中注意区分。

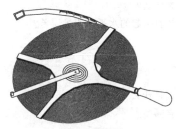

图 5-1 钢尺

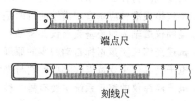

图 5-2 端点尺和刻线尺

钢尺抗拉强度高，不易拉伸，所以量距精度较高，在工程测量中常用钢尺量距。钢尺性脆，易折断，易生锈，使用时要避免扭折、防止受潮。

（二）标杆

标杆多用木料或铝合金制成，直径约 3cm、全长有 2m、2.5m 及 3m 等几种规格。杆上油漆成红、白相间的 20cm 色段，非常醒目，标杆下端装有尖头铁脚，如图 5-3 所示，便于插入地面，作为照准标志。

（三）测钎

测钎一般用钢筋制成，上部弯成小圆环，下部磨尖，直径 3～6mm，长度 30～40cm。钎上可用油漆涂成红、白相间的色段，穿在圆环中。如图 5-4 所示。量距时，将测钎插入地面，用以标定尺的端点位置和计算整尺段数，亦可作为照准标志。

（四）垂球、弹簧秤和温度计等

垂球用金属制成，上大下尖呈圆锥形，上端中心系一细绳，如图 5-5 所示，悬吊后，要求垂球尖与细绳在同一垂线上。它常用于在斜坡上丈量水平距离。

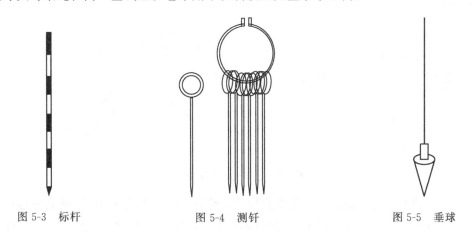

图 5-3　标杆　　　　　图 5-4　测钎　　　　　图 5-5　垂球

在精密量距中使用的工具还有弹簧秤和温度计等。

二、直线定线

当地面上两点间的距离超过尺子的全长时，或地势起伏较大，一尺段无法完成丈量工作时，量距前必须在通过直线两端点的竖直面内，定出若干分段点，以便分段丈量，这项工作称为直线定线。

按精度要求的不同，直线定线有目估定线和经纬仪定线两种方法，现分别介绍如下。

（一）目估定线

1. 两点间目测定线

如图 5-6 所示，A、B 两点为地面上互相通视的两点，今欲在过 AB 线的竖直面内定出 C、D 等分段点。定线工作可由甲、乙两人进行。定线时，先在 A、B 两点上竖立标杆，然后由甲立于 A 点标杆后面约 1～2m 处，用眼睛自 A 点标杆后面瞄准 B 点标杆。乙持另一标杆沿 BA 方向走到离 B 点大约一尺段长的 C 点附近，按照甲指挥手势左右移动标杆，直到标杆位于 AB 直线上为止，插下标杆（或测钎），得 C 点。然后乙又带着标杆走到 D 点处，同法在 AB 直线上竖立标杆（或测钎），定出 D 点，依此类推。这种从直线远端 B 走向近端 A 的定线方法，称为走近定线。反之，称为走远定线。走近定线法比走远定线法较为准确。在平坦地区一般量距中，直线定线工作常与量距工作同时进行，即边定线边丈量。

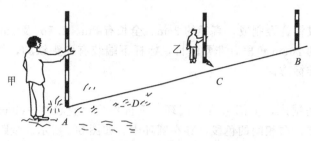

图 5-6 目估定线

2. 过高地定线

如图 5-7 所示，当 A、B 两端点互不通视，或两端点虽互相通视，却不易到达，可采用如下逐步接近的办法。

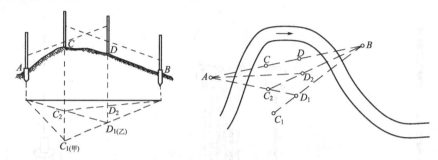

图 5-7 过高地定线示意

先在 A、B 两点上竖立标杆，标定端点位置，然后甲在能看到 B 点 C_1 处立一标杆，并指挥乙立标杆于能看到 A 目标的 C_1B 方向线上的 D_1 点处。再由乙指挥甲把 C_1 处标杆移动到 D_1A 方向上的 C_2 处。同法继续下去，逐渐趋近，直至 C、D、B 在同一直线上，同时 D、C、A 也在同一直线上，这样 C、D 两点就位于 AB 方向线上，定线完毕。

（二）经纬仪定线

当直线定线精度要求较高时，可用经纬仪定线。如图 5-8 所示，欲在 AB 线内精确定出 1、2 等分段点的位置，可由甲将经纬仪安置于 A 点，用望远镜瞄准 B 点，固定照准部制动螺旋，然后将望远镜向下俯视，用手势指挥乙移动标杆与十字丝纵丝重合时，便在标杆的位置打下木桩，再根据十字丝纵丝在木桩上钉小钉，准确定出 1 点的位置。以此类推，确定其他各分段点。

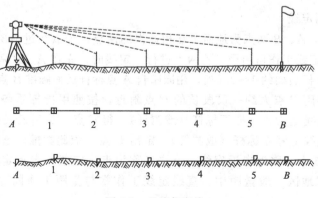

图 5-8 经纬仪定线

三、距离丈量的一般方法

(一) 平坦地面的距离丈量

此方法为量距的基本方法。丈量前，先将待测距离的两个端点用木桩（桩顶钉一小钉）标志出来，清除直线上的障碍物后，一般由两人在两点间边定线边丈量，具体做法如下。

① 如图 5-9 所示，量距时，先在 A、B 两点上竖立标杆（或测钎），标定直线方向，然后，后尺手持钢尺的零端位于 A 点的后面，前尺手持尺的末端并携带一束测钎，沿 AB 方向前进，至一尺段处时停止。

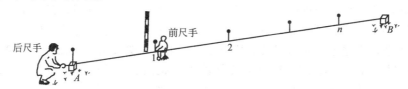

图 5-9 平坦地面的距离丈量

② 后尺手以手势指挥前尺手将测钎插在 AB 方向上；后尺手以尺的零点对准 A 点，两人同时将钢尺拉紧、拉平、拉稳后，前尺手喊"预备"，后尺手将钢尺零点准确对准 A 点，并喊"好"，前尺手随即将测钎对准钢尺末端刻划竖直插入地面，得 1 点。这样便完成了第一尺段 A1 的丈量工作。

③ 接着后尺手与前尺手共同持尺前进，后尺手走到 1 点时，即喊"停"。再用同样方法量出第二尺段 1—2 的丈量工作。然后后尺手拔起 1 点上的测钎，与前尺手共同持尺前进，丈量第三段。如此继续丈量下去，直到最后不足一整尺段 n—B 时，后尺手将钢尺零点对准 n 点测钎，由前尺手读 B 端余长读数，此读数即为零尺段长度 l'。这样就完成了由 A 点到 B 点的往测工作。从而得到直线 AB 水平距离的往测结果为：

$$D_{往} = nl + l' \tag{5-1}$$

式中　n——整尺段数（即 A、B 两点之间所拔测钎数）；
　　　l——钢尺长度；
　　　l'——不足一整尺的零尺段长度。

为了校核和提高精度，一般还应由 B 点量至 A 点进行返测。最后，以往、返两次丈量结果的平均值作为直线 AB 最终的水平距离。以往、返丈量距离之差的绝对值 ΔD 与距离平均值 D 之比，并化为分子为 1 的分数，称为相对误差 K，作为衡量距离丈量的精度，即

$$AB\ 距离\quad D_{平均} = \frac{1}{2}(D_{往} + D_{返}) \tag{5-2}$$

$$相对误差\quad K = \frac{|D_{往} - D_{返}|}{D_{平均}} = \frac{|\Delta D|}{D_{平均}} = \frac{1}{\dfrac{D_{平均}}{|\Delta D|}} \tag{5-3}$$

【例】由 30m 长的钢尺往返丈量 A、B 两点间的水平距离，丈量结果分别为：往测 5 个整尺段，零尺段长度为 9.980m，返测 5 个整尺段，零尺段长度为 10.020m。试校核丈量精度，并求出 A、B 两点间的水平距离。具体计算如下。

$$D_{往} = nl + l' = 5 \times 30 + 9.980 = 159.980(\text{m})$$

$$D_{返} = nl + l' = 5 \times 30 + 10.020 = 160.020(\text{m})$$

$$AB\ 水平距离：D_{平均} = \frac{1}{2}(D_{往} - D_{返}) = \frac{1}{2}(159.980 + 160.020) = 160.000(\text{m})$$

相对误差：$K = \dfrac{|D_{往} - D_{返}|}{D_{平均}} = \dfrac{|159.980 - 160.020|}{160.000} = \dfrac{0.040}{160.000} = \dfrac{1}{4000}$

相对误差分母愈大，则 K 值愈小，精度愈高；反之，精度愈低。量距精度取决于使用的要求和地面起伏情况，在平坦地区，钢尺量距一般方法的相对误差一般不应大于 1/3000；在量距较困难的地区，其相对误差也不应大于 1/1000。

（二）倾斜地面的距离丈量

1. 平量法

如图 5-10 所示，当地面倾斜或高低起伏较大时，可沿斜坡由高向低分小段拉平钢尺进行丈量。各小段丈量结果的总和，即为直线 AB 的水平距离。丈量时，后尺手以尺的零点对准地面 A 点，并指挥前尺手将钢尺拉在 AB 直线方向上，同时前尺手抬高尺子的一端，并目估使钢尺水平，将垂球绳紧靠钢尺上某一分划，用垂球尖投影于地面上，再插以插钎，得 1 点。此时钢尺上分划读数即为 A、1 两点间的水平距离。同法继续丈量其余各尺段。当丈量至 B 点时，应注意垂球尖必须对准 B 点。为了方便起见，返测也应由高向低丈量。若精度符合要求，取往返测的平均值作为最后结果。

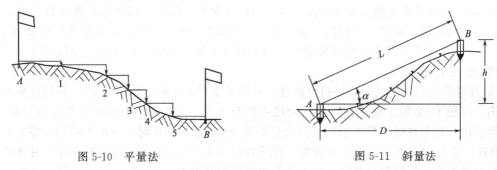

图 5-10　平量法　　　　　图 5-11　斜量法

2. 斜量法

如图 5-11 所示，当倾斜地面的坡度比较均匀或坡度较大时，可以沿斜坡丈量出 A、B 两点间的斜距 L，用经纬仪测出直线 AB 的倾斜角 α、或 A、B 两点的高差 h，按下式计算直线 AB 的水平距离：

$$D = L\cos\alpha \tag{5-4}$$

$$D = \sqrt{L^2 - h^2} \tag{5-5}$$

四、钢尺量距的精密方法

钢尺量距的一般方法，精度不高，相对误差一般只能达到 1/2000～1/5000。但在实际测量工作中，有时量距精度要求很高，如在建筑工地测设建筑方格网的主轴线，量距精度要求在 1/10000 以上，甚至要求更高。这时若用钢尺量距，应采用钢尺量距的精密方法。

（一）钢尺检定

1. 尺长方程式

由于钢尺材料的质量及刻划误差、长期使用的变形以及丈量时温度和拉力不同的影响，其实际长度往往不等于其名义长度（即钢尺上所标注的长度）。因此，量距前应对钢尺进行检定。

尺长方程式正反映了钢尺实际长度与名义长度的关系，其一般形式为：

$$l_t = l_0 + \Delta l + \alpha l_0 (t - t_0) \tag{5-6}$$

式中　l_t——钢尺在温度 t 时的实际长度；

　　　l_0——钢尺的名义长度；

　　　Δl——尺长改正数，即钢尺在温度 t_0 时的改正数（即实际长度与名义长度之差）；

　　　α——钢尺的膨胀系数，取值范围为 $1.15\times10^{-5}\sim1.25\times10^{-5}/℃$；

　　　t_0——钢尺检定时的标准温度（一般为 20℃）；

　　　t——钢尺使用时的温度。

式(5-6)所表示的含义是：钢尺在施加标准拉力（一般 30m 钢尺为 100N，50m 钢尺为 150N）下，其实际长度等于名义长度与尺长改正数和温度改正数之和。

钢尺出厂时，必须经过检定，注明钢尺检定时的温度、拉力和尺长以及钢尺的编号、名义长度和尺膨胀系数。但钢尺经过长期使用，尺长方程式中的 Δl 会起变化，故尺子使用一段时间后必须重新检定，以求得新的尺长方程式。

2. 钢尺的检定方法

钢尺的检定方法有与标准尺比长和在已知长度的两固定点间量距两种方法。下面介绍与标准尺比长的方法。

以检定过的已有尺长方程式的钢尺作为标准尺，将标准尺与被检定钢尺并排放在地面上，在每根钢尺的起始端施加标准拉力，并将两把尺子的末端刻划对齐，在零分划附近读出两尺的差数。这样就能够根据标准尺的尺长方程式计算出被检定钢尺的尺长方程式。这里认为两根钢尺的膨胀系数相同。检定宜选在阴天或背阴的地方进行，使温度变化不大。

例如，设Ⅰ号标准尺的尺长方程式为

$$l_{t\mathrm{I}}=30+0.004+1.20\times10^{-5}\times30\times(t-20)(\mathrm{m})$$

被检定的Ⅱ号钢尺，其名义长度也是 30m。比较时的温度为 24℃，当两把尺子的末端刻划对齐并施加标准拉力后，Ⅱ号钢尺比Ⅰ号标准尺短 0.007m，根据比较结果，可以得出：

$$l_{t\mathrm{II}}=l_{t\mathrm{I}}-0.007=30+0.004+1.20\times10^{-5}\times30\times(24-20)-0.007=30-0.002(\mathrm{m})$$

故Ⅱ号钢尺的尺长方程式为：

$$l_{t\mathrm{II}}=30-0.002+1.20\times10^{-5}\times30\times(t-24)(\mathrm{m})$$

由于不需考虑尺长改正数 Δl 因温度升高而引起的变化，因此如将Ⅱ号钢尺的尺长方程式中的检定温度换算为 20℃为准，则

$$\begin{aligned}l_{t\mathrm{II}}&=l_{t\mathrm{I}}-0.007=30+0.004+1.20\times10^{-5}\times30\times(t-20)-0.007\\&=30-0.003+1.20\times10^{-5}\times30\times(t-20)(\mathrm{m})\end{aligned}$$

（二）钢尺量距的精密方法

1. 准备工作

（1）清理场地　在欲丈量的两点方向线上，首先要清除影响丈量的障碍物，如杂物、树丛等，必要时要适当平整场地，使钢尺在每一尺段中不致因地面障碍物而产生挠曲。

（2）直线定线　精密量距用经纬仪定线。如图 5-8 所示，安置经纬仪于 A 点，照准 B 点，固定照准部，沿 AB 方向用钢尺进行概量，按稍短于一尺段长的位置，由经纬仪指挥打下木桩。桩顶高出地面约 $10\sim20\mathrm{cm}$，并在桩顶钉一小钉，使小钉在 AB 直线上；或在木桩顶上包一铁皮（也可用铝片），并用小刀在铁皮上刻划十字线，使十字线交点在 AB 直线上，小钉或十字线交点即为丈量时的标志。

（3）测桩顶间高差　利用水准仪，用双面尺法或往、返测法测出各相邻桩顶间高差。所测相邻桩顶间高差之差，对于一级小三角起始边不得大于 5mm，对于二级小三角起始边不

得大于 10mm，在限差内取其平均值作为相邻桩顶间的高差，以便将沿桩顶丈量的倾斜距离化算成水平距离。

2. 丈量方法

人员组成：两人拉尺，两人读数，一人测温度兼记录，共 5 人。

如图 5-12 所示，丈量时，后尺手挂弹簧秤于钢尺的零端，前尺手执尺子的末端，两人同时拉紧钢尺，把钢尺有刻划的一侧贴切于木桩顶十字线的交点，待弹簧秤指示钢尺检定时的标准拉力左右时，由后尺手发出"预备"口令，两人拉稳尺子，由前尺手喊"好"。在此瞬间，后尺手将弹簧秤指示准确调整为标准拉力，前、后读尺员同时读取读数，估读至 0.5mm，记录员依次记入手簿，见表 5-1，并计算尺段长度。

图 5-12　钢尺精密量距

前、后移动钢尺一段距离，同法再次丈量。每一尺段测三次，读三组读数，由三组读数算得的长度之差要求不超过 2mm，否则应重测。如在限差之内，取三次结果的平均值，作为该尺段的观测结果。同时，每一尺段测量应记录温度一次，估读至 0.5℃。如此继续丈量至终点，即完成往测工作。完成往测后，应立即进行返测。为了校核，并使所量水平距离达到规定的精度要求，甚至可以往返若干次。

3. 成果计算

将每一尺段丈量结果经过尺长改正、温度改正和倾斜改正化算成水平距离，并求总和，得到直线往测、返测的全长。往、返测较差符合精度要求后，取往、返测结果的平均值作为最后成果。

（1）尺段长度计算

① 尺长改正

$$\Delta l_d = \frac{\Delta l}{l_0} l \tag{5-7}$$

式中　Δl_d——尺段的尺长改正数；

　　　l——尺段的观测结果。

例如，表 5-1 中的 $A \sim 1$ 尺段，$l=29.3930\text{m}$，$\Delta l=+0.005\text{m}$，$l_0=30\text{m}$，故 $A \sim 1$ 尺段的尺长改正数为：

$$\Delta l_d = \frac{+0.005}{30} \times 29.3930 = +0.0049(\text{m})$$

② 温度改正

$$\Delta l_t = \alpha(t-t_0)l \tag{5-8}$$

例如，表 5-1 中的 $A \sim 1$ 尺段，$l=29.3930\text{m}$，$\alpha=1.20\times10^{-5}$，$t=25.5℃$，$t_0=20℃$，故 $A \sim 1$ 尺段的温度改正数为：

$$\Delta l_t = \alpha(t-t_0)l = 1.20\times10^{-5}\times(25.5-20)\times29.3930 = 0.0019(\text{m})$$

③ 倾斜改正。如图 5-13 所示，l 为量得的倾斜距离；h 为尺段两端点间的高差；d 为水平距离；Δl_h 为倾斜改正数。

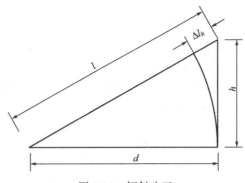

图 5-13 倾斜改正

表 5-1 精密量距记录计算表

钢尺号码:No.12　　　　钢尺膨胀系数:0.000012　　　　钢尺检定时温度 t_0:20℃
钢尺名义长度 l_0:30m　　钢尺检定长度 l':30.005m　　　钢尺检定时拉力:100N

尺段编号	实测次数	前尺读数/m	后尺读数/m	尺段长度/m	温度/℃	高差/m	温度改正数/mm	倾斜改正数/mm	尺长改正数/mm	改正后尺段长/m
A~1	1	29.4350	0.0410	29.3940	+25.5	+0.36	+1.9	-2.2	+4.9	29.3976
	2	510	580	930						
	3	025	105	920						
	平均			29.3930						
1~2	1	29.9360	0.0700	29.8660	+26.0	+0.25	+2.2	-1.0	+5.0	29.8714
	2	400	755	645						
	3	500	850	650						
	平均			29.8652						
2~3	1	29.9230	0.0175	29.9055	+26.5	-0.66	+2.3	-7.3	+5.0	29.9057
	2	300	250	050						
	3	380	315	065						
	平均			299057						
3~4	1	29.9253	0.0185	29.9050	+27.0	-0.54	+2.5	-4.9	+5.0	29.9083
	2	305	255	050						
	3	380	310	070						
	平均			29.9057						
4~B	1	15.9755	0.0765	15.8990	+27.5	+0.42	+1.4	-5.5	+2.6	15.8975
	2	540	555	985						
	3	805	810	995						
	平均			15.8990						
总和				134.9686			+10.3	-20.9	+22.5	134.9805

由图 5-12 中可知

$$\Delta l_h = d - l = (l^2 - h^2)^{\frac{1}{2}} - l = l\left[\left(1 - \frac{h^2}{l^2}\right)^{\frac{1}{2}} - 1\right]$$

将 $\left(1-\dfrac{h^2}{l^2}\right)^{\frac{1}{2}}$ 用级数展开并代入上式，则

$$\Delta l_h = l\left[\left(1-\dfrac{h^2}{2l^2}-\dfrac{h^4}{8l^4}-\cdots\cdots\right)-1\right] = -\dfrac{h^2}{2l}-\dfrac{h^4}{8l^3} \tag{5-9}$$

当高差 h 不大时，只可取式(5-9)的第一项。由式(5-9)中可见倾斜改正数恒为负值。

例如，表 5-1 中的 $A\sim 1$ 尺段，$l=29.3930\mathrm{m}$，$h=0.36\mathrm{m}$，故 $A\sim 1$ 尺段的倾斜改正数为：

$$\Delta l_h = -\dfrac{0.36^2}{2\times 29.3930} = -0.0022(\mathrm{m})$$

④ 改正后的水平距离。综上所述，改正后的水平距离为：

$$d = l + \Delta l_d + \Delta l_t + \Delta l_h \tag{5-10}$$

例如，表 5-1 中的 $A\sim 1$ 尺段，$l=29.3930\mathrm{m}$，$\Delta l_d=+0.0049\mathrm{m}$，$\Delta l_t=+0.0019\mathrm{m}$，$\Delta l_h=-0.0022\mathrm{m}$，故 $A\sim 1$ 尺段的水平距离为：

$$d = 29.3930 + 0.0049 + 0.0019 - 0.0022 = 29.3976(\mathrm{m})$$

(2) 计算全长　将各个尺段改正后的水平距离相加，便得到直线的全长。如表 5-1 中为往测的总长为：

$$D_{往} = 134.9805\mathrm{m}$$

同样，按返测记录，计算出返测的直线总长为：

$$D_{返} = 134.9868\mathrm{m}$$

取平均值　　　　　　　$D_{平均} = 134.9837\mathrm{m}$

其相对误差为

$$K = \dfrac{|D_{往}-D_{返}|}{D_{平均}} = \dfrac{0.0063}{134.9837} \approx \dfrac{1}{21000}$$

相对误差如果在限差以内，则取其平均值作为最后成果。若相对误差超限，应返工重测。

五、钢尺量距的误差及注意事项

(1) 尺长误差　钢尺的名义长度与实际长度不符，产生尺长误差。尺长误差具有积累性，它与所量距离成正比。精密量距时，钢尺已经检定并在丈量结果中进行了尺长改正，其误差可忽略不计。

(2) 定线误差　丈量时钢尺偏离定线方向，将导致丈量结果偏大。精密量距时用经纬仪定线，其误差可忽略不计。

(3) 温度改正　钢尺的长度随温度变化，丈量时温度与标准温度不一致，或测定的空气温度与钢尺温度相差较大，都会产生温度误差。所以，精度要求较高的丈量，应进行温度改正，并尽可能用点温计测定尺温，或尽可能在阴天进行，以减小空气温度与钢尺温度的差值。

(4) 拉力误差　钢尺有弹性，受拉会伸长。一般量距时，保持将钢尺拉平、拉稳、拉直即可。精密量距时，必须使用弹簧秤，以控制丈量时的拉力与检定时的拉力相同，将误差减小到可忽略不计。

(5) 尺垂曲与不水平误差　钢尺悬空丈量时中间下垂，称为垂曲。故在钢尺检定时，按悬空与水平两种情况分别检定，得出相应的尺长方程式。按实际情况采用相应的尺长方程式进行成果整理，这项误差可以忽略不计。

钢尺不水平的误差可采用加倾斜改正的方法减小至忽略不计。

(6) 丈量误差　钢尺端点对不准、测钎插不准、尺子读数等引起的误差都属于丈量误差，这种误差由于人的感官能力所限而产生，也是误差的一项主要来源。所以在量距时应尽量认真操作，提高操作熟练程度，以减小量距误差。

第二节　视距测量

视距测量是利用望远镜中的视距丝装置，根据几何光学原理同时测定水平距离和高差的一种方法。虽然测距精度仅能达到 1/200～1/300，但由于具有操作简便、不受地形限制等优点，被广泛应用于对量距精度要求不高的碎部测量中。

一、视距测量的计算公式

1. 水平距离计算公式

如图 5-14 所示，水平距离计算公式为：

$$D=Kl\cos^2\alpha \tag{5-11}$$

式中　K——视距乘常数，其值一般为 100；

　　　l——尺间隔，上、下丝读数之差，m；

　　　α——垂直角。

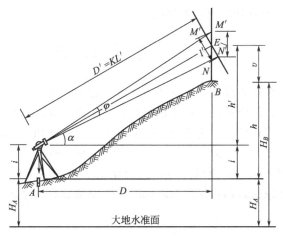

图 5-14　视距测量

显然，当视线水平时，竖直角为零，水平距离的公式为：

$$D=Kl \tag{5-12}$$

2. 高差计算公式

如图 5-14 所示，高差计算公式为：

$$h=\frac{1}{2}kl\sin2\alpha+i-v \tag{5-13}$$

式中　i——仪器高，m；

　　　v——十字丝中丝在视距尺（或水准尺）上的读数，m。

显然，当视线水平时，竖直角为零，高差计算公式为：

$$h=i-v \tag{5-14}$$

二、视距测量的观测与计算

如图 5-14 所示,欲求 A、B 两点之间的水平距离和高程,需观测四个量 i、v、l、α,然后代入公式计算,并记录成果。

① 将经纬仪安置于 A 点,量取仪器高 i,在 B 点竖立视距尺。

② 盘左位置,转动照准部精确瞄准 B 点视距尺,分别读取上、中、下丝在视距尺上的读数 M、v、N,算出尺间隔 $l=M-N$。在实际操作中,为方便高差计算,可使中丝对准尺上仪器高(先做好标记)读数,即 $v=i$;还可以微动望远镜,将中丝对准拟读的读数 v 附近,使上丝或下丝正好在视距尺某整刻度线上,从而直接读出尺间隔 l,但应注意读完后,将中丝对准拟读的读数 v 处。

③ 转动竖盘指标水准管微动螺旋,使竖盘指标水准管气泡居中,读取竖盘读数,计算竖直角 α。

④ 根据 i、v、l、α,用计算器计算或查视距计算表,并记录计算成果。

三、视距测量的误差及注意事项

① 作业前,应检验校正仪器,严格测定视距乘常数,应校正竖盘指标差不超过 $\pm 1'$。

② 读数时注意消除视差,控制视距不要超过规范要求。

③ 观测时应尽可能使视线离开地面 1m 以上。

④ 标尺应竖直,尽量使用装有水准器的尺子。

第三节 光 电 测 距

光电测距是以光电波作为载波,通过测定光电波在测线两端点间往返传播的时间来测量距离。在其测程范围内,能测量任何可通过两点间的距离,如高山之间,大河两岸等。与传统的钢尺量距相比,具有精度高、速度快、灵活方便、受气候和地形影响小等特点。

测距仪按其测程可分为短程测距仪(2km 以内)、中程测距仪(3~15km)和远程测距仪(大于 15km);按其采用的光源可分为激光测距仪和红外测距仪等。本节以普通测量工作中广泛应用的短程测距仪为例,介绍测距仪的工作原理和测距方法。

一、测距原理

如图 5-15 所示,欲测定 A、B 两点间的距离 D,可在 A 点安置能发射和接收光波的光电测距仪,在 B 点设置反射棱镜,光电测距仪发出的光束经棱镜反射后,又返回到测距仪。通过测定光波在待测距离两端点间往返传播一次的时间 t,根据光波在大气中的传播速度 C,按下式计算距离 D:

$$D=\frac{1}{2}Ct \tag{5-15}$$

光电测距仪根据测定时间 t 的方式,分为直接测定时间的脉冲测距法和间接测定时间的相位测距法。由于脉冲宽度和电子计数器时间分辨率的限制,脉冲式测距仪测距精度较低。高精度的测距仪,一般采用相位式。

相位测距法的基本工作过程是:给光源(如砷化镓发光二极管)注入频率为 f 的高频交变电流,使光源发出光的光强成为按同样频率变化的调制光,这种光射向测线另一端的反

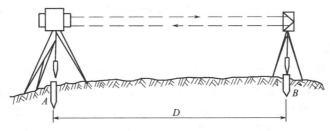

图 5-15 光电测距原理

光镜，经反射后被接收器接收。然后由相位计将发射信号与接收信号相比较，获得调制光在测线上往返传播引起的相位差 φ，从而间接测算出传播时间 t，再算出距离。

为说明方便，将调制光的往程和返程展开，则如图 5-16 所示的波形。

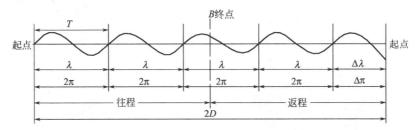

图 5-16 相位式光电测距原理

由物理学可知，调制光在传播过程中产生的相位差 φ 等于调制光的角频率 ω 乘以传播时间 t，即 $\varphi=\omega t$，又因 $\omega=2\pi f$，则传播时间为：

$$t=\frac{\varphi}{\omega}=\frac{\varphi}{2\pi f}$$

由图 5-16 还可以看出：

$$\varphi=N\times 2\pi+\Delta\varphi=2\pi(N+\Delta N)$$

式中，N 为零或正整数，表示相位差中的整周期数；$\Delta N=\Delta\varphi/2\pi$ 为不足整周期的相位差尾数。将上列各式整理得：

$$D=\mu(N+\Delta N) \tag{5-16}$$

式(5-16)为相位法测距基本公式。将此式与钢尺量距公式(5-1)比较，若把 μ 当作整尺长，则 N 为整尺数，$\mu\cdot\Delta N$ 为余长，所以，相位法测距相当于用"光尺"代替钢尺量距，而 μ 为光尺长度。

相位式测距仪中，相位计只能测出相位差的尾数 ΔN，测不出整周期数 N，因此对大于光尺的距离无法测定。为了扩大测程，应选择较长的光尺。但由于仪器存在测相误差，一般为 1/1000，测相误差带来的测距误差与光尺长度成正比，光尺愈长，测距精度愈低，例如：1000m 的光尺，其测距精度为 1m。为了解决扩大测程与保证精度的矛盾，短程测距仪上一般采用两个调制频率，即两种光尺。例如：$f_1=150\text{kHz}$，$\mu=1000\text{m}$（称为粗尺），用于扩大测程，测定百米、十米和米；$f_2=15\text{MHz}$，$\mu=10\text{m}$（称为精尺）用于保证精度，测定米、分米、厘米和毫米。这两种尺联合使用，可以准确到毫米的精度测定 1km 以内的距离。

二、红外测距仪

以常州大地测距仪厂生产的 D2000 短程红外光电测距仪为例，介绍光电测距仪的结构和使用方法。其他型号的光电测距仪的结构和使用方法与此大致相同。具体可参见各仪器的使用说明书。

(一) 仪器结构

D2000 短程红外光电测距仪如图 5-17 所示，主机通过连接器安置在经纬仪上部如图 5-18 所示，经纬仪可以是普通光学经纬仪，也可以是电子经纬仪。利用光轴调节螺旋，可使主机的发射-接受器光轴与经纬仪视准轴位于同一竖直面内。另外，测距仪横轴到经纬仪横轴的高度与觇牌中心到反射棱镜高度一致，从而使经纬仪瞄准觇牌中心的视线与测距仪瞄准反射棱镜中心的视线保持平行，如图 5-19 所示。

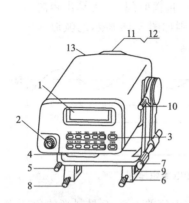 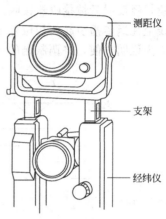

图 5-17　短程红外光电测距仪　　　　图 5-18　测距仪与经纬仪的连接

1—显示器；2—望远镜目镜；3—键盘；4—电池；5—水平方向调节螺旋；
6—座架；7—垂直微动螺旋；8—座架固定螺旋；9—间距调整螺旋；
10—垂直制动螺旋；11—物镜；12—物镜罩；13—RS-232 接口

配合主机测距的反射棱镜如图 5-20 所示，根据距离远近，可选用单棱镜（1500m 内）或三棱镜（2500m 内），棱镜安置在三脚架上，根据光学对中器和长水准管进行对中整平。

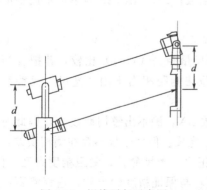 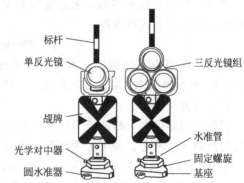

图 5-19　视线平行示意图　　　　图 5-20　反射棱镜与觇牌

(二) 仪器主要技术指标及功能

D2000 短程红外光电测距仪的最大测程为 2500m，测距精度可达 $\pm(3+2\times10^{-6}\times D)$mm（其中 D 为所测距离）；最小读数为 1mm；仪器设有自动光强调节装置，在复杂环境下测量时也可人工调节光强；可输入温度、气压和棱镜常数自动对结果进行改正；可输入竖直角自动计算出水平距离和高差；可通过距离预置进行定线放样；若输入测站坐标和高程，可自动计算观测点的坐标和高程。测距方式有正常测量和跟踪测量,其中正常测量所需时间为 3s,还能显示数次测量的平均值;跟踪测量所需时间为 0.8s,每隔一定时间间隔自动重复测距。

(三) 仪器操作与使用

1. 安置仪器

先在测站上安置好经纬仪(应事先做好连接测距仪的准备),对中整平;再将测距仪主机安装在经纬仪支架上,用连接器固定螺丝锁紧,将电池插入主机底部、扣紧。在目标点安置反射棱镜,对中、整平,并使镜面朝向主机。

2. 观测竖直角、气温和气压

用经纬仪十字横丝照准觇板中心,如图 5-21,读竖盘读数后求出竖直角 α。同时,观测和记录温度和气压计上的读数。观测竖直角、气温和气压,目的是对测距仪测量出的斜距进行倾斜改正、温度改正和气压改正,以得到正确的水平距离。

3. 测距准备

按电源开关键"PWR"开机,主机自检并显示原设定的温度、气压和棱镜常数值,自检通过后将显示"good"。

若修正原设定值,可按"TPC"键后输入温度、气压值或棱镜常数(一般通过"ENT"键和数字键逐个输入)。一般情况下,只要使用同一类的反光镜,棱镜常数不变,而温度、气压每次观测均可能不同,需要重新设定。

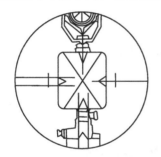
图 5-21 经纬仪瞄准觇牌中心

图 5-22 测距仪瞄准棱镜

4. 距离测量

调节主机照准轴水平调整手轮(或经纬仪水平微动螺旋)和主机俯仰微动螺旋,使测距仪望远镜精确瞄准棱镜中心,如图 5-22(三棱镜为三个棱镜中心)。在显示"good"状态下,精确瞄准也可根据蜂鸣器声音来判断,信号越强声音越大,上下左右微动测距仪,使蜂鸣器的声音最大,便完成了精确瞄准,出现"*"(其他情况下,瞄准棱镜光强正常则显示"*")。

精确瞄准后,按"MSR"键,主机将测定并显示经温度、气压和棱镜常数改正后的斜距。在测量中,若光速受挡或大气抖动等,测量将暂被中断,此时"*"消失,待光强正常后继续自动测量;若光束中断 30 秒,须光强恢复后,再按"MSR"键重测。

斜距到平距的改算,一般在现场用测距仪进行,方法是:按"V/H"键后输入竖直角值,再按"SHV"键显示水平距离。连续按"SHV"键可依次显示斜距、平距和高差。

D2000 测距仪的其他功能、按键操作及使用注意事项,详见有关使用说明书。

5. 距离计算

由短程光电测距仪测定的距离,其观测成果还只是测线倾斜距离的初步值,为了求得测线的倾斜距离，需要加气象改正，为了求得测线的水平距离还需加倾斜改正。下面分别介绍这两项改正。

（1）常数改正　包括加常数改正和乘常数改正两项。加常数 C 是由于发光管的发射面、接收面与仪器中心不一致；反光镜的等效反射面与反光镜中心不一致；内光路产生相位延迟及电子元件的相位延迟使得测距仪测出的距离值与实际距离值不一致。此常数在仪器出厂时预置在仪器中。但是由于仪器在搬运过程中的振动、电子元件的老化等，常数还会变化，因此还会有剩余加常数，这个常数要经过仪器检测求定，在测距中加以改正。

仪器乘常数 R 主要是指仪器实际的测尺频率与设计时的频率有了偏移，使测出的距离存在着随距离而变化的系统误差，其比例因子称为乘常数。此项差值也应通过检测求定，在测距中加以改正。

（2）气象改正　当距离大于 2km 或温度变化较大时，要求进行气象改正计算。由于各类仪器采用的波长及标准温度不尽相同，因此气象改正公式中个别系数也略有不同。REDmini2 红外测距仪以 $t=15℃$，$P=101.3\text{kPa}$ 为标准状态。在一般大气状态下，其改正公式为：

$$\Delta D = \left[\frac{278.96-0.3872p}{(1+0.00366t)}\right]D \tag{5-17}$$

式中　p——气压值，mmHg（1mmHg=133.3224Pa）；

　　　t——摄氏温度，℃；

　　　D——测量的斜距，km；

　　　ΔD——距离改正值，mm。

（3）平距计算　利用测定的斜距和天顶距用下式计算平距：

$$D = D_{斜}\sin z \tag{5-18}$$

三、使用测距仪的注意事项

具体注意事项内容如下。

① 气象条件对光电测距影响较大，微风的阴天是观测的良好时机。

② 测线应尽量离开地面障碍物 1.3m 以上，避免通过发热体和较宽水面的上空。

③ 测线应避开强电磁场干扰的地方，例如测线不宜接近变压器、高压线等。

④ 镜站的后面不应有反光镜和其他强光源等背景的干扰。

⑤ 要严防阳光及其他强光直射接收物镜，避免光线经镜头聚焦进入机内，将部分元件烧坏，阳光下作业应撑伞保护仪器。

第四节　直　线　定　向

确定地面两点在平面上的相对位置，仅仅测得两点之间的水平距离是不够的，还应确定两点所连直线的方向。一条直线的方向，是根据某一标准方向来确定的。确定直线与标准方向之间的关系，称为直线定向。

一、标准方向

（一）真子午线方向

包含地球南北极的平面与地球表面的交线称为真子午线。通过地面上一点，指向地球南北极的方向线，就是该点的真子午线方向。真子午线方向是用天文测量的方法确定的。

（二）磁子午线方向

在地球磁场作用下磁针在某点自由静止时所指的方向，就是该点的磁子午线方向。指向北方的一端简称磁北方向，指向南方的一端简称磁南方向。磁子午线方向是用罗盘仪测定的。

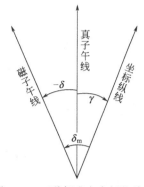

图 5-23 三种标准方向间的关系

如图 5-23 所示，由于地球的两磁极与地球的南北极不重合（磁北极约在北纬 74°、西经 110°附近，磁南极约在南纬 69°、东经 114°附近）。因此，地面上任一点的真子午线方向与磁子午线方向是不一致的，两者的夹角称 δ 为磁偏角。磁子午线方向北端在真子午线以东为东偏，δ 为"＋"；以西为西偏，δ 为"－"。

（三）坐标纵线（轴）方向

测量中常以通过测区坐标原点的坐标纵轴线为准，测区内通过任一点与坐标纵轴平行的方向线，称为该点的坐标纵轴线方向。在高斯平面直角坐标系中，坐标纵轴线方向就是地面点所在投影带的中央子午线方向。在同一投影带内，各点的坐标纵轴线方向是彼此平行的。坐标纵线方向也有北、南方向之分。

如图 5-23 所示，真子午线与坐标纵轴线间的夹角 γ 称为子午线收敛角。坐标纵线北端在真子午线以东的为东偏，γ 为"＋"；以西为西偏，γ 为"－"。

二、方位角

测量工作中，常采用方位角表示直线的方向。从过直线起点的标准方向的北端起，顺时针量至该直线的水平夹角，称为该直线的方位角，角值由 0°～360°。因标准方向有真子午线方向、磁子午线方向和坐标纵线方向之分，对应的方位角分别称为真方位角（用 A 表示）、磁方位角（用 A_m 表示）和坐标方位角（用 α 表示）。

（一）正、反坐标方位角

如图 5-24 所示，若以 A 为起点、B 为终点的直线 AB 的坐标方位角 α_{AB}，称为直线 AB 的坐标方位角。则直线 BA 的坐标方位角 α_{BA}，称为直线 AB 的反坐标方位角。由图 5-24 中可以看出正、反坐标方位角间的关系为：

$$\alpha_{BA} = \alpha_{AB} \pm 180° \tag{5-19}$$

（二）坐标方位角的推算

在实际工作中并不需要测定每条直线的坐标方位角，而是通过与已知坐标方位角的直线连测后，推算出各直线的坐标方位角。如图 5-25 所示，已知直线 12 的坐标方位角 α_{12}，观测了水平角 β_2 和 β_3，要求推算直线 23 和直线 34 的坐标方位角。由图 5-25 可以看出：

$$\alpha_{23} = \alpha_{21} - \beta_2 = \alpha_{12} + 180° - \beta_2 \tag{5-20}$$

$$\alpha_{34} = \alpha_{32} + \beta_3 = \alpha_{23} + 180° + \beta_3 \tag{5-21}$$

因 β_2 在推算路线前进方向的右侧，该转折角称为右角；β_3 在左侧，称为左角。从而可归纳出推算坐标方位角的一般公式为：

$$\alpha_{前} = \alpha_{后} + 180° + \beta_{左} \tag{5-22}$$

$$\alpha_{前} = \alpha_{后} + 180° - \beta_{右} \tag{5-23}$$

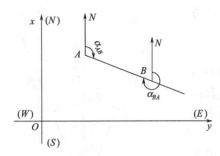

图 5-24 正、反坐标方位角

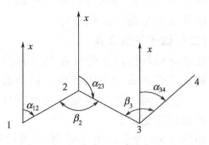

图 5-25 坐标方位角的推算

计算中，如果 $\alpha_{前} > 360°$，应自动减去 $360°$；如果 $\alpha_{前} < 0°$，则自动加上 $360°$。

当然，当独立建立直角坐标系，没有已知坐标方位角时，起始坐标方位角一般用罗盘仪来测定。

三、象限角

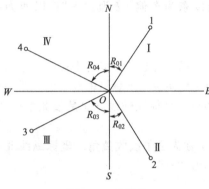

图 5-26 象限角

由坐标纵轴的北端或南端起，顺时针或逆时针至直线之间所夹的锐角，并注明象限名称，称为该直线的象限角，用 R 表示，角值由 $0° \sim 90°$。仅有象限角值还不能完全确定直线的方向。因为具有某一角值的象限角，可以从不同的线端（北端或南端）和依不同的方向（顺时针或逆时针）来度量。具有同一象限角值的直线方向可以出现在四个象限中。因此，在用象限角表示直线方向时，要在象限角值前面注明该直线方向所在的象限名称。Ⅰ象限：北东（NE）、Ⅱ象限：南东（SE）、Ⅲ象限：南西（SW）、Ⅳ象限：北西（NW），以区别不同方向的象限角。如图 5-26 所示，直线 $O1$、$O2$、$O3$ 和 $O4$ 的象限角分别为北东 R_{O1}、南东 R_{O2}、南西 R_{O3} 和北西 R_{O4}。

四、坐标方位角与象限角之间的关系

由图 5-27 可以看出坐标方位角与象限角的换算关系：

在第Ⅰ象限，$R = \alpha$　　　　在第Ⅱ象限，$R = 180° - \alpha$

在第Ⅲ象限，$R = \alpha - 180°$　　在第Ⅳ象限，$R = 360° - \alpha$

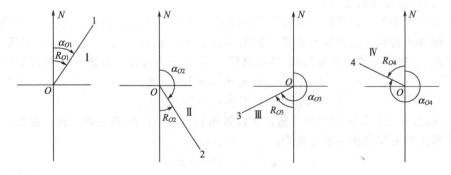

图 5-27 坐标方位角与象限角的换算关系

第五节 罗盘仪及其使用

在小测区建立独立的平面控制网时，可用罗盘仪测定直线的磁方位角，作为该控制网起始边的坐标方位角，将过起始点的磁子午线当作坐标纵轴线。下面将介绍罗盘仪的构造和使用方法。

一、罗盘仪的构造

罗盘仪是测定磁方位角的仪器，如图 5-28 所示，其主要部件有：望远镜、刻度盘、磁针和三脚架等。

(1) 望远镜 望远镜是瞄准目标用的照准设备，一般为外对光式，对光时转动对光螺旋，望远镜物镜前后移动，使物象与十字丝网平面重合，使目标清晰。望远镜一侧装有竖直度盘，用以测量竖直角。

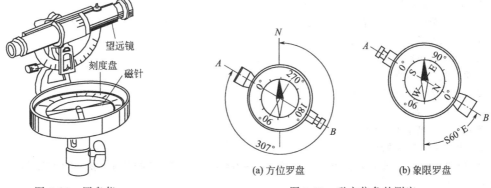

图 5-28 罗盘仪　　　　图 5-29 磁方位角的测定

(2) 刻度盘 由铜或铝制成的圆盘最小分划为 1°或 30′，每 10°作一注记。注记形式有两种：一种是按逆时针方向从 0°～360°注记，如图 5-29(a) 所示，称为方位罗盘；一种是南、北两端为 0°，向东西两个方向注记到 90°，并注有北（N）、东（E）、南（S）、西（W）字样，如图 5-29(b) 所示，称为象限罗盘。由于使用罗盘测定直线方向时，刻度盘随着望远镜转动，而磁针始终指向南北不动，为了在度盘上读出象限角，所以东、西注记与实际情况相反。同样，方位角是按顺时针从北端起算的，而方位罗盘的注记是自北端按逆时针方向注记的。

(3) 磁针 磁针是用人造磁铁制成的，其中心装有镶着玛瑙的圆形球窝，在刻度盘的中心装有顶针，磁针球窝支在顶针上，可以自由转动。为了减少顶针的磨损和防止磁针脱落，不使用时应用固定螺丝将磁针固定。

罗盘盒内还装有互相垂直的两个水准器，用来整平罗盘仪。

(4) 三脚架 由木或铝管制成，可伸缩，比较轻便。

二、罗盘仪的使用

用罗盘仪测定直线的方位角时，先将罗盘仪安置在直线的起点，对中、整平。松开磁针固定螺丝放下磁针，再松开水平制动螺旋，转动仪器，用望远镜照准直线的另一端点所立标志，待磁针静止后，其北端所指的度盘读数，即为该直线的磁方位角（或磁象限角）。

罗盘仪使用时，应注意避免任何磁铁接近仪器，选择测站点应避开高压线、车间、铁栅栏等，以免产生局部吸引，影响磁针偏转，造成读数误差。使用完毕，应立即固定磁针，以防顶针磨损和磁针脱落。

思考题与习题

1. 什么叫直线定向？什么是方位角、坐标方位角和正、反方位角？
2. 在 A 点架设 J_6 经纬仪，测得 B 点标尺 1.2m 处的垂直角为 $-30°$。上、下丝视距间隔为 50cm，仪器高为 1.4m，求 AB 两点间的水平距离和高差（视距乘常数 $K=100$，计算至毫米）。
3. 试述电磁波测距的基本原理。
4. 为什么要进行钢尺检定？钢尺检定的实质是什么？
5. 将一根 20m 的钢尺与标准钢尺比较，发现此钢尺比标准钢尺长 14mm。已知标准钢尺的尺长方程式为：

$$l_t = 20 + 0.0032 + 1.25 \times 10^{-5} \times 20 \times (t-15)$$

钢尺比长时的温度为 11℃，求此钢尺的尺长方程式（标准温度取 20℃）。

6. 用钢尺量距时，在下列情况分别发生时，试判断丈量结果是大于还是小于正确距离。
① 丈量时温度高于钢尺检定温度。
② 丈量时定线不准确。
③ 丈量时钢尺不水平。
④ 丈量时拉力大于钢尺检定时拉力。
⑤ 丈量时钢尺弯曲。
⑥ 钢尺名义长度小于钢尺实际长度。
试述光电测距的基本原理。

7. 如图 5-30 所示，已知 CA 边的坐标方位角 $\alpha_{AC}=274°16'04''$，$\beta_1=29°52'34''$，$\beta_2=80°46'12''$，求 AB 边的坐标方位角。

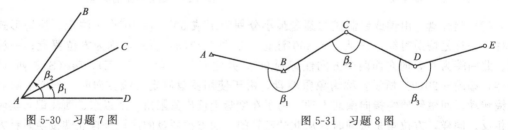

图 5-30　习题 7 图　　　　　　图 5-31　习题 8 图

8. 如图 5-31，已知直线 AB 的坐标方位角 $\alpha_{AB}=128°12'54''$，观测角 $\beta_1=220°42'24''$，$\beta_2=120°36'42''$，$\beta_3=225°52'30''$，求 ED 的坐标方位角 α_{ED}。

9. 试述罗盘仪的作用及使用时的注意事项。

第六章
测量误差基本知识

第一节 测量误差及其分类

大量的测量实践证明，测量结果中始终存在误差，测量误差是不可避免的。为了确保测量成果具有较高的质量，使产生的误差不超过一定限度，测量人员必须要充分了解影响测量结果的误差来源和性质，以便采取适当的措施限制和减小误差的产生；掌握处理误差的理论和方法，以便合理消除偏差并取得合理的数值。优秀的测量员不仅能进行熟练的测量，还应具有对误差情况综合分析，能恰当地选择和应用与作业目的要求相适应的测量方法的能力。本章就误差理论基础知识进行讨论。

一、测量误差

对某量进行重复观测时，就会发现，这些观测值之间往往存在一些差异。例如，对同一段距离重复丈量若干次，量得的长度通常是互有差异。另一种情况是，如果已知某几个量之间应该满足某一理论关系，但当对这几个量进行观测后，也会发现实际观测结果往往不能满足应有的理论关系。又如，从几何上知道一平面三角形三内角之和应等于180°，但如果对这个三角形进行观测，则三内角观测值之和常常不等于180°，而有差异。

在同一量的各观测值之间，或在各观测值与其理论上的应有值之间存在差异的现象，在测量工作中是普遍存在的。为什么会产生这种差异呢？不难理解，这是由于观测值中包含有观测误差的缘故。这种观测结果与客观实际存在的值（真值）之间的差异，称为误差。

观测误差的产生，原因很多，概括起来有以下三方面。

1. 测量仪器

测量工作通常是利用测量仪器进行的。由于每一种仪器只具有一定限度的精度，因而使观测值的精密度受到了一定限制，例如，在用只刻有厘米分划的普通水准尺进行水准测量时，就难以保证在估读厘米以下的尾数时完全正确无误；同时，仪器本身也有一定的误差，例如，水准仪的视准轴不平行水准轴，水准尺的分划误差等等。因此，使用这样的水准仪和水准尺进行观测，就会使得水准测量的结果产生误差。同样，经纬仪、测距仪等的仪器误差也使三角测量、导线测量的结果产生误差。

2. 观测者

由于观测者的感觉器官的鉴别能力有一定的局限性，所以，在仪器的安置、照准、读数等方面都会产生误差。同时，观测者的工作态度和技术水平，也是对观测成果质量有直接影响的重要因素。

3. 外界条件

观测时所处的外界环境，如温度、湿度、气压、大气折光、风力等因素都会对观测结果直接产生影响；同时，随着温度的高低，湿度的大小，风力的强弱以及大气折光的不同，它们对观测结果的影响也随之不同，因而在这样的客观环境下进行观测，就必然使观测的结果产生误差。

测量仪器、观测者、外界条件等三方面的因素是引起误差的主要来源。因此，人们把这三方面的因素综合起来称为观测条件。不难想象，观测条件的好坏与观测成果的质量有着密切的联系。当观测条件好一些，观测中所产生的误差平均说来可能相应地小一些，因而观测成果的质量就会高一些。反之，观测条件差一些，观测成果的质量就会低一些。如果观测条件相同，观测成果的质量也就可以说是相同的。所以说，观测成果的质量高低也就客观地反映了观测条件的优劣。

在整个观测过程中，由于人的感官有局限性，仪器不可能完美无缺，观测时所处的外界环境（温度、湿度、风力、气压、大气折光等）在不断变化，观测的结果中就会产生这样或那样的误差。因此，在测量中产生误差是不可避免的。当然，在客观条件允许的情况下，测量工作者可以而且必须确保观测成果具有较高的质量。

二、测量误差的分类

根据观测误差对观测结果的影响性质，可将观测误差分为系统误差和偶然误差两种。

1. 系统误差

在相同的观测条件下作一系列的观测，如果误差在大小、符号上表现出系统性，或者在观测过程中按一定的规律变化，或者为某一常数，那么，这种误差就称为系统误差。

例如，用具有某一尺长误差的钢尺量距时，由尺长误差所引起的距离误差与所测距离的长度成正比地增加，距离愈长，所积累的误差也愈大；经纬仪因校正或整置的不完善而使所测角度产生误差等等。这些都是由于仪器不完善或工作前未经检验校正而产生的系统误差。又如，用钢尺量距时的温度与检定钢尺时的温度不一致，而使所测的距离产生误差；测角时因大气折光的影响而产生的角度误差等，这些都是由于外界条件所引起的系统误差。此外，如某些观测者在照准目标时，总是习惯于把望远镜十字丝对准目标中央的某一侧。也会使观测结果带有系统误差。

2. 偶然误差

在相同的观测条件下作一系列的观测，如果误差在大小和符号上都表现出偶然性，即从单个误差看，该列误差的大小和符号没有规律，但就大量误差的总体而言，具有一定的统计规律，这种误差就称为偶然误差。

例如，在用经纬仪测角时，测角误差是由照准误差、读数误差、外界条件变化所引起的误差、仪器本身不完善而引起的误差等综合的结果。而其中每一项误差又是由许多偶然因素所引起的小误差的代数和。例如照准误差可能是由于脚架或觇标的晃动或扭转、风力风向的变化、目标的背景、大气折光和大气透明度等偶然因素影响而产生的小误差的代数和。因此，测角误差实际上是许许多多微小误差的总和，而每项微小误差又随着偶然因素影响的不断变化，其数值忽大忽小，符号忽正忽负，这样，由它们所构成的总和，就其个体而言，无论是数值的大小或符号的正负都是不能预先知道的，因此，把这种性质的误差称为偶然误差。

在测量工作中，除了上述两种性质的误差以外，还可能发生错误，即粗差。粗差的发生,大多是由于工作中的粗心大意造成的。粗差的存在不仅大大影响测量成果的可靠性,而且往往造成返工浪费,给工作带来难以估量的损失。因此,必须采取适当的方法和措施,保证观测成果中不存在粗差。所以一般地说,粗差不算作观测误差。

系统误差与偶然误差在观测过程中同时产生,系统误差对于观测结果的影响一般具有累积的作用,它对成果质量的影响也特别显著。在实际工作中,应该采用各种方法来消除系统误差,或者减小其对观测成果的影响,达到实际上可以忽略不计的程度。例如,在进行水准测量时,使前后视距相等,以消除由于视准轴不平行于水准轴对观测高差所引起的系统误差;对量距用的钢尺预先进行检定,求出尺长误差的大小,对所量的距离进行尺长改正,以消除由于尺长误差对量距所引起的系统误差等等,都是消除系统误差的方法。

当观测列中已经排除了系统误差的影响,或者与偶然误差相比已处于次要地位,则该观测列中主要是存在着偶然误差。这样的观测列,就称为带有偶然误差的观测列。以后的各项讨论中,在理论上都将假定测量结果中仅仅含有偶然误差。

三、偶然误差的特性

单个或少数几个偶然误差看不出任何规律性,但通过对同一量的大量的重复观测,就会看出偶然误差的共性,并揭示出其某种规律性,而且重复次数越多,其规律性也越明显。人们对大量的偶然误差采用统计的方法来研究,从而建立起数学模型以阐明规律。

设某量的客观真实值为 L,第 i 次观测值为 l_i 与真值 L 之差叫做真误差,常以 Δ_i 表示,即:

$$\Delta_i = l_i - L \tag{6-1}$$

显然,每观测一次,就会产生一个 Δ,大量的 Δ 就能反映出一定的规律性。

下面是一个观测实例,在相同观测条件下,观测了 1543 个三角形的所有内角。由平面几何知:三角形的内角和是 $180°$,这就是三角形内角和的真值 L。由于观测中存在误差,使每个三角形内角观测值的和 l_i 不等于真值 L,其差就是三角形内角和的真误差 Δ_i,亦称为三角形闭合差。将全部三角形闭合差按 $0.5''$ 为区间,绝对值从小到大统计列于表 6-1,这些闭合差都可以认为是偶然误差。

表 6-1 偶然误差分布规律

误差大小区间	误差(闭合差)个数		
	正误差个数	负误差个数	总　　数
$0.00''\sim0.50''$	262	269	531
$0.51''\sim1.00''$	223	216	439
$1.01''\sim1.50''$	158	166	324
$1.51''\sim2.00''$	98	100	198
$2.01''\sim2.50''$	26	21	47
$2.51''\sim3.00''$	1	3	4
Σ	768	775	1543

通过对表 6-1 分析可以看出:误差最大值是 $3''$,绝对值小的误差要比绝对值大的误差个数多,绝对值相等的正误差与负误差个数基本相等。

通过大量的测量实验,都可以得出上述类似结论,这也反映了偶然误差出现的基本规律。于是,人们根据数理统计方法,揭示出了偶然误差的下述特性。

① 在一定的观测条件下,偶然误差的绝对值不会超过一定的限值。

② 绝对值小的偶然误差，比绝对值大的偶然误差出现的机会多。
③ 绝对值相等的正负偶然误差，出现的机会相等。
④ 随着观测次数无限增加，偶然误差的算术平均值趋于零。即：

$$\lim_{n\to\infty}\frac{[\Delta x]}{n}=0 \tag{6-2}$$

对于一系列的观测而言，不论其观测条件是好是差，也不论是对同一个量还是对不同的量进行观测，只要这些观测是在相同的条件下独立进行的，则所产生的一组偶然误差必然都具有上述的四个特性。

为了简单而形象地表示偶然误差的上述特性，以偶然误差的大小为横坐标，以其误差出现的个数为纵坐标，画出偶然误差大小与其出现个数的关系曲线，如图 6-1 所示，这种曲线又称为误差分布曲线。由图可明显地看出，曲线的峰愈高、愈陡峭，说明绝对值小的误差出现的越多，即误差分布愈密集，反映观测成果质量较好；反之，曲线的峰愈低、愈平缓，表明绝对值大的误差出现的也不少，即误差分布比较分散，反映观测成果质量较差。如图 6-1 中，相应于曲线 a 的成果质量就比相应于 b 曲线的成果质量高。

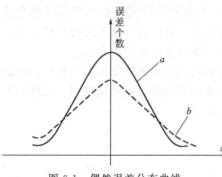

图 6-1　偶然误差分布曲线

第二节　衡量精度的标准

精度亦即测量值的精密程度或者测量值的精确程度，是指对同一量的多次观测中，各个观测值之间或观测值与其真值之间的差异程度（或称离散程度）。若观测值之间或与其真值之间差异大，则精度低；差异小，则精度高。实际上，精度也就是通过误差来表达的。

上一节中讲过，在一定的观测条件下进行的一组观测，它对应着一种确定的误差分布曲线。如果误差分布较为密集，即离散度较小时，则表示该组观测质量较好，观测精度较高；反之，如果分布较离散，即离散度较大时，则表示该组观测质量较差，观测精度较低。

因此，所谓精度，就是指误差分布的密集或离散的程度，假如两组观测成果的误差分布相同，说明这两组观测成果的精度相同；反之，若误差分布不同，则精度也就不同。对于相同的条件（观测者、仪器、方法、环境等）下所进行的一组观测，可以认为其误差产生的机会均等，它们对应着一种误差分布，因此，观测结果亦具有同样的精确度。也就是说，它们的精度属于同一等级，称之为等精度观测。例如表 6-1 中所列的 1543 个观测结果是在相同观测条件下测得的，尽管各个结果的真误差彼此并不相等，有的甚至相差很大（例如有的出现于 0.00″～0.50″区间，有的出现于 2.51″～3.00″区间），但是，由于它们所对应的误差分布相同，因此，这些结果彼此是等精度的。

精度是反映相同条件的一组观测成果的质量。为了衡量一组观测值的精度高低，当然可以按上述方法，把一组在相同条件下得到的误差，用组成误差分布表或绘制误差分布曲线的方法来比较。但在实际工作中，显然这样做比较麻烦，有时甚至很困难，而且人们还需要对精度有一个数字概念。这种具体的数字应该能够反映误差分布的密集或离散的程度，比较合理且具有代表性地表达某条件下一组观测成果所达到的精度。因此，称它为评定精度的指标。

评定精度的指标有很多种，下面介绍几种常用的精度指标。

一、中误差

在一定条件下，对某一量进行 n 次观测，各观测值真误差 Δ_i 平方和的平均值的平方根叫做中误差，一般用 m 表示。即：

$$m = \pm\sqrt{\frac{\Delta_1^2 + \Delta_2^2 + \cdots + \Delta_n^2}{n}} = \pm\sqrt{\frac{[\Delta\Delta]}{n}} \tag{6-3}$$

观测值中误差 m 不是各个观测值的真误差，它只与各个真误差的大小有关。它的特点是突出了较大误差与较小误差的差异程度，使较大误差对观测结果的影响明显地表现出来，因而它是评定观测精度的可靠指标，它表示每个观测值 l_i 的精度，是观测值 l_i 的中误差。

【例 6-1】 两观测小组，在相同的观测条件下对某三角形内角分别进行了 5 次观测，两组观测所得内角和及其真误差结果如表 6-2 所示。试计算两组所观测的三角形内角和的中误差。

解 按式(6-3)在表 6-2 中进行计算，结果列在表格中。

表 6-2 偶然误差计算

第 一 组				第 二 组			
编 号	l	$\Delta/('')$	$\Delta\Delta$	编 号	l	$\Delta/('')$	$\Delta\Delta$
1	180°00′01″	+1	1	1	179°59′59″	−1	1
2	179°59′54″	−6	36	2	179°59′55″	−5	25
3	180°00′06″	+6	36	3	180°00′03″	+3	9
4	179°59′58″	−2	4	4	179°59′58″	−2	4
5	180°00′03″	+3	9	5	180°00′01″	+1	1
	$[\Delta\Delta]$		86		$[\Delta\Delta]$		40
$m_1 = \pm\sqrt{\frac{[\Delta\Delta]}{n}} = \pm\sqrt{\frac{86}{5}} = \pm 4''$				$m_2 = \pm\sqrt{\frac{[\Delta\Delta]}{n}} = \pm\sqrt{\frac{40}{5}} = \pm 2.8''$			

误差大小是以其绝对值来比较的，上例中，计算结果为 $|m_1| > |m_2|$，所以第二组观测值的精度比第一组高。

二、容许误差

在观测过程中，由于各种因素的影响，偶然误差的存在是不可避免的，但根据偶然误差的特性，它的绝对值不会超过一定的界限。误差理论和实验统计证明：绝对值大于中误差的偶然误差，其出现的机会为 31.7%；而绝对值大于二倍中误差的偶然误差出现的机会为 4.5%；特别是绝对值大于三倍中误差的偶然误差出现的机会仅有 0.3%。由此可见，在有限的观测次数中，大于三倍中误差的偶然误差几乎是不会出现的。因此，通常以三倍中误差作为偶然误差的极限值，称为容许误差或极限误差，用 $\Delta_{容}$ 表示，即：

$$\Delta_{容} = 3m \tag{6-4}$$

在某些精度要求比较高的测量中，也常采用二倍中误差作为极限误差。

在测量规范中，对每项测量工作，根据所用仪器、测量方法及精度等级，分别规定了相应的容许误差，如果观测值的误差超过了容许误差，相应的成果质量就不符合要求，就可认为它是错误的，必须进行重测或舍去相应观测值。

三、相对误差

凡能表达观测值中所含有的误差本身之大小数值的,如真误差、中误差等,一般统称为绝对误差。当观测误差的大小与被观测量本身的大小无关(如测角误差与角的大小无关)时,则绝对误差就能明确地反映成果质量情况。但当观测误差的大小将随被观测量的大小不同而变化时,则仅有绝对误差还不能完全表达观测结果的好坏。例如分别丈量了1000m和800m的两段距离,观测值的中误差均为±2cm,虽然两者的中误差相同,但就单位长度而言,两者精度并不相同。显然前者的相对精度比后者要高。此时,必须采用另一种办法来衡量精度,通常采用将绝对误差除以相应的观测值,并化成分子为1的分式来表达精度,这种分式叫做相对误差,即:

$$相对误差 K = \frac{绝对误差}{观测值} \tag{6-5}$$

如上述两段距离前者的相对误差为1/50000,而后者则为1/40000。即前者精度高于后者。相对误差虽然也是用来评定精度的,但它只是一个比值,是一个相对量,没有单位,而非具体的误差值。

第三节 算术平均值及其观测值的中误差

一、算术平均值

在相同的观测条件下,对某量进行多次重复观测,根据偶然误差特性,可取其算术平均值作为最终观测结果。

设对某量进行了 n 次等精度观测,观测值分别为 l_1、l_2、$\cdots$、l_n,其算术平均值为:

$$L = \frac{l_1 + l_2 + \cdots + l_n}{n} = \frac{[l]}{n} \tag{6-6}$$

设观测量的真值为 X,其等精度则观测值的真误差为:

$$\left.\begin{array}{l}\Delta_1 = l_1 - X \\ \Delta_2 = l_2 - X \\ \cdots \\ \Delta_n = l_n - X\end{array}\right\} \tag{6-7}$$

将式(6-7)内各式两边相加,并除以 n,得

$$\frac{[\Delta]}{n} = \frac{[l]}{n} - X$$

将式(6-6)代入上式,并移项,得

$$L = X + \frac{[\Delta]}{n}$$

根据偶然误差的特性,当观测次数 n 无限增大时,则有

$$\lim_{n \to \infty} \frac{[\Delta]}{n} = 0$$

那么同时可得

$$\lim_{n \to \infty} L = X \tag{6-8}$$

由式(6-8)可知,当观测次数 n 无限增大时,算术平均值趋近于真值。但在实际测量工作中,观测次数总是有限的,因此,算术平均值较观测值更接近于真值。将最接近于真值的

算术平均值称为最或然值或最可靠值。

二、观测值改正数

观测量的算术平均值与观测值之差，称为观测值改正数，用 V 表示。当观测数为 n 时，有

$$\left.\begin{aligned} V_1 &= L - l_1 \\ V_2 &= L - l_2 \\ &\cdots \\ V_n &= L - l_n \end{aligned}\right\} \tag{6-9}$$

将式(6-9)内各式两边相加，得

$$[V] = nL - [l]$$

将式(6-6)代入上式，得

$$[V] = 0 \tag{6-10}$$

式(6-10)说明了观测值改正数的一个重要特性，即对于等精度观测，观测值改正数的总和为零。

三、由观测值改正数计算观测值中误差

按式(6-3)计算中误差时，需要知道观测值的真误差。但在实际测量中，一般并不知道观测值的真值，因此也无法求得观测值的真误差。因此，在实际工作中，多利用观测值改正数来计算观测值的中误差。由真误差与观测值改正数的定义可知：

$$\left.\begin{aligned} \Delta_1 &= l_1 - X \\ \Delta_2 &= l_2 - X \\ &\cdots \\ \Delta_n &= l_n - X \end{aligned}\right\} \tag{6-11}$$

由式(6-9)和式(6-11)相加，整理后得

$$\left.\begin{aligned} \Delta_1 &= (L - X) - V_1 \\ \Delta_2 &= (L - X) - V_2 \\ &\cdots \\ \Delta_n &= (L - X) - V_n \end{aligned}\right\} \tag{6-12}$$

将式(6-12)内各式两边同时平方并相加，得

$$[\Delta\Delta] = n(L - X)^2 + [VV] - 2(L - X)[V] \tag{6-13}$$

因为 $[V] = 0$，令 $\delta = (L - X)$，代入式(6-13)，得

$$[\Delta\Delta] = [VV] + n\delta^2 \tag{6-14}$$

式(6-14)两边再除以 n，得

$$\frac{[\Delta\Delta]}{n} = \frac{[VV]}{n} + \delta^2 \tag{6-15}$$

又因为 $\delta = (L - X)$，$L = \dfrac{[l]}{n}$，所以

$$\delta = (L - X) = \frac{[l]}{n} - X = \frac{[l - X]}{n} = \frac{[\Delta]}{n}$$

故

$$\delta^2 = \frac{[\Delta]^2}{n^2} = \frac{1}{n^2}(\Delta_1^2 + \Delta_2^2 + \cdots + \Delta_n^2 + 2\Delta_1\Delta_2 + 2\Delta_2\Delta_3 + \cdots + 2\Delta_{n-1}\Delta_n)$$

$$= \frac{[\Delta\Delta]}{n^2} + \frac{2}{n^2}(\Delta_1\Delta_2 + \Delta_2\Delta_3 + \cdots + \Delta_{n-1}\Delta_n)$$

由于 Δ_1，Δ_2，Δ_3，$\cdots$，Δ_n 为真误差，所以 $\Delta_1\Delta_2 + \Delta_2\Delta_3 + \cdots + \Delta_{n-1}\Delta_n$ 也具有偶然误差的特性。当 $n \to \infty$ 时，则有

$$\lim_{n \to \infty} \frac{2}{n^2}(\Delta_1\Delta_2 + \Delta_2\Delta_3 + \cdots + \Delta_{n-1}\Delta_n) = 0$$

所以

$$\delta^2 = \frac{[\Delta\Delta]}{n^2} = \frac{1}{n} \times \frac{[\Delta\Delta]}{n} \tag{6-16}$$

将式(6-16)代入式(6-15)，得

$$\frac{[\Delta\Delta]}{n} = \frac{[VV]}{n} + \frac{1}{n} \times \frac{[\Delta\Delta]}{n} \tag{6-17}$$

又由式(6-3)知 $m^2 = \frac{[\Delta\Delta]}{n}$，代入式(6-17)，得

$$m^2 = \frac{[\Delta\Delta]}{n} + \frac{m^2}{n}$$

整理后，得

$$m = \pm\sqrt{\frac{[VV]}{n-1}} \tag{6-18}$$

这就是用观测值改正数求观测值中误差的计算公式。

四、算术平均值的中误差

在衡量观测结果的精度时，除了要求出观测值的中误差之外，还要求出观测值算术平均值的中误差，作为评定观测值最后结果的精度，如前所述算术平均值为

$$L = \frac{[l]}{n} = \frac{l_1 + l_2 + \cdots + l_n}{n}$$

算术平均值 L 的中误差 M，按下式计算。

$$M = \pm\sqrt{\frac{1}{n^2}m_1^2 + \frac{1}{n^2}m_2^2 + \cdots + \frac{1}{n^2}m_n^2} = \pm\sqrt{\frac{m^2}{n}} = \pm\frac{m}{\sqrt{n}} = \pm\sqrt{\frac{[VV]}{n(n-1)}} \tag{6-19}$$

【例 6-2】 某一段距离共丈量了 6 次，结果如表 6-3 所示，求算术平均值、观测值中误差、算术平均值的中误差及相对误差。

解 计算过程见表 6-3。

表 6-3　计算表

测　次	观测值/m	观测值改正数 V/mm	VV	计　算
1	148.640	−13	169	$L = \frac{[l]}{n} = 148.627\text{m}$
2	148.628	−1	1	
3	148.633	−6	36	$m = \pm\sqrt{\frac{[VV]}{n-1}} = \pm 10.0\text{mm}$
4	148.621	+6	36	
5	148.611	+16	256	$M = \pm\frac{m}{\sqrt{n}} = \pm 4.1\text{mm}$
6	148.629	−2	4	
平均值	148.627	$[V] = 0$	502	$M_k = \frac{M}{L} = \frac{1}{36250}$

第四节 误差传播定律

在测量工作中,某些量可以由直接观测读数得来,其结果称为直接观测值。例如,水准测量的标尺读数,用钢尺量得的距离等。而有些量往往不能直接测得,须根据直接观测所获得的结果,通过某种函数关系间接计算出来,其结果称为间接观测值。例如,水准测量时,高差 $h=a$(后视读数)$-b$(前视读数),式中 h 是直接观测值 a、b 的函数;又如,坐标增量 $\Delta x = S\cos\alpha$,$\Delta y = S\sin\alpha$,式中 Δx、Δy 是距离 S 和坐标方位角 α 的函数。函数关系中的自变量可以是直接观测值或间接观测值,但间接观测值总是以直接观测值为基础的。

间接观测值是直接观测值的函数,由于各个独立的直接观测值存在误差,那么通过函数式计算的间接观测值也会含有误差。这种阐明直接观测值的中误差和其函数的中误差之间关系的定律叫做误差传播定律。

误差传播定律是揭示观测值中误差和其函数中误差间的内在规律。为了确定观测值中误差与其某一特定函数中误差间的关系,首先列出函数式,然后根据函数式找出观测值真误差与这一特定函数真误差间的关系式,有些函数(如和差函数、倍数函数等)这种关系式比较直观,有些函数就不容易看出来,这时就需要对函数求全微分,用真误差代替微分。然后利用中误差的定义式就可以确定观测值中误差与其某一特定函数中误差间的关系。几种函数形式的误差传播定律介绍如下。

一、线性函数误差传播定律

(一)倍数函数

设有线性函数

$$Z = Kx$$

式中 K 为常数;x 为观测值。当观测值 x 有真误差 Δ_x 时,则函数 Z 也将产生真误差 Δ_Z,即

$$Z + \Delta_Z = K(x + \Delta_x)$$

以上两式相减,得:

$$\Delta_Z = K \cdot \Delta_x$$

如果对 x 观测了 n 次,可写出:

$$\Delta_{Z_1} = K \cdot \Delta_{x_1}$$
$$\Delta_{Z_2} = K \cdot \Delta_{x_2}$$
$$\cdots$$
$$\Delta_{Z_N} = K \cdot \Delta_{x_N}$$

将上述等式两端平方,得:

$$\Delta_{Z_1}^2 = K^2 \cdot \Delta_{x_1}^2$$
$$\Delta_{Z_2}^2 = K^2 \cdot \Delta_{x_2}^2$$
$$\cdots$$
$$\Delta_{Z_n}^2 = K^2 \cdot \Delta_{x_n}^2$$

等式两端相加,并同时除以 n,得:

$$\frac{[\Delta_Z \Delta_Z]}{n} = K^2 \frac{[\Delta_x \Delta_x]}{n}$$

根据中误差的定义，则：
$$m_Z^2 = K^2 \cdot m_x^2$$
即
$$m_Z = K \cdot m_x \tag{6-20}$$
由此得出结论：倍数函数的中误差等于观测值中误差与倍数（常数）的乘积。

【例 6-3】 经纬仪视线水平时，视距公式为 $D=100l$，若上、下丝截得的尺间隔 l 为 2.000m，其中误差为 $m_l = \pm 0.01$m，求平距 D 的中误差及其相对误差。

解 由式(6-20)得：
$$m_D = 100 \times m_l = 100 \times (\pm 0.01) = 1.000 \text{(m)}$$
当 $l = 2.000$m 时，$D = 100l = 200$m，相对误差为：
$$\frac{1}{K} = \frac{1}{200}$$

（二）和差函数

设有函数
$$Z = x \pm y$$

式中 x、y 为独立观测值。所谓"独立"，是指各观测值之间相互无影响，即任何一个观测值所产生的误差，都不影响其他观测值的误差大小。一般来说，直接观测值就是独立观测值。观测值中误差和函数中误差间的关系可以通过真误差导出。

当观测值 x 和 y 带有真误差 Δ_x 和 Δ_y 时，则 Z 也将产生真误差 Δ_Z，即
$$Z + \Delta_Z = (x + \Delta_x) \pm (y + \Delta_y)$$

与上式相减得：
$$\Delta_Z = \Delta_x \pm \Delta_y$$

如果对 x、y 观测了 n 次，则有
$$\Delta_{Z_1} = \Delta_{x_1} \pm \Delta_{y_1}$$
$$\Delta_{Z_2} = \Delta_{x_2} \pm \Delta_{y_2}$$
$$\cdots$$
$$\Delta_{Z_n} = \Delta_{x_n} \pm \Delta_{y_n}$$

将以上各式两端平方，得：
$$\Delta_{Z_1}^2 = \Delta_{x_1}^2 + \Delta_{y_1}^2 \pm 2 \cdot \Delta_{x_1} \cdot \Delta_{y_1}$$
$$\Delta_{Z_2}^2 = \Delta_{x_2}^2 + \Delta_{y_2}^2 \pm 2 \cdot \Delta_{x_2} \cdot \Delta_{y_2}$$
$$\cdots$$
$$\Delta_{Z_n}^2 = \Delta_{x_n}^2 + \Delta_{y_n}^2 \pm 2 \cdot \Delta_{x_n} \cdot \Delta_{y_n}$$

等式两端相加，并同时除以 n，得：
$$\frac{[\Delta_Z \Delta_Z]}{n} = \frac{[\Delta_x \Delta_x]}{n} + \frac{[\Delta_y \Delta_y]}{n} \pm 2 \frac{[\Delta_x \Delta_y]}{n}$$

由于 Δ_x、Δ_y 均为偶然误差，各自的正负号出现的机会均等，其乘积 $\Delta_x \Delta_y$ 的正负号出现的机会亦均相等，$\Delta_{x_i} \Delta_{y_i}$ 也同样具有偶然误差的性质。按照偶然误差第四个特性，则有
$$\lim_{n \to \infty} \frac{[\Delta_x \Delta_y]}{n} = 0$$

根据中误差的定义，则：
$$m_Z^2 = m_x^2 + m_y^2$$
$$m_Z = \pm \sqrt{m_x^2 + m_y^2} \tag{6-21}$$

由此得出结论：两个独立观测值之和或差的中误差等于两个观测值的中误差的平方和的平方根。同理可以证明，当函数为：

$$Z = x_1 \pm x_2 \pm \cdots \pm x_n$$

时，函数 Z 的中误差为：

$$m_Z = \pm \sqrt{m_{x_1}^2 + m_{x_2}^2 + \cdots + m_{x_n}^2} \tag{6-22}$$

倘若 $m_{x_1} = m_{x_2} = \cdots = m_{x_n} = m$ 时，则有：

$$m_Z = \pm m\sqrt{n} \tag{6-23}$$

即等精度观测时，n 个观测值代数和的中误差等于观测值中误差的 $\sqrt{n}$ 倍。

【例 6-4】 一个角度是由两个方向值之差求得的，即 $\beta = L_2 - L_1$。设一个方向观测值的中误差 $m_1 = m_2 = \pm 6''$。试计算角度 β 的中误差。

解 由式(6-23)得：

$$m_Z = \pm m\sqrt{n} = \pm 6''\sqrt{2} = \pm 8.5''$$

【例 6-5】 在导线测量中，已知各转角的中误差均为 $m_1 = m_2 = \cdots = m_n = m_\beta$。若不考虑起始边坐标方位角 α_o 的误差。求第 n 条导线边的坐标方位角 α_n 的中误差。

解 因为 $\alpha_n = \alpha_o + \beta_1 + \beta_2 + \cdots + \beta_n \pm n180°$

按和差函数误差传播规律得：$m_{\alpha_n}^2 = m_1^2 + m_2^2 + \cdots + m_n^2 = nm_\beta^2$

$$m_{\alpha_n} = \pm m_\beta \sqrt{n}$$

《城市测量规范》中规定图根导线测角中误差 $m_\beta = \pm 20''$。当取二倍中误差为容许误差时，则导线第 n 条边坐标方位角的最大误差为：

$$m_{\alpha_n 容} = \pm 2m_\beta\sqrt{n} = \pm 2 \times 20''\sqrt{n} = \pm 40''\sqrt{n}$$

1. 水平角测量的精度分析

水平角测量误差的产生是多方面的，如仪器误差、对中误差、照准误差、读数误差及外界条件影响而产生的误差等。这些误差中，仪器误差可以用适当的观测方法加以消除或减少到最低限度，外界温度变化和折光差的影响，目前虽难用数学公式加以估算，但只要注意仪器不受阳光直射和利用有利的观测时间，误差可以忽略不计。因此，水平角的误差主要是对中误差和观测误差。这里只讨论观测误差即照准误差和读数误差的影响。

用 $m_照$ 表示望远镜的瞄准误差，可采用下式计算。

$$m_照 = \frac{60''}{V} \quad (V \text{ 为望远镜放大率})$$

以 DJ_6-1 型经纬仪为例，$V = 26$

$$m_照 = \frac{60''}{26} \approx 2.3''$$

设它的读数误差 $m_读 = 5''$

由误差传播定律知，照准误差和读数误差引起的方向观测中误差为：

$$m_方^2 = m_照^2 + m_读^2$$

$$m_方 = \pm \sqrt{m_照^2 + m_读^2} \tag{6-24}$$

一个角度为两个方向之差，测回法半测回的中误差为：

$$m_半 = \pm \sqrt{2} \cdot m_方$$

一测回的角值是两个半测回的平均值，其中误差为：

$$m_\beta^2 = \frac{m_{半}^2}{2} = m_{方}^2$$

即
$$m_\beta = \pm \sqrt{m_{照}^2 + m_{读}^2} \tag{6-25}$$

将 $m_{照}$、$m_{读}$ 的数值代入上式，得：
$$m_\beta = \pm \sqrt{(2.3)^2 + 5^2} = \pm 5.5''$$

用二倍中误差作为容许误差时，一测回测角的容许误差是：
$$m_{\beta容} = 2m_\beta = \pm 11''$$

2. 由三角形闭合差求测角中误差

设按同精度对 n 个三角形所有内角进行观测，由观测角计算得各三角形的闭合差为 W_1、W_2、…、W_n，现根据三角形闭合差来确定测角中误差。因为三角形闭合差 W_i 是三个内角和与 $180°$ 之差，所以闭合差就是真误差。由中误差定义，得三角形内角和的中误差为：

$$M = \pm \sqrt{\frac{[WW]}{n}}$$

内角和是三个观测角的和，各三角形内角和的中误差 M 与观测角中误差的关系，由和、差函数中误差的公式得：

$$M^2 = m_1^2 + m_2^2 + m_3^2$$

因为各角为同精度观测，所以 $m_1 = m_2 = m_3 = m$

即
$$M^2 = 3m^2$$

$$m = \pm \frac{M}{\sqrt{3}}$$

将 M 值代入上式得：

$$m = \pm \sqrt{\frac{[WW]}{3n}} \tag{6-26}$$

上式就是根据三角形闭合差计算测角中误差的公式，也就是通常所说的菲列罗公式，在三角测量中经常用来计算每一观测角的中误差。

【例 6-6】 在图根平面控制测量中，《城市测量规范》规定测角中误差应不超过 $\pm 20''$。如果以二倍中误差为极限误差，试求三角形闭合差的极限误差应规定为多少？

解 设三角形的三个角度的观测值为 α、β、γ，测角中误差为 m。三角形闭合差用 W 表示，则

$$W = \alpha + \beta + \gamma - 180°$$

由和、差函数中误差公式得：

$$m_W^2 = m_\alpha^2 + m_\beta^2 + m_\gamma^2 = 3m^2$$

以二倍中误差作为极限误差，则

$$m_{W限} = 2\sqrt{3}\,m$$

故
$$m_{W限} = 2\sqrt{3} \times 20'' = \pm 69.3''$$

根据理论推导，《城市测量规范》规定线形锁的三角形最大闭合差为 $\pm 60''$。

3. 水准测量的高差中误差

若在两点之间进行水准测量，中间共设 n 站，两点间的高差等于各站的高差和，即

$$h = h_1 + h_2 + \cdots + h_n$$

式中，h_1，h_2，$\cdots$，h_n 为各站的高差，若每站的高差中误差为 $m_{站}$，则两点间的高差中误差为：

$$m_h = \pm \sqrt{n} \, m_{站} \tag{6-27}$$

式子表明：水准测量的高差中误差与测站数的平方根成正比。若每站的距离大致相等，以 s 表示，则路线全长 S 为：

$$S = n \cdot s$$

或

$$n = \frac{S}{s}$$

将 n 值代入式(6-27)，得：

$$m_h = \pm \sqrt{\frac{S}{s}} \cdot m_{站} = \pm \frac{m_{站}}{\sqrt{s}} \cdot \sqrt{S}$$

由于 s 大致相等，$m_{站}$ 在一定的测量条件下，也可视为常数，故 $\frac{m_{站}}{\sqrt{s}}$ 可视为定值，用 μ 表示，即 $\mu = m_{站}\sqrt{\frac{1}{s}}$，则

$$m_h = \mu \sqrt{S}$$

公式表明：水准测量的高差中误差与距离的平方根成正比。

若取 $s=1$ 公里时，则 $m_h = \mu$，μ 就表示每公里的高差中误差。

【例 6-7】 在长度为 R 公里的水准路线上，进行往、返观测，已知往返观测高差中数的每公里中误差为 μ，问往返高差较差的中误差是多少？在四等水准测量中，已知 $\mu=\pm 5$mm，问往返测高差较差的极限值应规定为多少？

解 因为高差中数为往、返测高差的平均值，现已知每公里高差中数的中误差为 μ，则单程观测每公里的高差中误差为 $\sqrt{2}\mu$，当水准路线的长度为 R 时，其高差的中误差应为：

$$m_h = \sqrt{2} \mu \sqrt{R}$$

往返测高差较差就是往测高差与返测高差之差，由和、差函数的中误差公式可得往返测高差较差的中误差为：

$$M_h^2 = m_{往}^2 + m_{返}^2$$

因往、返观测为同精度，即 $m_{往} = m_{返} = m_h$，代入上式则有：

$$M_h = \sqrt{2} m_h = \sqrt{2} \cdot \sqrt{2} \mu \sqrt{R} = 2\mu \sqrt{R}$$

上式就是计算往返高差较差的中误差公式。如果取两倍中误差作为容许误差，则

$$\Delta_{容} = 2M_h = 4\mu \sqrt{R}$$

将四等水准测量往返测高差中数的每公里中误差 $\mu = \pm 5$mm 代入上式，则可求出往返测高差较差的容许值为：

$$\Delta_{容} = 4 \times 5 \sqrt{R} = \pm 20 \sqrt{R} \text{(mm)}$$

（三）一般线性函数

设有函数

$$Z = K_1 x_1 \pm K_2 x_2 \pm \cdots \pm K_n x_n$$

式中，K_1、K_2、$\cdots$、K_n 为常数，x_1、x_2、$\cdots$、x_n 为独立观测值，它们的中误差分别为 m_1、m_2、$\cdots$、m_n。

设

$$Z_1 = K_1 x_1, \ Z_2 = K_2 x_2, \cdots, Z_n = K_n x_n$$

由式(6-20)得： $m_{Z_1}=K_1 m_{x_1}$，$m_{Z_2}=K_2 m_{x_2}$，…，$m_{Z_n}=K_n m_{x_n}$

又 $$Z=Z_1 \pm Z_2 \pm \cdots \pm Z_n$$

根据式(6-22)得：

$$m_Z = \pm \sqrt{m_{Z_1}^2 + m_{Z_2}^2 + \cdots + m_{Z_n}^2}$$

即

$$m_Z = \pm \sqrt{K_1^2 m_{x_1}^2 + K_2^2 m_{x_2}^2 + \cdots + K_n^2 m_{x_n}^2} \tag{6-28}$$

由此得出结论：线性函数的中误差等于常数与相应观测值中误差乘积的平方和的平方根。

在实际工作中，常常对某一量进行多次观测，取其算术平均值作为最后观测结果，它的函数形式为：

$$Z = \frac{1}{n}(x_1 + x_2 + \cdots + x_n)$$

式中，n 为观测次数，x_1、x_2、…、x_n 为观测值。当各观测值的中误差为 m_{x_1}、m_{x_2}、…、m_{x_n} 时，由式(6-20)得：

$$m = \pm \sqrt{\left(\frac{1}{n}\right)^2 (m_{x_1}^2 + m_{x_2}^2 + \cdots + m_{x_n}^2)}$$

实际上对算术平均值 Z 来说，各次观测值都应是等精度的，即 $m_{x_1} = m_{x_2} = \cdots = m_{x_n} = m$，则

$$m = \pm \sqrt{\left(\frac{1}{n}\right)^2 n m^2} = \pm \frac{1}{\sqrt{n}} m \tag{6-29}$$

由此得出结论：算术平均值中误差是观测值中误差的 $\frac{1}{\sqrt{n}}$ 倍。

【例 6-8】 设某水平角施测了三个测回，若一测回的测角中误差 $m = \pm 20''$，试求三个测回的平均值的中误差 m_β。

解 由式(6-29)得：

$$m_\beta = \pm \frac{m}{\sqrt{n}} = \pm \frac{20''}{\sqrt{3}} = \pm 11.65''$$

二、非线性函数误差传播定律

设有函数

$$Z = f(x_1, x_2, \cdots, x_n)$$

式中，x_1，x_2，…，x_n 为观测值，相应的中误差为 m_{x_1}，m_{x_2}，…，m_{x_n}。为了找出函数与观测值二者中误差的关系式，首先须找出它们之间的真误差关系式，故对上式全微分，即

$$dZ = \left(\frac{\partial f}{\partial x_1}\right) dx_1 + \left(\frac{\partial f}{\partial x_2}\right) dx_2 + \cdots + \left(\frac{\partial f}{\partial x_n}\right) dx_n$$

一般来说，测量中的真误差是很小的，故可以用真误差代替公式中的微分，即

$$\Delta_Z = \left(\frac{\partial f}{\partial x_1}\right) \Delta_{x_1} + \left(\frac{\partial f}{\partial x_2}\right) \Delta_{x_2} + \cdots + \left(\frac{\partial f}{\partial x_n}\right) \Delta_{x_n}$$

式中 $\left(\frac{\partial f}{\partial x_1}\right)$、$\left(\frac{\partial f}{\partial x_2}\right)$、…、$\left(\frac{\partial f}{\partial x_n}\right)$ 是函数 Z 分别对 x_1，x_2，…，x_n 的偏导数，对于一定的 x_i，其偏导数值 $\frac{\partial f}{\partial x_i}$ 是一常数，故上式相当于线性函数的真误差关系式。同理由式(6-28)可得：

$$m_Z = \pm \sqrt{\left(\frac{\partial f}{\partial x_1}\right)^2 m_{x_1}^2 + \left(\frac{\partial f}{\partial x_2}\right)^2 m_{x_2}^2 + \cdots + \left(\frac{\partial f}{\partial x_n}\right)^2 m_{x_n}^2} \quad (6\text{-}30)$$

由此得出结论:一般函数中误差等于按每个观测值所求的偏导数与相应观测值中误差乘积的平方和的平方根。

【例 6-9】 某一导线边长 $D=(200\pm0.02)\text{m}$,坐标方位角 $\alpha=52°46'40''\pm20''$,求导线边纵坐标增量的中误差 $m_{\Delta x}$。

解 写出函数关系式 $\Delta x = D\cos\alpha$。由式(6-30)得:

$$m_{\Delta x} = \pm \sqrt{\left(\frac{\partial \Delta x}{\partial D}\right)^2 m_D^2 + \left(\frac{\partial \Delta x}{\partial \alpha}\right)^2 \left(\frac{m_\alpha}{\rho}\right)^2} = \pm \sqrt{m_D^2 \cos^2\alpha + D^2 \left(\frac{m_\alpha}{\rho}\right)^2 \sin^2\alpha}$$

式中 m_α 应以秒为单位,

而

$$D^2 m_\alpha^2 = (20000)^2 \times \left(\frac{20''}{206265''}\right)^2 \approx 4\,(\text{cm})$$

将 $D^2 \sin^2\alpha$ 及 m_D^2 的值代入上式,则得:

$$m_{\Delta x} = \pm \sqrt{(\cos^2\alpha + \sin^2\alpha) \times 4} = \pm\sqrt{4} = \pm 2\,(\text{cm})$$

从误差传播定律的推导过程可以看出:

① 应用误差传播定律,首先要列出函数式,然后找出真误差间的关系式(即对函数进行全微分)进而换成中误差的关系式;

② 一般函数中误差的公式是前三种函数中误差公式的概括,就是说式(6-31)是普遍的公式;

③ 应用误差传播定律时,函数中各自变量必须是相互独立的观测值,而且仅含有偶然误差。

例如,设有函数 $Z=x+y$,而 $y=3x$,此时,$m_Z^2 = m_x^2 + m_y^2$ 的式子就不能成立,因为 x 与 y 不是相互独立的量,即

$$\lim_{n\to\infty} \frac{[\Delta_x \Delta_y]}{n} = \lim_{n\to\infty} 3 \frac{[\Delta_x^2]}{n} = 3m_x^2 \neq 0$$

因此,应当把 Z 化成自变量 x 的函数,即

$$Z = 4x$$

则

$$m_Z = 4m_x$$

三角高程测量的高差中误差介绍如下。

三角高程测量计算高差的公式是:

$$h = D\tan\alpha$$

式中,D 为距离,α 为垂直角。设 D 与 α 的中误差分别为 m_D 及 m_α,由式(6-30)得:

$$m_h = \pm \sqrt{\left(\frac{\partial f}{\partial D}\right)^2 m_D^2 + \left(\frac{\partial f}{\partial \alpha}\right)^2 m_\alpha^2}$$

因 $\frac{\partial f}{\partial D} = \tan\alpha$,$\frac{\partial f}{\partial \alpha} = D\sec^2\alpha$

代入得:

$$m_h = \pm \sqrt{m_D^2 \tan^2\alpha + D^2 \sec^4\alpha \left(\frac{m_\alpha}{\rho}\right)^2}$$

实际上 D 的误差很小,一般可忽略不计;垂直角 α 的数值一般也很小,此时 $\sec\alpha \approx 1$,则有:

$$m_h = D\left(\frac{m_\alpha}{\rho}\right) \quad (6\text{-}31)$$

当高差按直、反觇计算(即按双向计算)时,按误差传播定律有:

$$m_{h双} = \frac{1}{\sqrt{2}} m_{h单}$$

将式(6-31)代入，则

$$m_{h双} = \frac{1}{\sqrt{2}} D\left(\frac{m_\alpha}{\rho}\right) \tag{6-32}$$

式(6-32)说明，三角高程测量高差的中误差与距离成正比。因此，在野外进行垂直角观测时，应该选择那些距离比较短的边。

思考题与习题

1. 系统误差和偶然误差各有什么主要特征？偶然误差的特性有哪些？
2. 什么叫中误差、极限误差、相对误差？为什么要用中误差来衡量观测值的精度？具有哪些特性的观测量需用相对误差来衡量其观测精度？
3. 在测角中用正倒镜观测，水准测量中，使前后视距相等。这些规定都是为了消除什么误差？
4. 用钢尺丈量距离，有下列几种情况，使量得的结果产生误差，试分别判定误差的性质及符号。
   (1) 尺长不准确；   (2) 钢尺不水平；
   (3) 估读小数不准确； (4) 尺端偏离直线方向。
5. 什么叫误差传播定律？它是用来解决什么问题的？
6. 在相同的条件下，对真长为 268.095m 的两点间的距离丈量五次，其结果为 268.102m、268.098m、268.100m、268.088m、268.090m。试计算：(1) 算术平均值；(2) 一次丈量的中误差；(3) 算术平均值的中误差；(4) 相对中误差。
7. 为鉴定经纬仪的精度，对已知精确测定的水平角 $\beta=45°00'00''$ 作 12 次观测，结果见表 6-4 所示，假设 β 没有误差，试求观测值的中误差。

表 6-4 水平角观测结果

观测序号	观测角值 /(° ′ ″)	观测序号	观测角值 /(° ′ ″)	观测序号	观测角值 /(° ′ ″)	观测序号	观测角值 /(° ′ ″)
1	45 00 06	5	45 00 04	9	45 00 06		
2	45 00 30	6	44 59 59	10	45 00 04		
3	44 59 59	7	44 59 58	11	44 59 58		
4	44 59 55	8	45 00 00	12	45 00 03		

8. 测回法进行水平角观测时，若一个方向的一次读数中误差为 $\pm 12''$，试求半测回角值的中误差和一测回平均角值中误差。
9. 在水准测量中，单面高差是由前后视两次照准标尺的读数之差求得的，其高差的中误差为 $\pm 4mm$，求一次照准标尺的读数中误差。
10. 用经纬仪观测水平角，每测回的观测中误差为 $\pm 6''$，今要求测角精度达到 $\pm 3''$，需要观测几个测回？
11. 在水准测量中，设一测站上前、后视标尺的一次读数中误差为 m，求黑、红面高差中数的中误差。
12. 某导线边长度 $D=200m$，中误差 $m_D=\pm 0.02m$。该边坐标方位角 $\alpha=52°46'40''$，中误差为 $m_\alpha=\pm 20''$，求该边相应之纵横坐标增量 Δx、Δy 的中误差 $m_{\Delta x}$、$m_{\Delta y}$。
13. 在距离为 8km 的 AB 两点间进行水准测量，共设了 80 站，各测站距离大致相等，又知每测站的高差观测中误差 $m_{站}=\pm 4mm$，求每公里高差的观测中误差和 AB 两点间的高差 h_{AB} 的中误差，并估算 h_{AB} 的极限误差。

第七章
平面控制测量

第一节 控制测量概述

测绘工作的主要目的是解决"在什么地方有什么物体,或什么物体在什么地方"。这一问题,即解决物体(工程)定位的问题,从而为各种工程建设和国家经济建设提供可靠的技术保障。测量学解决这一问题是通过测定或测设一些特征点的相对位置来实现的。这就需要首先在测区(测量作业范围)内建立统一的坐标系统和高程系统,测定一些点的位置作为下一级测量的起算点;另外,为了提高测量工作的工作效率,往往需要几个作业小组同时平行作业,测量工作必须保证各作业组成果最后正确拼接或数据统一;同时,在测量过程中,不可避免地产生误差,应尽可能消除或减弱这些误差的影响,防止误差的积累,使测量成果(点的位置)满足精度要求。为此必须采取一定的测量程序和方法,以提高测量作业的效率。

一、控制测量的基本概念

按照测量工作遵循的原则,在测量作业时,首先需在测区内选择少量有控制意义的点,并在点上建立固定的测量标志,用相对精密的仪器和观测方法测定这些点的平面位置和高程,这些按较高精度首先建立并测定位置的点称为控制点,由控制点组成的网状图形称为控制网,为测定控制点位置而进行的测量工作称为控制测量。控制点(网)作为测区内后续测量工作的基础,为后续测量工作提供了起算数据。这样既可以减小误差的累积,保证了各项测量工作的精度,又便于分组作业,提高测量工作效率。如图7-1中,A、B、C等点可看作是该测区的控制点,后续测量工作就可把这些点作为已知点来测定下一等级点的位置。

控制测量按作业内容分为平面控制测量和高程控制测量。平面控制测量的目的是为了测定控制点的平面位置;高程控制测量的目的是为了测定控制点的高程。据此控制网也分为平面控制网和高程控制网。按建立目的的不同,控制网又可分为国家基本控制网、工程控制网和图根控制网等。

控制测量工作由外业和内业两部分组成。外业工作主要是利用仪器设备进行野外相关数据的测定。内业工作主要是对外业采集的数据进行整理、加工和处理,计算出点的坐标和高程。

平面控制测量的方法主要有三角测量、导线测量、交会测量、GPS测量等。

三角测量是传统方法。它是在地面上选定相互通视的一系列点组成一系列连续的三角形,这些连续的三角形彼此相连组成锁状或网状图形,称为三角锁或三角网。用精密的仪器

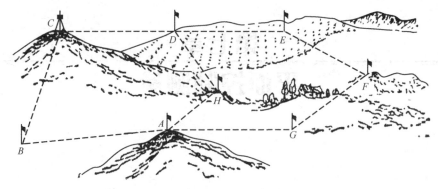

图 7-1 控制点和控制网

和严密的方法测定三角网中各三角形的内角及其中一条边长（或利用原有三角网的一条边长），根据几何原理解算出三角锁（网）中各点的坐标。这些控制点也叫三角点。

导线测量则是一系列地面点组成单向延伸的折线（导线），精密测量各点处转折角和各相临点间距离，根据解析几何原理解算出各点坐标。这些控制点也称为导线点。

GPS 测量是利用卫星定位的方法确定各点坐标的一种方法。目前 GPS 测量和导线测量已基本取代三角测量，成为平面控制测量的主要方法。

高程控制测量的方法主要有水准测量、三角高程测量和 GPS 高程测量等将在第八章做详细介绍。平面控制网和高程控制网都是独立布设的，但它们的控制点可以共用，即一个点既可是平面控制点，同时也可是高程控制点。

在面积为 15km^2 以内的小区域范围内，为大比例尺测图和工程建设建立的控制网，称为小区域控制网（尽量连测，也可单独建立）。小区域平面控制网，可以根据面积大小和精度要求分级建立，即首先在测区范围内建立统一的精度最高的控制网称为首级控制网，在此基础上逐级加密，最后建立的直接为测图服务的控制网，称为图根控制网。组成图根控制网的点称为图根控制点，图根控制点密度要足够，以满足碎部测量要求为原则。

二、平面控制测量的意义和方法

为了满足我国国防、科研及经济等各领域建设的需要，使国家各种测量工作有统一的坐标和高程系统，我国在整个国家领土范围内建立了精密的测量控制网，这就是国家大地控制网，国家大地控制网同样分为基本平面控制网和基本高程控制网。下面就国家基本平面控制网的基本知识进行阐述。

我国的国家平面控制网是按从整体到局部、由高级到低级的原则布设的。国家平面控制网建立的传统方法主要采用三角测量和精密导线测量。依次分为一等、二等、三等、四等四个等级。控制点的密度逐级加大，而精度要求逐级降低。

一等三角锁是国家平面控制网的骨干，其布设大致上是沿着经纬线方向构成纵横交叉的三角锁系，它的主要作用是控制二等以下各级三角测量，并为研究地球的形状和大小提供资料。在锁的交叉处设置了基线并测定了天文点和天文方位角。每个锁段的长度约为 200km 左右，三角形平均边长约 25km。如图 7-2(a) 所示。

二等三角网是在一等三角锁基础上加密，即在一等三角锁环内布设成全面三角网，其平均边长 13km，如图 7-2(b) 所示。

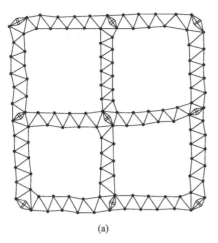 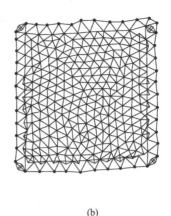

图 7-2 国家基本平面控制网

三、四等三角网是在二等三角网基础上采用插网或插点的方法进一步加密,网的平均边长分别为 8km 和 4km 左右。通常可作为各种大比例尺地形测图的基本控制。近几年来,电磁波测距技术在测量工作中得到广泛的应用,国家三角网的起始边也采用了电磁波测距仪直接测定。国家各级三角测量的技术指标见表 7-1。

表 7-1　国家基本平面控制网技术指标

等级	边长 /km	方位角中误差 /(″)	测角中误差 /(″)	三角形闭合差 /(″)	最弱边边长相对中误差
一	20～25	±1.0	±0.7	±2.5	1∶150000
二	13	±1.0	±1.0	±3.5	1∶150000
三	8	±2.0～±3.0	±1.8	±7.0	1∶80000
四	2～6	±3.0～±4.0	±2.5	±9.0	1∶40000

GPS 测量已广泛应用于各种控制网的建立。1992 年我国组织了 GPS 定位大会战,经过数据处理,在我国整个领土范围内建立了平均边长约 100km 的 GPS A 级网。此后,在 A 级网的基础上,我国又布设了边长为 30～100km 的 B 级网,全国约 2500 个点。A、B 级 GPS 网点都联测了几何水准。这样,就为我国各部门的测绘工作,建立各级测量控制网,提供了高精度的平面和高程三维基准。目前,国家平面控制点中三角点和 GPS 点在同时使用。用于全球性地球动力学、地壳形变及国家基本大地测量的 GPS 网的精度分级见表 7-2。

表 7-2　GPS 测量精度分级（一）

级　别	主　要　用　途	固定误差 a/mm	比例误差 b/ppm
AA	全球性地球动力学、地壳形变测量和精度定轨	≤3	≤0.01
A	区域性的地球动力学研究和地壳形变测量	≤5	≤0.1
B	局部形变监测和各种精密工程测量	≤8	≤1
C	大、中城市及工程测量基本控制网	≤10	≤5
D,E	中、小城市及测图、物探,建筑施工等控制测量	≤10	≤10～20

实际测绘工作中，许多测区一般仅限于某个城市、某个矿区或工程工地，国家基本控制点的密度不能满足需要时，必须进行小地区控制测量，根据测区范围大小，布设三、四等独立网或布设精度低于四等的一、二级小三角网或一、二、三级导线，作为测区的首级控制。目前，小测区控制测量已广泛采用 GPS 定位技术进行。用于城市或工程的 GPS 控制网的精度分级见表 7-3。

表 7-3　GPS 测量精度分级（二）

等　　级	平均距离/km	a/mm	b/(ppm·D)	最弱边相对中误差
二	9	≤10	≤2	1/120000
三	5	≤10	≤5	1/80000
四	2	≤10	≤10	1/45000
一级	1	≤10	≤10	1/20000
二级	<1	≤15	≤20	1/10000

所有属于国家大地控制网的各类控制点（三角点、导线点、水准点、天文点、GPS 点）统称为大地控制点，简称为大地点。

第二节　导线测量的外业工作

随着测绘科学技术的发展和电子技术的广泛应用。同时具有测角与测距功能的全站仪得到了普及应用，使得距离测量非常方便、快捷，导线测量的优点更加突出。因此，导线测量已成为建立图根控制的一种常用方法，得到广泛应用。导线测量按量距的方法不同，又可分为钢尺量距导线和光电测距导线。目前，钢尺量距导线已逐步被全站仪导线所取代。

一、导线测量的布设形式

根据测区条件图根导线一般可布设成如下三种形式。

（一）闭合导线

如图 7-3 所示，闭合导线是从已知控制点 B 和已知方向 BA 出发，经过 1、2、3、4 等点，最后又闭合到起始点 B 和 BA 方向上，形成一个闭合多边形。它本身具有严密的几何条件，能起检核作用。常用于小地区的首级平面控制测量。

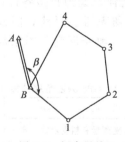

图 7-3　闭合导线

（二）附合导线

如图 7-4 所示，附合导线是从已知控制点 B 和已知方向 BA 出发，经过 1、2、3 等点，最后附合到另一已知点 C 和已知方向 CD 上。它具有检核观测成果的作用，常用于平面控制测量的加密。

(三) 支导线

如图 7-5 所示，支导线是从已知控制点 B 和已知方向 BA 出发，依次测量 1、2 等点，既不闭合到起始点，也不附合到另一已知点。它缺乏检核条件，点数一般不能超过两个，仅用于图根导线测量。

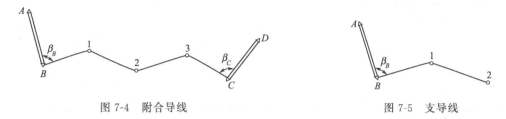

图 7-4　附合导线　　　　　　　　　图 7-5　支导线

二、导线测量外业

(一) 踏勘与设计

当接到测图任务并确定了测区范围之后，首先应收集有关资料，主要是测区内和测区附近已有的各级控制点成果资料以及已有的地形图。然后还要到实地察看已有控制点的保存情况、测区地形条件、交通及物资供应情况、人文与当地居民的生活习俗等，即为踏勘。根据测图要求、现有仪器设备情况和踏勘结果，在小比例尺地形图上划定测区范围，拟订出图根加密方案、计划采用的加密形式，并在图上设计出大致的图形和点位。测区范围小，或没有可利用的地形图时，也可以直接到测区现场边踏勘边实地选点。

拟订图根加密方案时首先考虑起算数据问题。平面和高程起算数据可利用测区内或测区附近的国家等级控制点或测区基本控制点。如果没有可利用的控制点，也可采用 GPS 测量的方法获得起算数据。如果采用导线测量建立图根控制，至少需要的起算数据是：一个已知点的坐标 (x_0、y_0) 和一条已知边的方位角 (α_0)。

拟订图根加密方案时还需确定控制测量的方法。图根控制测量的方法需根据测区地形条件和现有仪器设备情况来确定。无论采用哪种方法，设计的控制网都必须满足相关的测量规范的要求。由于国家基本控制点密度远远满足不了测图需要，需在国家基本控制点基础上加密布设一、二级小三角或导线作为测图区的基本控制，也可以依据城市导线在四等以下设立三级导线作为测区基本控制，见表 7-4。

表 7-4　城市光电测距导线测量主要技术指标

等级	附合导线长度 /km	平均边长 /m	测距中误差 /mm	水平角测回数 DJ$_2$	测角中误差 /(″)	方位角闭合差 /(″)	导线全长相对闭合差
三等	15	3000	±18	12	±1.5	±3$\sqrt{n}$	1/60000
四等	10	1600	±18	6	±2.5	±5$\sqrt{n}$	1/40000
一级	3.6	300	±15	2	±5	±10$\sqrt{n}$	1/14000
二级	2.4	200	±15	1	±8	±16$\sqrt{n}$	1/10000
三级	1.5	120	±15	1	±12	±24$\sqrt{n}$	1/6000

在测区基本控制基础上可采用光电测距或钢尺量距导线加密建立图根平面控制。导线测量、GPS 测量的方法是目前广泛采用的图根控制测量方法。因此，本节主要以导线为例说明图根控制测量的外业工作。图根导线的加密层次，一般亦不超过两次附合。

目前，我国不同行业部门对图根控制测量的等级与精度技术指标规定稍有差别。实际作业时，根据测图目的，可查阅相应行业的测量规范并遵照相关技术要求执行。作为参考以下列出《城市测量规范》图根导线测量的有关技术指标。见表7-5、表7-6。

表7-5　图根光电测距导线测量的技术要求

比例尺	附合导线长度/m	平均边长/m	导线相对闭合差	测回数 DJ$_6$	方位角闭合差/(″)	测距仪器类型	方法与测回数
1:500	900	80	≤1/4000	1	≤±40$\sqrt{n}$	Ⅱ级	单程观测1
1:1000	1800	150					
1:2000	3000	250					

注：n 为测站数。

表7-6　图根钢尺量距导线测量的技术要求

比例尺	附合导线长度/m	平均边长/m	导线相对闭合差	测回数 DJ$_6$	方位角闭合差/(″)
1:500	500	75	≤1/2000	1	≤±60$\sqrt{n}$
1:1000	1000	120			
1:2000	2000	200			

注：n 为测站数。

（二）选点与埋设标志

拟定并在图上设计好图根控制测量方案后，就需到测区在实地按照设计并依据一定条件，经过比较与选择后确定图根点实地位置，即选点。所选择的图根点点位应满足下列要求。

① 尽量选在视野开阔之处，使其对碎部测图能有最大效用，这是首先考虑的。
② 土质坚实，利于保存点位。应避免选在土质松散或易受损坏之处。避开不便于作业的地方。
③ 便于安置仪器，便于角度和距离测量。
④ 相邻导线点间必须相互通视。
⑤ 导线边长和导线总长应符合表7-5、表7-6或相关行业测量规范的要求，相邻导线边长度应尽可能相近，其长度之比不宜超过1:3。采用测距仪或全站仪测距时，导线边一般应高出地面或离开障碍物1m以上。

导线点选定后，应根据需要埋设永久性标志（如标石或混凝土标石）或用木桩作为临时标志，并竖立标旗或架设反射棱镜觇板作为照准标志。为便于使用和管理，导线点应统一编号，并绘制选点略图。

（三）角度测量

图根导线的角度测量，通常采用精度级别不低于J$_6$型的经纬仪或全站仪进行。水平角一般用全圆方向法或测回法观测一测回；垂直角一般用中丝法观测一测回。角度观测的手簿记录及各项观测限差，参见第三章所述或按设计任务书指定的规范执行。表7-7列出《城市测量规范》图根三角锁（网）水平角观测的各项限差供参考。

表7-7　图根三角锁（网）水平角观测的各项限差

仪器类型	测回数	测角中误差	半测回归零差	方位角闭合差	三角形闭合差
DJ$_6$	1	≤±20″	≤±24″	≤±40″$\sqrt{n}$	≤±60″

在角度观测中，如果测站上方向数较多，应注意选择好零方向，一测站观测方向数超过3个时，应严格按全圆方向观测法操作程序进行观测。最好事前绘制好观测略图，标明各点上应观测的方向，以防止重复观测或漏测方向。

单一导线的水平角观测，除起、终点外，都只观测一个转角（两个方向）。以导线前进方向为准，在前进方向左侧的转角叫左角，右侧的角叫右角。为了内业计算方便，一般统一观测左角。为了将起算边方位角传递到未知导线边上，控制导线的方向，应测定连接角，该项工作称为导线定向。当独立的连接角不参加角度闭合差的计算时，其观测错误或误差在内业计算时无法发现。因此，应特别注意连接角的观测。

图根导线的水平角观测作业，由于边长一般较短，仪器对中误差和目标偏心误差对水平角观测精度有较大的影响。所以，要特别注意仪器的对中和目标的对中。观测时，仪器对中尽可能采用光学对中，照准点上的目标应采用细而直的觇标（如测钎）。太短的边则可悬挂垂球线作为照准目标。觇标应严格垂直，觇标或垂球的尖端要精确对中点位。为便于瞄准和观测，可将细觇标涂上红白相间的颜色较为醒目。利用全站仪观测时可直接照准反射棱镜下的觇板标志。

（四）边长测量

导线测量时还需进行边长测量，即测定导线的边长。根据控制的等级不同选择不同精度的测距仪或全站仪进行。测距仪或全站仪须进行检验合格才能用于实际生产。

图根导线采用测距仪或全站仪进行边长测量，一般每条边采用单程观测一测回，直接观测水平距离，光电测距应满足表 7-5 和表 7-8 的相关技术要求。

表 7-8　光电测距各项较差的限值

仪器等级	项目 测回数	一测回读数差/mm	单程测回间较差/mm	往返或不同时段的较差
Ⅰ	1	5	7	$2(A+BD)$
Ⅱ		10	15	

注：1. 往返较差应将斜距化算到同一水平面上方可进行比较；
2. $(A+BD)$ 为仪器的标称精度。

当采用三角高程测量测定图根点的高程时，还需观测垂直角，量取仪器高和觇标高（镜高）。

场地平坦地区，无光电测距仪器时，也可采用钢尺丈量距离。钢尺要经过检定，采用精密量距，每边应进行往、返丈量，往返测得的较差的相对误差不应大于 1/3000。当尺长改正数大于尺长的 1/10000 时，应加入尺长改正；量距时平均尺温与检定时温度相差大于 ±10°时，应进行温度改正；尺面倾斜大于 1.5% 时，应加入倾斜改正。

第三节　导线测量内业计算

导线测量的外业工作结束后，即可进行内业计算。导线测量内业计算的目的就是根据观测的水平角和边长，利用已知边的方位角和已知点的坐标，求出各未知点的坐标。这就是平面测量的实质。

根据已知点坐标可求得起算方位角，再通过连接角和各转角推算出各导线边方位角；由各边的方位角和测得的边长，就可计算各边相应的坐标增量，从而求得各点坐标。这就是单一导线计算的主要过程。

由于观测结果中总包含一定误差，所以在计算过程中还要处理这些误差，最后得出合理的结果并进行精度评定。

一、坐标正算的基本公式

根据直线的起点坐标及该点至终点的水平距离和坐标方位角，来计算直线终点坐标，称为坐标正算。

如图7-6中，已知$A(x_A, y_A)$、D_{AB}、α_{AB}，求B点坐标(x_B, y_B)。由图根据数学公式，可得其坐标增量为：

$$\left.\begin{array}{l}\Delta x_{AB}=D_{AB}\cos\alpha_{AB}\\ \Delta y_{AB}=D_{AB}\sin\alpha_{AB}\end{array}\right\} \tag{7-1}$$

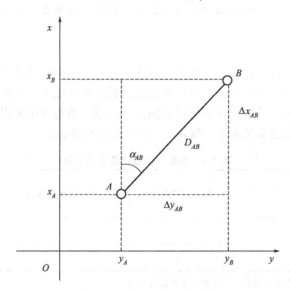

图 7-6　坐标正算与坐标反算

按式(7-1)求得增量后，加起算点A点坐标可得未知点B点的坐标：

$$\left.\begin{array}{l}x_B=x_A+\Delta x_{AB}=x_A+D_{AB}\cos\alpha_{AB}\\ y_B=y_A+\Delta y_{AB}=y_A+D_{AB}\sin\alpha_{AB}\end{array}\right\} \tag{7-2}$$

上式是以方位角在第一象限导出的公式，当方位角在其他象限时，其公式仍适用。坐标增量计算公式中的方位角决定了坐标增量的符号，计算时无需再考虑坐标增量的符号。如图7-6，$\Delta x_{BA}=D_{BA}\cos\alpha_{BA}$是负值，$\Delta y_{BA}=D_{BA}\sin\alpha_{BA}$也是负值，$A$点坐标仍为：

$$\left.\begin{array}{l}x_A=x_B+\Delta x_{BA}\\ y_A=y_B+\Delta y_{BA}\end{array}\right\}$$

二、坐标方位角的推算

在实际测量工作中，直线方位角一般不是直接测定的，而是只测定两直线之间的夹角，通过其中一条已知边的方位角和观测的水平角来逐条推算得未知边的方位角，从而确定未知直线的方向。坐标方位角的推算方法具体见第五章第四节中的相应内容。

三、闭合导线内业计算

闭合导线因其图形组成闭合多边形，图形自身有一些检核条件，观测值误差就可表现出来。所以内业计算步骤除了有一些与支导线相同的基本计算过程，还需进行误差处理。具体计算步骤如下。

（一）检查外业记录手簿，整理观测成果，在计算表中填入已知数据

方法与支导线计算相同（已知数据一般包括点号、观测角、边长、起始点坐标、起始边方位角）。

（二）角度闭合差的计算与配赋

闭合导线组成闭合多边形。闭合多边形外顶角总和的理论值应等于 $(n+2) \times 180°$，而内角总和应为 $(n-2) \times 180°$，即：

$$\sum_1^n \beta_{理} = (n \pm 2) \times 180° \quad (n \text{ 为多边形顶点数})$$

由于导线的角度观测值中不可避免地存在误差，所以，观测所得的各顶角的总和 $\sum_1^n \beta_{测}$ 与其理论值 $\sum_1^n \beta_{理}$ 不相等，两者的差值称为角度闭合差，常用 f_β 表示。

通常规定，闭合差按观测值（计算值）减理论值计算，即：

$$f_\beta = \sum_1^n \beta_{测} - \sum_1^n \beta_{理} = \sum_1^n \beta_{测} - (n-2) \times 180° \tag{7-3}$$

角度闭合差 f_β 绝对值的大小，表明角度观测的精度。图根导线角度闭合差的容许值 $f_{\beta容}$ 一般为：

$$f_{\beta容} = \pm 60'' \sqrt{n} \tag{7-4}$$

式中　f_β——角度闭合差，(")；
　　　n——为导线折角个数。

当计算得角度闭合差 f_β 超过容许限差时，首先应重新检查外业记录手簿及计算表格中整理出的角度观测值是否有误，计算过程是否正确；若前面计算无误，则应分析外业观测工作，对可能有误的折角进行重新观测。若闭合差在容许范围内，则可将角度闭合差 f_β 反符号平均分配到各折角的观测值上。每个角分配的数叫做角度改正数，以 V_{β_i} 表示。即：

$$V_{\beta_1} = V_{\beta_2} = \cdots\cdots = V_{\beta_n} = -\frac{f_\beta}{n} \tag{7-5}$$

连接角若参加角度闭合差的计算时，也需要加改正数；否则，不需改正。

显然，各折角改正数的总和应等于角度闭合差的相反数，即：

$$\sum_1^n V_{\beta_i} = -f_\beta \tag{7-6}$$

角度改正数取整到秒，由于凑整误差的影响，使式（7-6）不能满足时，一般在短边两端的折角上调整。式（7-6）亦作为角度改正数计算正确性的检核条件。角度观测值加上相应的改正数，就得到改正后的角值，称为平差角值。各角加上改正数后就可消去闭合差。

(三) 坐标方位角的计算

各导线边的坐标方位角,根据起始边的方位角和改正后的各折角按式(5-22)或式(5-23)进行推算。为检查计算是否正确,最后应推回到起始边的方位角上。

(四) 坐标增量的计算及其闭合差的计算与配赋

坐标增量的计算公式与方法,已如前述。这里主要讨论坐标增量闭合差的有关问题。从图 7-7 中可知,闭合多边形各边的纵、横坐标增量的代数和,在理论上应分别等于零,即:

$$\left.\begin{array}{l}\sum_{1}^{n}\Delta x_{理} = 0 \\ \sum_{1}^{n}\Delta y_{理} = 0\end{array}\right\} \tag{7-7}$$

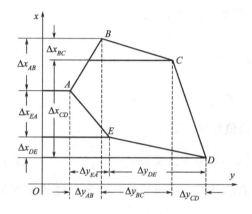

图 7-7 闭合多边形坐标增量理论

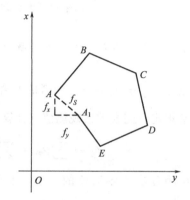

图 7-8 坐标增量闭合差

由于边长观测值含有误差,坐标方位角虽然是由改正后的转角推算的,但折角的平差值只能是一种较合理的近似处理方法,而不可能将误差完全消除,所以方位角中仍然含有剩余误差。用含有误差的边长和方位角所计算的纵、横坐标增量,必然亦含有误差,从而使其总和不等于理论值。这样,纵、横坐标增量计算值的代数和与其理论值(闭合导线等于零)之间的差值就叫做纵、横坐标增量闭合差。分别以 f_x、f_y 表示,即:

$$\left.\begin{array}{l}f_x = \sum_{1}^{n}\Delta x_{计} - \sum_{1}^{n}\Delta x_{理} = \sum_{1}^{n}\Delta x_{计} \\ f_y = \sum_{1}^{n}\Delta y_{计} - \sum_{1}^{n}\Delta y_{理} = \sum_{1}^{n}\Delta y_{计}\end{array}\right\} \tag{7-8}$$

导线存在纵、横坐标增量闭合差,说明导线由 A 点开始,经过导线点的逐点推算在返回到 A 点时,它与原有点位不重合而位于 A_1 点。如图 7-8 所示,线段 AA_1 称为导线全长闭合差,用 f_S 表示。由图可知 f_S 与 f_x、f_y 的关系为:

$$f_S = \pm\sqrt{f_x^2 + f_y^2} \tag{7-9}$$

一般来说,导线愈长,误差的累积也愈大,所以不能以 f_S 的大小来衡量导线测量的精度。通常用导线全长闭合差 f_S 与导线全长的比,并化作分子为 1 的分数来衡量导线测量的精度,叫做导线全长相对闭合差,一般用 K 表示。即

则
$$K=\frac{f_S}{\sum D}=\frac{1}{\frac{\sum D}{f_S}} \tag{7-10}$$

f_S、f_x、f_y 及 K 的计算均可在表格的下方进行（见表 7-9）。

表 7-9　闭合导线计算表

计算者：×××　　　　　检查者：×××　　　　　时间：2008 年 7 月 20 日

点号	观测角 β /(° ′ ″)	改正数 V_β /(″)	坐标方位角 α /(° ′ ″)	边长 D /m	Δx /m	$v_{\Delta x}$ /mm	Δy /m	$v_{\Delta y}$ /mm	x /m	y /m
1	2	3	4	5	6	7	8	9	10	11
M			150 50 47							
A	193 42 12（连接角）		164 32 59	69.365	−66.858	+7	+18.479	−2	706.146	543.071
1	75 52 30	−12	60 25 17	54.671	+26.987	+5	+47.546	−2	639.295	561.548
2	202 04 27	−12	82 29 32	73.266	+9.573	+8	+72.638	−3	666.287	609.092
3	82 02 12	−13	344 31 31	71.263	+68.680	+7	−19.014	−3	675.868	681.727
4	101 53 45	−13	266 25 03	70.678	−4.416	+7	−70.540	−2	744.555	662.710
5	148 52 40	−13	235 17 30	59.722	−34.006	+6	−49.095	−2	740.146	592.168
A	109 15 42	−13	164 32 59（检核）						706.146（检核）	543.071（检核）
$\sum$	720 01 16	−76(检核)		399.057	−0.040	+40(检核)	+0.014	−14(检核)		
辅助计算	\multicolumn{10}{l}{$\sum\beta_{理}=180°×(6-2)=720°$　$f_\beta=+01′16″$　$f_x=-40$mm　$f_y=+14$mm　导线全长闭合差：$f_S=\pm\sqrt{f_x^2+f_y^2}=42.4$mm}

辅助计算：$\sum\beta_{理}=180°×(6-2)=720°$　$f_\beta=+01′16″$　$f_x=-40$mm　$f_y=+14$mm　导线全长闭合差：$f_S=\pm\sqrt{f_x^2+f_y^2}=42.4$mm
$f_{\beta允}=\pm40″\sqrt{6}=\pm01′38″$　$f_\beta<f_{\beta容}$　$V_\beta=-\dfrac{f_\beta}{n}$　导线全长相对闭合差：$K=\dfrac{f_S}{\sum D}=\dfrac{42.4\text{mm}}{399.057\text{m}}=\dfrac{1}{9400}<K_容=\dfrac{1}{4000}$

光电测距图根导线全长相对闭合差的容许值为 1/4000。钢尺量距图根导线为 1/2000。若超限，应首先检查内业计算部分及边长观测值，确认无误，再具体分析外业观测原因。此时，角度闭合差不超限，而相对闭合差超限，一般出错在边长观测值上，重测可能出错的边长。若相对闭合差不超限，则将 f_x、f_y 反符号并按与边长成正比的原则分配到各边的坐标增量中去，各边所分配的数叫做坐标增量改正数。若以 $V_{x_{ik}}$、$V_{y_{ik}}$ 分别表示 ik 边纵、横坐标增量的改正数，则

$$\left.\begin{array}{l}V_{x_{ik}}=\dfrac{-f_x}{\sum D}D_{ik}\\[6pt]V_{y_{ik}}=\dfrac{-f_y}{\sum D}D_{ik}\end{array}\right\} \tag{7-11}$$

为作计算校核，坐标增量改正数之和应满足下式，即

$$\left.\begin{array}{r}\sum V_x = -f_x \\ \sum V_y = -f_y\end{array}\right\} \quad (7\text{-}12)$$

坐标增量改正数应计算到毫米。由于凑整误差的影响，使式(7-12)不能满足时，一般可将其差数调整到长边的坐标增量改正数上，以保证改正数满足式(7-12)。同时式(7-12)还作为坐标增量改正数计算正确性的检核。

（五）导线点坐标的计算

根据已知点的坐标和改正后坐标增量，利用坐标计算公式，依次推算出各点的坐标，并填入表格相应栏中。坐标计算的一般式表示为：

$$\left.\begin{array}{l}x_{i+1} = x_i + \Delta x_{i,i+1} + V_{x_{i,i+1}} \\ y_{i+1} = y_i + \Delta y_{i,i+1} + V_{y_{i,i+1}}\end{array}\right\} \quad (7\text{-}13)$$

利用上式依次计算出各点坐标，最后再次重新计算起算点坐标应等已知值，否则，说明在 f_x、f_y、V_x、V_y、x、y 的计算过程中有差错。应认真查找错误原因并改正，使其等于已知值。

必须指出，如果边长测量中存在系统性的、与边长成比例的误差时，即使误差值很大，闭合导线仍能以相似形闭合。或未参加闭合差计算的连接角观测有错时，导线整体方向发生偏转，导线自身也能闭合。也就是说，这些误差不能反映在闭合导线的 f_β、f_x、f_y 上。因此布设导线时，应考虑在中间点上，以其他方式做必要的点位检核。

【例 7-1】 如图 7-9 所示，为一实测图根光电测距闭合导线。起算边方位角 $\alpha_{MA} = 150°50'47''$，已知数据和经过整理的外业观测成果已填入表 7-9 中的 10、11、2 和 5 栏中的相应位置后，便可依次进行下列计算。

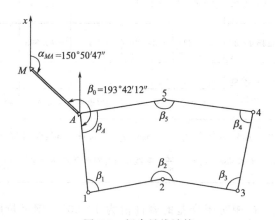

图 7-9 闭合导线计算

解 **第一步** 角度闭合差的计算和配赋

先将第 2 栏中各转折角的观测值相加（本例中连接角不参加计算），求得闭合多边形内角观测值和 $\sum \beta_{测} = 720°01'16''$。再计算出闭合多边形内角和的理论值 $\sum \beta_{理} = (n-2) \times 180° = 720°00'00''$。则角度闭合差为：

$$f_\beta = \sum \beta_{测} - \sum \beta_{理} = 720°01'16'' - 720°00'00'' = +01'16''$$

图根光电测距导线的角度闭合差容许值为：$f_{\beta容} = \pm 40''\sqrt{n} = \pm 40''\sqrt{6} = \pm 01'38''$。上述计算可在表 7-9 辅助计算栏中进行。因为 f_β 在容许范围之内，成果合格，故将 f_β 反符号平均分配给各转折角，得各角改正数 $V_\beta = -\dfrac{f_\beta}{n} = -\dfrac{76''}{6} = -12''.67 \approx -13''$。由于凑整到秒，

所以还需要处理凑整误差影响。因为若每个折角都改正 $-13''$，则 $\sum V_\beta$ 将为 $-78''$，比 f_β 多 $2''$。因此，要有两个折角只能改正 $-12''$，这两个折角一般可选在短边两端的折角，如表 7-9 中 12 边两端的折角 1 和 2。将计算得各折角改正数填入表 7-9 第 3 栏中并相加，应满足式(7-6)。

第二步 坐标方位角的计算

如图 7-9，按式(5-22) 或(5-23) 根据起始边 MA 的坐标方位角 α_{MA} 和连接角 β_0（左角）计算 $A1$ 边的坐标方位角 α_{A1} 为：

$$\alpha_{A1} = \alpha_{MA} + \beta_0 \pm 180° = 150°50'47'' + 193°42'12'' \pm 180° = 164°32'59''$$

同理，由改正后的转折角按式(5-22) 或式(5-23) 依次推算其余各边的坐标方位角，并将结果填入计算表第 4 栏内。

$$\alpha_{12} = \alpha_{A1} + \beta_1 \pm 180° = 164°32'59'' + 75°52'30'' + (-12'') \pm 180° = 60°25'17''$$

$$\alpha_{23} = \alpha_{12} + \beta_2 \pm 180° = 60°25'17'' + 202°04'27'' + (-12'') \pm 180° = 82°29'32''$$

......

为了检核上述推算过程以及角度闭合差和改正数计算的正确性，还需要根据 $5A$ 边方位角重新推算 $A1$ 边方位角，直至最后算得 α_{A1} 等于原值 $164°32'59''$，说明上述计算无误，可进行下一步计算。如本例中：

$$\alpha_{A1} = \alpha_{5A} + \beta_A \pm 180° = 235°17'30'' + 109°15'42'' + (-13'') \pm 180° = 164°32'59''$$

第三步 坐标增量闭合差的计算与调整

根据第 4 栏中推算出的各边坐标方位角和第 5 栏中相应的边长，利用坐标增量计算基本公式分别计算各边的坐标增量，填入表 6、8 栏内。将第 6、8 栏中的坐标增量计算值取代数和 $\sum \Delta x_{计}$、$\sum \Delta y_{计}$，即为坐标增量闭合差 $f_x = -40\mathrm{mm}$，$f_y = +14\mathrm{mm}$，并计算全长闭合差为：$f_S = \pm\sqrt{f_x^2 + f_y^2} = \pm 42.4\mathrm{mm}$，全长相对闭合差为：$K = \dfrac{f_S}{\sum D} = \dfrac{1}{9400}$。上述计算填入辅助计算栏中。因导线相对闭合差 $K < K_容$，说明成果符合要求，故可将坐标增量闭合差按式(7-13) 进行配赋，并将算得之增量改正数填写在 7、9 栏中，对增量改正数的凑整误差在长边上调整，将 7、9 栏中的改正数分别相加应满足式(7-12)。

第四步 坐标计算

根据已知点 A 的坐标和改正后的坐标增量按式(7-13) 依次计算各点坐标。为了检核坐标计算的正确性，还需利用 5 点坐标重新计算 A 点坐标，得 $x_A = 706.146\mathrm{m}$，$y_A = 543.071\mathrm{m}$，等于 A 点已知坐标，说明计算正确。

四、附合导线内业计算

附合导线的计算步骤和方法，与闭合导线基本相同。只是由于图形不同，从而使角度闭合差及坐标增量闭合差的计算与闭合导线有所不同。下面列出附合导线的计算步骤（计算方法与闭合导线完全相同的内容就不再重复阐述）。

（一）检查外业记录手簿，整理观测成果，在计算表中填入已知数据

方法与要求同支导线计算。已知数据一般包括点号、观测角、边长、起始点坐标、终点坐标、起始边方位角和终边坐标方位角。

（二）角度闭合差的计算与配赋

在图 7-10 中，M、A、B、N 为已知点，β_1、β_2、…、β_5 为左转角，β_0、β_0' 为连接角。

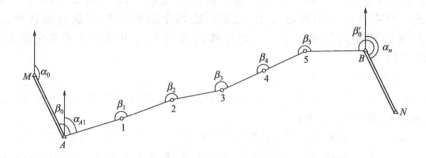

图 7-10 附合导线的角度闭合差

α_0、α_n 为起始边 MA、终边 BN 的坐标方位角。

显然，假如已知方位角、折角和连接角观测值都没有误差，那么从 α_0 开始，通过连接角及各折角，逐边推算到 BN 边所得的方位角，应与其已知值 α_n 完全一致。但实际上由于已知方位角与角度观测值不可避免存在误差，所以 BN 边方位角的推算值与已知值就不可能相等，其差数即附合导线的角度闭合差。由于已知点总是高一级的控制点，所以实际工作中一般可将已知值 α_0 和 α_n 的误差略去不计而看作是理论值。

于是，由式 (5-22) 或 (5-23) 可得：

$$\alpha_{A1} = \alpha_0 + \beta_0 - 180°$$
$$\alpha_{12} = \alpha_{A1} + \beta_1 - 180°$$
$$\alpha_{23} = \alpha_{12} + \beta_2 - 180°$$
$$\cdots$$
$$\alpha_n = \alpha_{5B} + \beta_0' - 180°$$

将上式两端分别相加，得：

$$\alpha_n = \alpha_0 + \sum\beta - n \times 180°$$

则根据上述规定，上式可写成：

$$\sum\beta_{理} = \alpha_n - \alpha_0 + n \times 180°$$

式中 n 为包括导线两端点在内的导线点数（图 7-11 中 n 等于 7）。

由此可得附合导线角度闭合差的计算式为：

$$f_\beta = \sum\beta_{测} - \sum\beta_{理} = \sum\beta_{测} - (\alpha_n - \alpha_0 + n \times 180°) \tag{7-14}$$

若 f_β 不超过容许范围，则可将 f_β 反号分配给参与闭合差计算的各个观测角，即各角改正数为：

$$V_{\beta_1} = V_{\beta_2} = \cdots = V_{\beta_0} = V_{\beta_0'} = -\frac{f_\beta}{n}$$

（三）坐标方位角的计算

按式 (5-22) 或 (5-23)。

（四）坐标增量的计算及其闭合差的计算与配赋

坐标增量的计算同闭合导线。此项计算与闭合导线不同之处仅在于附合导线各边坐标增量代数和的理论值不是等于零，而是等于导线终点与起点的坐标差（如图 7-11 所示），即：

$$\left. \begin{array}{l} \sum_{1}^{n} \Delta x_{理} = x_B - x_A = x_{终} - x_{始} \\ \sum_{1}^{n} \Delta y_{理} = x_B - y_A = y_{终} - y_{始} \end{array} \right\} \tag{7-15}$$

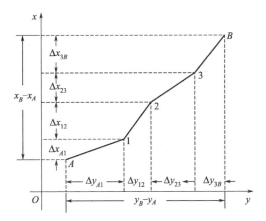

图 7-11 附合导线坐标增量闭合差

故坐标增量闭合差计算式为：

$$\left. \begin{array}{l} f_x = \sum\limits_1^n \Delta x_{计} - \sum\limits_1^n \Delta x_{理} = \sum\limits_1^n \Delta x_{计} - (x_{终} - x_{始}) \\ f_y = \sum\limits_1^n \Delta y_{计} - \sum\limits_1^n \Delta y_{理} = \sum\limits_1^n \Delta y_{计} - (y_{终} - y_{始}) \end{array} \right\} \tag{7-16}$$

除此之外，其他各项计算均与闭合导线相同。

（五）导线点坐标的计算

附合导线计算示例如图 7-12，其全部计算见表 7-10。

表 7-10 附合导线计算表

计算者：×××　　　　　检查者：×××　　　　　时间：2008 年 9 月 18 日

点号	观测角 β /(° ′ ″)	改正数 V_β /(″)	坐标方位角 α /(° ′ ″)	边长 D /m	Δx /m	$v_{\Delta x}$ /mm	Δy /m	$v_{\Delta y}$ /mm	x /m	y /m
1	2	3	4	5	6	7	8	9	10	11
Ⅰ			224 03 00							
Ⅱ	114 17 00（连接角）	−6	158 19 54	82.178	−76.371	+6	+30.343	+17	640.930	1068.440
1	146 59 30	−6	125 19 18	77.272	−44.676	+6	+63.048	+16	564.565	1098.800
2	135 11 30	−6	80 30 42	89.643	+14.777	+6	+88.417	+17	519.895	1161.864
3	145 38 30	−6	46 09 06	79.807	+55.286	+6	+57.555	+17	534.678	1250.298
Ⅲ	158 00 00（连接角）	−6	24 09 00（检核）						589.970（检核）	1307.870（检核）
Ⅳ										
Σ	700 06 30	−30（检核）		328.900	−50.984	+24（检核）	+239.363	+67（检核）		

辅助计算：$\sum\beta_{理} = 24°09'00'' - 224°03'00'' + 5 \times 180° = 700°06'00''$　　$f_x = \sum\Delta x - (x_{Ⅲ} - x_{Ⅱ}) = -24 \text{mm}$　　$f_y = \sum\Delta y - (y_{Ⅲ} - y_{Ⅱ}) = -67 \text{mm}$

$f_\beta = \sum\beta_{测} - \sum\beta_{理} = +30''$　　$f_{\beta容} = \pm 40''\sqrt{5} = \pm 01'28''$　　$f_S = \pm\sqrt{f_x^2 + f_y^2} = \pm 71 \text{mm}$　　$K = \dfrac{f_S}{\sum D} = \dfrac{71 \text{mm}}{328.900 \text{m}} = \dfrac{1}{4600}$

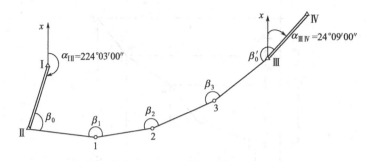

图 7-12 附合导线计算

五、导线测量错误的检查

在导线计算中，若发现角度闭合差或全长相对闭合差超限，则说明导线的内业计算或外业观测成果存在差错或误差过大。此时，不应盲目地立即到野外重测，而应首先复查外业观测记录手簿、观测和起算数据的整理与抄录是否正确，然后核查导线的内业计算是否有差错。如果以上这些都没有发现错误，说明导线外业的测角或量边工作可能有错误，应该到野外重测。重测前，若能分析判断出可能存在错误的折角或边长，就可有针对性地重测相应的折角或边长，避免盲目地重复测量，要迅速有效地解决问题，节省人力和时间。

（一）测角错误的检查

测角错误表现为角度闭合差的超限。为了发现测角中的错误，可采用计算的方法进行检查。如图 7-13(a) 所示，自 A 向 B、自 B 向 A 分别根据未改正的观测角推算各点之坐标并进行比较，若有一点的坐标相等或非常接近，其余各点的坐标相差较大，则说明该点最有可能就是角度观测有错误的点。如果角度观测错误较大，用图解法便可以发现错误，即用量角器和比例尺，按未改正的角度和边长，分别自 A 向 B 和自 B 向 A 绘出导线，两条导线相交的导线点即为测角错误地点。如图 7-13(a) 中，从导线的两端点 A、B 开始，按未改正的角度和边长分别绘制导线图，两条导线相交于导线点 2，此处就是角度观测有错误的导线点。此法也适用于闭合导线。

闭合导线还可以用下面这种方法判断。如图 7-13(b) 所示，设闭合导线 A、B、C、D、E、A 中 D 点处折角有测量错误，其错误值为 α。由图可以看出，A、E 两点绕 D 点旋转了 α 角，移到了 E'、A' 点。AA' 就是因为 D 点角度观测有错而产生的导线全长闭合

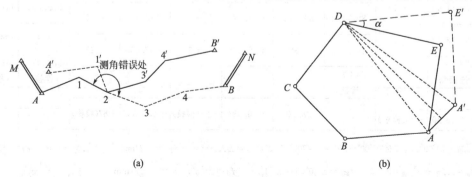

(a)　　　　　　　　　　　　(b)

图 7-13 导线测角错误检查方法

差。因为 $AD=A'D$，所以三角形 ADA' 是等腰三角形。其底边 AA' 的垂直平分线将通过顶角 D。

由此可见，角度闭合差超限时，可先绘出闭合导线图形，然后作闭合导线全长闭合差的垂直平分线，则该线所通过的点，就是角度观测有错误的导线点。

（二）边长有错的检查方法

当导线角度闭合差不超限，而导线全长相对闭合差超限时，说明边长测量有错误。如图 7-14 所示，若导线 1—2 边丈量有错误，其大小为 $\overline{22'}$，由于边长丈量的错误引起了导线不闭合。当没有其他量边和测角错误存在时，则可以看出，由 1—2 边丈量的错误，使得 2、3、4、A' 诸点都平行移动到 $2'$、$3'$、$4'$ 和 A'，其移动方向与 $\overline{22'}$ 的方向平行。因此可以认为：产生错误的边长与导线全长闭合差 f_S（$\overline{AA'}$）的方向平行，即二者坐标方位角近似相等，而边的错误数值约等于全长闭合差 f_S 的大小。故查找时，可先计算导线全长闭合差的坐标方位角 $\alpha'_{AA'}$，即：

$$\alpha'_{AA'} = \tan^{-1}\frac{f_y}{f_x}$$

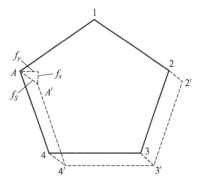

图 7-14 导线量边错误的检查

把计算的导线全长闭合差的坐标方位角与导线各边的方位角进行比较，如有与之接近或相差近于 $180°$ 的导线边，即认为该边最有可能是测量有错的边。这样就可以到现场检查该边。附合导线也可用上述方法检查导线的量边错误。

这里必须指出：上述检查测角量边错误的方法，仅适用于一个角或一条边产生错误的情况。

第四节　图根三角锁测量

一、概述

为了同时测定一系列未知点的坐标，可以采用一些由相邻三角形构成的比较复杂的图形即三角锁（网）来进行测量。三角测量是建立平面控制的主要方法，为了与国家等级三角测量有所区别，在小范围内建立边长较短的小三角网的测量工作，称为小三角测量。由于测距仪的广泛应用，在三角网中不仅可以观测各三角形的内角，而且也可以测定图形的每一条边长，因而又出现各种图形的测边网和边角同测网。

小三角测量是在国家等级控制点基础上建立的。将图根控制点适当地连接，由若干个三角形所组成的网形，称为图根小三角网。由于小三角测量一次可以同时测定多个控制点，控制面积大，布设形式灵活，而且相互联系多，精度较均匀，受地形限制少，因而在光电测距方法推广使用之前是图根控制测量的基本方法。小三角测量两常见的布设形式有以下几种。

（一）线形锁

布设在两个已知点之间，由一系列三角形构成的锁状图形，称为线形三角锁，简称线形锁。图 7-15(a) 称为内定向线形锁；(b) 称为外定向线形锁；(c) 称为无定向线形锁。

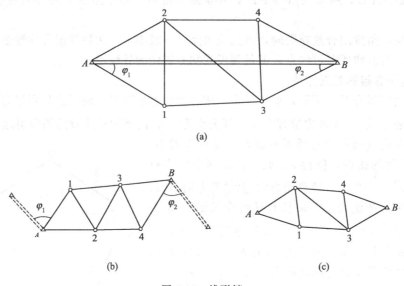

图 7-15 线形锁

(二) 单三角锁

单三角锁是在两已知边之间布设的连续单三角形构成的锁状图形,如图 7-16 所示,称为单三角锁。

(三) 中心多边形

由一个具有公共顶点的若干个三角形所构成的多边形,如图 7-17 所示,称为中心多边形。

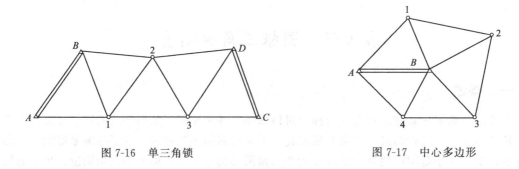

图 7-16 单三角锁 图 7-17 中心多边形

二、图根三角锁(网)测量的外业工作

外业工作包括:踏勘选点及建立标志,测量基线长度,角度测量工作等。

(一) 踏勘选点及建立标志

一般来讲,单三角锁适用于狭长地区的首级平面控制;中心多边形适用于方形地区的首级控制;线形锁适用于在首级控制的基础上加密控制点的测量工作。三角点选定前,应根据测区的大小、范围,测图比例尺和测区的实际地形,来确定小三角测量的布设形式。根据布设方案实地踏勘选择点时,应该首先确定起始的基线边,再依次确定其他三角点的点位。选点时还应综合考虑其他各项因素,如:三角形的形状、边长、通视情况、基线位置等,以及是否适合于控制测量和地形测量的测绘等。

布设图根三角锁（网）时应注意以下几点。
① 基线边应选择在地势平坦的地方，以便于测距。
② 各三角形的边长应均匀，平均边长见表 7-11 的技术要求。

表 7-11 小三角测量的主要技术要求

等级	平均边长/m	测角中误差/(″)	三角形闭合差/(″)	起始边相对中误差	最弱边相对中误差	测回数 DJ$_2$	测回数 DJ$_6$
一级小三角	1000	5	15	1∶40000	1∶20000	2	6
二级小三角	500	10	30	1∶20000	1∶10000	1	2
图根小三角		20	60		1∶10000		

③ 三角形内角的最小角值不应小于 30°（特殊情况不小于 25°），三角形内角的最大角值不应大于 150°。三角形个数不超过 12 个。
④ 三角点应选在地势高、视野开阔、土质坚硬的地方，以便于保存标志、安置仪器、测角、测图。

（二）测量基线长度

基线长度是推算其他三角形边长的起算数据，它的精度直接影响着小三角点的点位精度。因此，若用钢尺丈量距离时，应采用精密丈量法；中心多边形只需测量一条基线边；而单三角锁则需要测量起始和终止两端点的两条基线边，以便检核测量成果，提高精度。

（三）观测水平角

小三角测量需要测出每个三角形的各个内角值。当测站为两个方向，即只观测一个角度时，采用测回法观测；当测站方向多于三个方向时，采用全圆方向法观测。测回数见表 7-11。

三、线形锁的近似平差

内定向线形锁的近似平差，具体如下。

1. 检查观测手簿，整理观测数据

计算前应对外业观测手簿进行全面细致的检查，查看外业手簿的记录、计算是否有记错、算错等问题。确认无误后，从外业观测手簿记录中整理出各三角形内角的观测值、三角形闭合差等数据填入计算表中。

2. 绘制计算略图

（1）根据整理好的相关数据绘制计算略图。
（2）对三角形及其内角进行统一编号，已知边所对的角记为 b_i 角；传距边所对的角记为 a_i 角，间隔边所对的角记为 c_i 角。
（3）在第一个和最后一个三角形内，将多边形内的定向角记为 φ_1、φ_2。并将起算数据填入计算表中（见表 7-12）。

3. 角度近似平差

几何图形应满足一定的几何条件，内定向线形锁应满足两个几何条件：一是各三角形的内角和应等于 180°，称为图形条件；二是多边形的内角和应等于 $(n-2)×180°$，n 为多边形的边数，称为多边形条件。由于观测值不可避免地含有误差，致使上述条件不能满足，因而有闭合差存在。角度平差的目的，就是求出每个角度的改正数，并使改正后的角度能同时满足图形条件和多边形条件。

（1）三角形闭合差及第一次改正数的计算

$$W_i = a_i + b_i + c_i - 180°$$

则第一次改正数为：

$$v_{i_1} = v_{b_i} = v_{c_i} = -\frac{W_i}{3} \tag{7-17}$$

当数值除不尽需要凑数时，可将余数分配到大角中。每个三角形经第一次改正后，三角形内角和应等于180°。

（2）多边形闭合差及第二次改正数的计算

$$W_\beta = \sum \beta_{测} - (n-2) \times 180°$$

对于多边形闭合差没有限差规定，但一般情况下应不超过：

$$W_\beta = \pm 30'' \sqrt{n+2}$$

计算辅助值：

$$\delta = \frac{W_\beta}{2(n+3)} \tag{7-18}$$

式中　n——三角形的个数。

W_β——依据第一次改正后的角值计算的多边形闭合差。

按下列规则计算各角的第二次改正数。

① 有两个角在多边形内的三角形。则有两个角、参加多边形闭合差的平差。三角形内角位于多边形中，其改正数为 $v_i'' = -\delta$，而不在多边形内的角度如 c_3 则改正数为：$v_i'' = +2\delta$。

② 有一个角在多边形内的三角形，则有一个角参加多边形闭合差的平差。三角形内角位于多边形内的角度（如 c_1、c_2、c_3）：$v_i = -2\delta$；不在多边形内的角度（如 a_1、b_1、a_2、b_2）：$v_i = +\delta$。

③ 位于多边形内的定向角 φ_1、φ_2 的改正数。

$$v_{\varphi_1} = v_{\varphi_2} = -3\delta$$

经过两次改正后的角值，应能同时满足图形条件和多边形条件。否则，应检查原因，并加以改正。

4. 计算假定边长

由于线形锁各三角形中无已知边长，因此不能利用正弦定律直接推算各边的实际边长。可先假定一条边的长度，用平差后的角度，依正弦定律计算出各三角形的假定边长，得到一个与实际线形锁相似的图形。根据平面几何学的相似原理可知，两相似图形的对应角相等，其对应边成比例。因此，只要求得两个相似图形的相似比，就可算出线形锁各边的实际长度。

计算假定边长的方法是先在第一个三角形中确定一条起始边，并假定其边长，如图7-18所示。第一个三角形中 $A1$ 边的边长为 S'_{A1}，根据正弦定律顺次推出各边的假定边长。

$$S'_{12} = \frac{S'_{A1}}{\sin b_1} \sin a_1$$

$$S'_{A2} = \frac{S'_{A1}}{\sin b_1} \sin c_1$$

式中，各角值皆为平差后的角值。依三角形顺序，推算至最后一个三角形，求出各假定

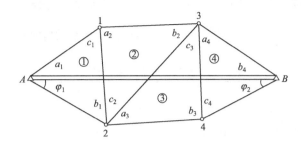

图 7-18 内定向线形锁

边长。

5. 推算坐标方位角

根据已知边的坐标方位角，按已知边的左、右两条附合路线依次推算各边的坐标方位角。最后推算出的已知边方位角，其推算值应与已知的方位角相等，以便检核。

6. 坐标增量与坐标计算

(1) 计算假定坐标增量　根据各边的假定边长和坐标方位角，按两条附合路线计算各边的假定坐标增量和 AB 边的假定坐标增量，如图 7-17。

沿 $A—1—3—B$ 路线：

$$\begin{cases} \Delta x'_{AB} = \Delta x'_{A1} + \Delta x'_{13} + \Delta x'_{3B} \\ \Delta y'_{AB} = \Delta y'_{A1} + \Delta y'_{13} + \Delta y'_{3B} \end{cases}$$

沿 $A—2—4—B$ 路线：

$$\begin{cases} \Delta x''_{AB} = \Delta x''_{A2} + \Delta x''_{24} + \Delta x''_{4B} \\ \Delta y''_{AB} = \Delta y''_{A2} + \Delta y''_{24} + \Delta y''_{4B} \end{cases}$$

将上述两条路线求得的坐标增量取平均值，从而求得 AB 边的假定坐标增量中数。

(2) 计算相似比 K　设 AB 边的真边长为 S_{AB}，其假定边长为 S'_{AB}。

则

$$S'_{AB} = \sqrt{(\Delta x_{AB中})^2 + (\Delta y_{AB中})^2}$$

或

$$S'_{AB} = \frac{\Delta y_{AB中}}{\sin\alpha_{AB}} = \frac{\Delta x_{AB中}}{\cos\alpha_{AB}}$$

相似图形的相似比为：

$$K = \frac{S_{AB}}{S'_{AB}} \tag{7-19}$$

$$S_{AB} = \sqrt{(x_B - x_A)^2 + (y_B - y_A)^2}$$

式中，$(x_A、y_A)$、$(x_B、y_B)$ 为已知点 A、B 的坐标。

计算出的相似比 K 值应取至小数点后 7 位。

(3) 计算实际边长及坐标增量真值　根据几何图形相似原理，则实际边长为：

$$S_i = KS'_i \tag{7-20}$$

相应边的坐标增量真值为：

$$\begin{cases} \Delta x = K\Delta x'_i \\ \Delta y = K\Delta y'_i \end{cases} \tag{7-21}$$

由于采用了近似平差的计算方法，会产生坐标增量闭合差 f_x、f_y：

$$\begin{cases} f_x = \sum \Delta x_i - (x_B - x_A) \\ f_y = \sum \Delta y_i - (y_B - y_A) \end{cases}$$

坐标增量闭合差应按与边长成正比例、且反符号的原则进行分配。

经检核：$\begin{cases} \Delta x = x_B - x_A \\ \Delta y = y_B - y_A \end{cases}$ 时，说明计算无误。依公式计算各点的坐标值（见表 7-12、表 7-13）。

表 7-12　线形锁近似平差计算（一）

起算数据					
点名	坐标		方位角 /(° ′ ″)	边长/m	
	x	y			
北山	8407.63	3178.94	59　29　20	587.47	
李庄	8705.89	3685.06			

三角形编号	点名	角号	观测角 /(° ′ ″)	$\mathrm{I} - \dfrac{W_i}{3}$ /(″)	改正后角值 /(″)	II $+\delta$ -2δ $+\delta$ /(″)	平差角 /(° ′ ″)	假定边长 /m	真边长 /m
1	p_1	b_1	51　13　50	−4	51　13　46	+2	51　13　46	200.00	213.05
	p_2	c_1	65　04　58	−4	65　04　54	−4	65　04　50	232.64	247.82
	北山	a_1	63　41　24	−4	63　41　20	+2	63　41　22	229.95	244.96
			+12	−			180　00　00		
2	p_3	b_2	58　16　05	+6	58　16　11	+2	58　16　13		
	p_2	c_2	40　38　06	+6	40　38　12	−4	40　38　08	176.07	187.56
	p_1	a_2	81　05　32	+5	81　05　37	+2	81　05　39	267.10	284.53
			−17	+			180　00　00		
3	p_4	b_3	63　07　34	+3	63　07　37	−2	63　07　35		
	p_3	c_3	56　43　53	+3	56　43　56	+4	56　44　00	250.37	266.71
	p_2	a_3	60　08　24	+3	60　08　27	−2	60　08　25	259.69	276.64
			−09	+			180　00　00		
4	李庄	b_4	75　39　33	−7	75　39　26	+2	75　39　28		
	p_4	c_4	50　21　18	−7	50　21　11	−4	50　21　07	206.39	219.86
	p_3	a_4	53　59　30	−7	53　59　23	+2	53　59　25	216.83	230.98
			+21	−21			180　00　00		
		φ_1	29　55　42			−5	29　55　37		
		φ_2	50　44　23			−5	50　44　18		
辅助计算			辅助值计算：$\delta = \dfrac{W_\beta}{2(n+3)} = \dfrac{+26″}{14} = +1.9″$ 定向角改正数：$v_{\varphi_1} = v_{\varphi_2} = -3\delta = -5″$						

表 7-13 线形锁近似平差计算（二）

点 名	方位角 /(° ′ ″)	假定边长 /m	假定坐标增量 $\Delta x'$	假定坐标增量 $\Delta y'$	真坐标增量 Δx	真坐标增量 Δy	坐 标 x	坐 标 y
1	2	3	4	5	6	7	8	9
李庄								
	239 29 20							
北山							8407.63	3178.94
	89 24 57	200.00	+2.04	+199.99	+2.17	+213.04		
p_2							8409.80	3391.98
	75 16 20	250.37	+63.65	+242.14	−1 +67.80	+257.94		
p_4							8477.59	3649.92
	8 45 02	216.83	+214.31	+2.99	+228.30	+35.14		
李庄							8705.89	3685.06
	239 29 20							
北山								
		Σ	+280.00	+475.12	+298.27	+506.12		
李庄							8705.89	3685.06
	264 24 30	206.39	−20.11	−205.41	−21.42	−218.82		
p_3							8684.47	3466.24
	253 24 08	176.07	−50.29	−168.73	−53.57	−179.74		
p_1							8630.90	3286.50
	205 43 36	232.64	−209.58	−100.98	−1 −223.26	+1 −107.57		
北山							8407.63	3178.94
	59 29 20							
李庄								
		Σ	−279.98	−475.12	−298.25	−506.13		
辅助计算	$S'_{AB} = \sqrt{(\sum \Delta x_{AB中})^2 + (\sum \Delta y_{AB中})^2} = \sqrt{(279.99)^2 + (475.12)^2} = 551.48\text{m}$ $K = \dfrac{S_{AB}}{S'_{AB}} = \dfrac{587.47}{551.48} = 1.06526075$							

四、中点多边形近似平差

（一）中点多边形近似平差应满足的条件

1. 三角形图形条件

如图 7-19 所示；为中点多边形。图形条件为三角形内角和等于 180°。

2. 圆周条件

圆周条件为中心点各水平角之和应等于圆周角 360°。已知边为 AB 边（基线边），由此而推算出其他各边，最后推算回起始边，在理论上应相等。

(二) 中点多边形的内业计算

如图 7-19 所示，三角形的编号及各三角形内角的编号与线形锁相同。若无已知点连测，则可以起始点为坐标采用假定坐标，同时观测已知边的磁方位角作为起算数据。

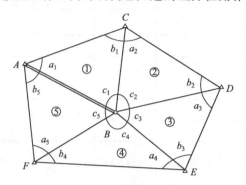

图 7-19 中点多边形

1. 角度闭合差的计算与调整

(1) 三角形闭合差的计算与调整　由于角度观测存在误差，各三角形的内角观测值之和不等于 180°，而产生三角形闭合差 W：

$$W = a_i + b_i + c_i - 180°$$

按照近似平差的原则，将闭合差反符号平均分配给每个三角形的内角。即观测角的第一次改正数为：

$$v'_{a_i} = v'_{b_i} = v'_{c_i} = -\frac{W}{3}$$

(2) 圆周角闭合差的计算与调整　由于三角形闭合差的调整，每个中心角 c_i 都进行了第一次改正数 v'_{c_i} 的改正，使得原来中心角等于 360° 的圆周条件被破坏，产生了圆周角闭合差，用 ω' 表示：

$$\omega' = \sum c'_i - 360°$$

式中　c'_i——三角形闭合差改正后的 c_i 角角值。

对于圆周角闭合差的调整，仍然采用平均分配的方法，即反符号平均分配到各 c_i 角中。每个 c_i 角的第二次改正数为：

$$v''_{c_i} = -\frac{\omega'}{n}$$

式中　n——c 角的个数。

由于圆周角闭合差的调整，使得经过第一次平差后的各三角形内角和等于 180° 的条件又被破坏了，三角形产生了新的闭合差 v''_{c_i}，所以对每个三角形产生的角度闭合差还应进行新的调整。为了不破坏已满足的圆周条件，只能在 a_i、b_i 角中进行新的改正，（其中 a_i、b_i 角改正数的大小应相等符号相反）改正数应与 v''_{c_i} 符号相反，并为 v''_{c_i} 值的一半。改正数为：

$$v''_{a_i} = -v''_{b_i} = \frac{v''_{c_i}}{2} = \frac{\omega'}{2n}$$

这样每一个三角形的图形条件都得到满足，同时圆周条件也同样符合。通过这样的角度闭合差的调整，各角得到的总改正数分别为：

$$\begin{cases} v_{a_i}=v'_{a_i}+v''_{a_i}=-\dfrac{W}{3}+\dfrac{\omega'}{2n} \\ v_{b_i}=v'_{b_i}+v''_{b_i}=-\dfrac{W}{3}-\dfrac{\omega'}{2n} \\ v_{c_i}=v'_{c_i}+v''_{c_i}=-\dfrac{W}{3}-\dfrac{\omega'}{n} \end{cases} \tag{7-22}$$

式中 v_{a_i}，v_{b_i}，v_{c_i}——每个三角形内角的改正数；

$\qquad\quad W$——三角形内角和的闭合差；

$\qquad\quad n$——三角形的个数；

$\qquad\quad \omega'$——圆周角的闭合差。

将上述改正数加到相应的观测角中，即得到第一次平差后的角值 a'_i、b'_i 及 c'_i。

2. 边长闭合差的计算与调整

以传距角的第一次平差值 a'_i、b'_i 和起始边的（基线边）边长，推算各传距边的边长，最后推回到起始边，即：

$$S'_o=\dfrac{\sin a'_1 \sin a'_2 \cdots \sin a'_n}{\sin b'_1 \sin b'_2 \cdots \sin b'_n}S_o \tag{7-23}$$

由于 a'_i、b'_i 都有误差，所以推算出的起始边长 S'_o，不等于已知边的边长 S_o，就产生了边长闭合差 ds_o，第二次角改正数可得：

$$\begin{cases} v_{Sa}=-\dfrac{ds_o}{S'_o\sum(\cot a'_i+\cot b'_i)}\rho'' \\ v_{Sb}=-\dfrac{ds_o}{S'_o\sum(\cot a'_i+\cot b'_i)}\rho'' \end{cases} \tag{7-24}$$

因为：
$$ds_o=S'_o-S_o=\left(\dfrac{S_o\sin a'_1 \sin a'_2 \cdots \sin a'_n}{\sin b'_1 \sin b'_2 \cdots \sin b'_n}\right)-S_o$$

$$=S_o\left(\dfrac{\sin a'_1 \sin a'_2 \cdots \sin a'_n}{\sin b'_1 \sin b'_2 \cdots \sin b'_n}-1\right)$$

令
$$\omega=\left(\dfrac{\sin a'_1 \sin a'_2 \cdots \sin a'_n}{\sin b'_1 \sin b'_2 \cdots \sin b'_n}-1\right)$$

则
$$ds_o=S_o\omega \tag{7-25}$$

而 ds_o 事实上很小，即 $S'_o\approx S_o$，故上式可变为：

$$ds_o=S'_o\omega \tag{7-26}$$

将式(7-26)代入式(7-24)得

$$\begin{cases} v_{Sa}=\dfrac{\omega}{\sum(\cot a'_i+\cot b'_i)}\rho'' \\ v_{Sb}=\dfrac{\omega}{\sum(\cot a'_i+\cot b'_i)}\rho'' \end{cases} \tag{7-27}$$

式中 ω——称为极条件闭合差。

将起始边误差 ds_o 引起的第二次改正数加到第一次改正后的传距角中，即得到传距角平差值 a''_i、b''_i。根据第二次平差后的角值、再去推算三角形各边长，其边长闭合差应等于零，作为检核。

3. 坐标增量及坐标计算

按闭合导线推算各点坐标增量，坐标增量闭合差应等于零，然后再根据已知点的坐标及各点坐标增量，计算各点坐标。见中点多边形计算表 7-14。

表 7-14　中点多边形计算

计算者：×× 　　　　　　检查者：×× 　　　　　　时间：××××年××月××日

三角形编号	角号	观测值/(° ′ ″)	第一次改正值/(″)			第一次改正后角值/(° ′ ″)	第二次改正值/(″)	第二次改正后角值/(° ′ ″)	边长/m
1	2	3	4	5	6	7	8	9	10
1	b_1	34　02　39	−3	−1	−4	34　02　35	+2	34　02　37	240.060
	c_1	86　03　24	−4	+2	−2	86　03　22	0	86　03　22	427.798
	a_1	59　54　07	−3	−1	−4	59　54　03	−2	59　54　01	370.990
	Σ	180　00　10				180　00　00		180　00　00	
2	b_2	57　04　49	−2	−1	−3	57　04　46	+3	57　04　49	370.990
	c_2	87　21　40	−2	+2	0	87　21　40	0	87　21　40	441.484
	a_2	35　33　37	−2	−1	−3	35　33　34	−3	35　33　31	257.011
	Σ	180　00　06				180　00　00		180　00　00	
3	b_3	61　25　36	+3	−1	+2	61　25　38	+3	61　25　41	257.011
	c_3	58　32　55	+2	+2	+4	58　32　59	0	58　32　59	249.659
	a_3	60　01　21	+3	−1	+2	60　01　23	−3	60　01　20	253.500
	Σ	179　59　52				180　00　00		180　00　00	
4	b_4	36　13　43	−3	−1	−4	36　13　39	+3	36　13　42	253.500
	c_4	86　13　25	−4	+2	−2	86　13　23	0	86　13　23	427.999
	a_4	57　33　02	−3	−1	−4	57　32　58	−3	57　32　55	361.952
	Σ	180　00　01				180　00　00		180　00　00	
5	b_5	97　01　18	0	0	0	97　01　18	+3	97　01　21	361.952
	c_5	41　48　36	0	0	0	41　48　36	0	41　48　36	243.124
	a_5	41　10　06	0	0	0	41　10　06	−3	41　10　03	240.060
	Σ	180　00　00				180　00　00			
辅助计算		$m_\beta = \sqrt{\dfrac{[WW]}{3n}} = \pm 4.5''$　　$\omega = +22''$ $v_{Sa} = -v_{Sb} = -\dfrac{\omega}{\sum(\cot\alpha'_i + \cot\beta'_i)}\rho'' = -2.7''$							

第五节　解析交会测量

一、概述

通过导线测量或其他方法建立一级图根控制后，若测区内局部地形利用已有控制点都无法观测到，需加密或补充少量控制点时，可以采用交会法来进行。尤其是不具备全站仪等测距仪器时，交会法不失为一种有效的图根二级加密方法。交会法一般每次只测定一个点，所以，在图根平面控制测量中，它只是一种辅助或补充方法。此法图形结构简单，选择适当点位亦较容易，所以在小矿区控制测量和地质勘探工作中也经常用来布设少量控制点。为了保证交会测量的精度，一方面要求交会角（未知点处的角）不应小于 30°，不大于 150°；另一方面还要求有多余的观测，在计算过程中，要对观测质量进行检核。只有满足了规范要求，成果才能应用。交会法按其布设形式的不同，通常可分为前方交会法、侧方交会法、后方交会法等。

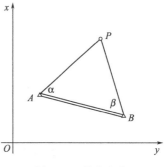

图 7-20 前方交会

如果已知 A、B 两点的坐标（如图 7-20），为了计算未知点 P 的坐标，只要观测角 A 和角 B 就行了。这样测定未知点 P 的平面坐标的方法，叫做前方交会。

如果不是测定角 A 和角 B，而是测定角 A 和角 P（如图 7-20），或者测定角 B 和角 P，同样也可以计算出未知点 P 的坐标。这种方法称为侧方交会。

为了求得未知点 P 的坐标，也可以在 P 点上瞄准 A、B、C 三个已知点，测得 $\angle \alpha$、$\angle \beta$（如图 7-20）。这种方法称为后方交会。

二、前方交会

如图 7-20 所示，在三角形 ABP 中，已知点 A、B 的坐标为 x_A、y_A 和 x_B、y_B。在 A、B 两点设站，测得 A、B 两角，通过解算三角形算出未知点 P 的坐标 x_P、y_P，这是前方交会的基本概念。

图中 AP 边的边长 D_{AP} 和坐标方位角 α_{AP} 为已知，可按坐标正算公式求得 P 点的坐标，即，由图 7-20 中可得：

$$x_P - x_A = D_{AP} \cos\alpha_{AP} ; \quad y_P - y_A = D_{AP} \sin\alpha_{AP}$$

又因 $\alpha_{AP} = \alpha_{AB} - \alpha$，故有：

$$\left. \begin{aligned} x_P - x_A &= D_{AP} \cos(\alpha_{AB} - \alpha) = D_{AP}(\cos\alpha_{AB}\cos\alpha + \sin\alpha_{AB}\sin\alpha) \\ y_P - y_A &= D_{AP} \sin(\alpha_{AB} - \alpha) = D_{AP}(\sin\alpha_{AB}\cos\alpha - \cos\alpha_{AB}\sin\alpha) \end{aligned} \right\}$$

根据坐标计算基本公式可得：

$$\cos\alpha_{AB} = \frac{x_B - x_A}{D_{AB}} ; \quad \sin\alpha_{AB} = \frac{y_B - y_A}{D_{AB}}$$

代入上述关系式便有：

$$\left. \begin{aligned} x_P - x_A &= \frac{D_{AP}\sin\alpha}{D_{AB}}[(x_B - x_A)\cot\alpha + (y_B - y_A)] \\ y_P - y_A &= \frac{D_{AP}\sin\alpha}{D_{AB}}[(y_B - y_A)\cot\alpha - (x_B - x_A)] \end{aligned} \right\} \quad (7\text{-}28)$$

在 $\triangle ABP$ 中，若依正弦定理，则有关系式：

$$\frac{D_{AP}}{D_{AB}} = \frac{\sin\beta}{\sin(\alpha + \beta)}$$

将上式两端同乘以 $\sin\alpha$ 得：

$$\frac{D_{AP}}{D_{AB}}\sin\alpha = \frac{\sin\alpha\sin\beta}{\sin(\alpha + \beta)} = \frac{\sin\alpha\sin\beta}{\sin\alpha\cos\beta + \cos\alpha\sin\beta}$$

$$= \frac{1}{\frac{\sin\alpha\cos\beta + \cos\alpha\sin\beta}{\sin\alpha\sin\beta}} = \frac{1}{\cot\alpha + \cot\beta} \qquad (7\text{-}29)$$

将式(7-27)代入式(7-26)中，经整理得：

$$\left. \begin{array}{l} x_P - x_A = \dfrac{(x_B - x_A)\cot\alpha + (y_B - y_A)}{\cot\alpha + \cot\beta} \\[2mm] y_P - y_A = \dfrac{(y_B - y_A)\cot\alpha - (x_B - x_A)}{\cot\alpha + \cot\beta} \end{array} \right\} \qquad (7\text{-}30)$$

经移项、化简，最后得：

$$\left. \begin{array}{l} x_P = \dfrac{x_A\cot\beta + x_B\cot\alpha - y_A + y_B}{\cot\alpha + \cot\beta} \\[2mm] y_P = \dfrac{y_A\cot\beta + y_B\cot\alpha + x_A - x_B}{\cot\alpha + \cot\beta} \end{array} \right\} \qquad (7\text{-}31)$$

式(7-29)称为余切公式。显然，凡能组成三角形的三个点，若已知其中两个点的坐标及两个内角，依照余切公式就可直接计算出第三个点的坐标而不需要那些中间计算。余切公式不仅适用于求单三角形点的坐标，而且适用于求前、侧方交会以及其他图形中类似的解算。

余切公式计算正确性的检核可采用反算法，即用求得的 P 点和已知点 A 的坐标，反算 B 点的坐标，若计算出的 B 点坐标与其已知的坐标一致（包括因凑整误差影响而使尾数可能相差 1~2cm 的情况），则说明待定点 P 的坐标计算正确。其计算公式演变为：

$$\left. \begin{array}{l} \dfrac{x_P\cot\alpha + x_A\cot\gamma - y_P + y_A}{\cot\alpha + \cot\gamma} = x_B \\[2mm] \dfrac{y_P\cot\alpha + y_A\cot\gamma + x_P - x_A}{\cot\alpha + \cot\gamma} = y_B \end{array} \right\} \qquad (7\text{-}32)$$

图 7-21 为前方交会法的几种图形。图中 A、B、C、D 为已知点，P 为前交点，α_1、β_1、α_2、β_2 为已知点上的观测角。

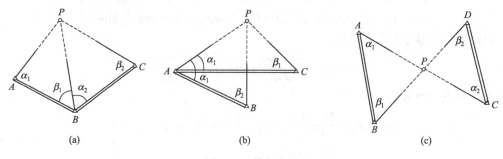

图 7-21　前方交会

显然，P 点的坐标只需要一个三角形的两个角（α，β）和两个已知点的坐标，就能解算。但是为了避免错误和检核观测成果精度，实际工作中要求组成两个三角形图形并分别解算交会点坐标。若所得两组坐标的较差不大于图上 0.2mm，则可取其中数作为最后计算结果。

计算前方交会点坐标，同样采用余切公式。具体方法及注意事项与单三角形计算相同，其计算示例见表 7-15 所示。几点说明具体如下：

表 7-15 前方交会点计算

计算者：×××　　　检查者：×××　　　时间：2008 年 8 月 22 日

示意图		观测图		备考

点之名称		观测角 /(° ′ ″)		坐标			
				x/m		y/m	
P	108	(γ_1)	92 20 10	x_P	3471805.92	y_P	40545825.84
A	101	α_1	54 48 00	x_A	3471807.04	y_A	40545719.85
B	102	β_1	32 51 50	x_B	3471646.38	y_B	40545830.66
			180 00 00				
P	108	(γ_2)	75 05 41	x_P	3471805.96	y_P	40545825.84
B	102	α_2	56 23 21	x_B	3471646.38	y_B	40545830.66
C	103	β_2	48 30 58	x_C	3471765.50	y_C	40545998.65
			180 00 00				
				$x_{P中}$	3471805.94	$y_{P中}$	40545825.84

① 表 7-15 中，编号为 101、102、103 的三点为已知点，108 为前交点。依余切公式分别按三角形 ABP 和 BCP 计算 P 点坐标。

② 由于组成前方交会图形的每个三角形中只观测了 α、β 两个内角，所以不会产生三角形闭合差，因而也就不存在角度平差的问题。计算时直接应用观测值。计算检核所用 γ 角，按 $180°-(\alpha+\beta)$ 求得。

③ 算得的两组坐标，其差值为 $f_x=x'_p-x''_p$，$f_y=y'_p-y''_p$，则通过两个三角形解算得 P 点点位误差为：$f_s=\pm\sqrt{f_x^2+f_y^2}$，若其值不超过图上 0.2mm，则取中数填入表中相应栏内。若较差超限，首先应检查计算的全过程，确信计算无误，再作观测成果的检查处理。

三、侧方交会

侧方交会如图 7-22 所示，A、B、C 为已知点，P 为侧交点。在一个已知点 A（或 B）上观测 α（或 β），待定点 P 上测得 γ、ε。在三角形 ABP 中，已知 A、B 两点坐标及 α、γ 角，由 $\beta=180°-(\alpha+\gamma)$ 求得 β 角后，则可按余切公式求 P 点坐标。

ε 角可用于检核点位精度，所以将它叫做检查角。下面着重阐述用检查角进行点位精度检核问题。

在侧方交会法中，因为只有一个三角形，且只观测了两个内角，无检核条件。为了检核，需多观测一个检查角 $\varepsilon_观$，利用检查角 $\varepsilon_观$ 与其计算角值 $\varepsilon_计$ 相比较来检核。具体方法如下。

按余切公式求得 P 点坐标后，根据 B、C、P 三点

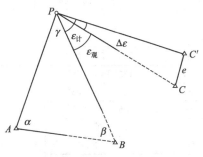

图 7-22 侧方交会

坐标即可反算出 PB、PC 边的坐标方位角 α_{PB}、α_{PC}，以及 PC 边的距离 D_{PC}，从图 7-22 可看出：

$$\varepsilon_{计}=\alpha_{PB}-\alpha_{PC}$$

当已知点点位和角度观测均无误差时，$\varepsilon_{计}$ 与 $\varepsilon_{观}$ 值应相等，但误差是不可避免的。其中主要是观测误差的影响，使计算所得 P 点点位有误差（或叫做产生了点位偏移）。所以 $\varepsilon_{计}$ 与 $\varepsilon_{观}$ 两者通常不会相等而有一差值 $\Delta\varepsilon$，即：

$$\Delta\varepsilon=\varepsilon_{计}-\varepsilon_{观} \tag{7-33}$$

$\Delta\varepsilon$ 反映了 P 点点位在 PC 边的垂直方向上的位移情况。其位移量相当于 C 点横向偏移至 C' 点（见图 7-22）。该偏移距离 cc' 称为横向位移 e。一般规定 e 不超过图上 0.1mm，即 $\{e_{容}\}_m=M/10^4$（M 为测图比例尺分母）。实际工作中，为了方便，可将 $e_{容}$ 转化为 $\Delta\varepsilon_{容}$，然后直接用 $\Delta\varepsilon$ 来检查成果的精度。由于 $\Delta\varepsilon$ 通常较小，所以，可将 e 看成弧长，即：

$$e=\frac{\Delta\varepsilon D_{PC}}{\rho}$$

则

$$\Delta\varepsilon=\frac{e}{D_{PC}}\rho$$

因为：

$$\{e_{容}\}_m=M/10^4$$

则 $\Delta\varepsilon$ 的容许值为：

$$\Delta\varepsilon_{v容}=\frac{\{e_{容}\}_m}{\{D_{PC}\}_m}\{\rho\}=\frac{M}{10^4\{D_{PC}\}_m}\{\rho\} \tag{7-34}$$

若按式(7-33)算得的 $\Delta\varepsilon$ 不大于式(7-34)所得的 $\Delta\varepsilon_{容}$，即认为 P 点的坐标符合精度要求。这种检核方法，又叫方向检核。

侧方交会点的算例，见表 7-16 所示。例中 $\Delta\varepsilon_{容}$ 是按 1/1000 比例尺为准计算的。

表 7-16　侧方交会坐标计算

计算者：×××				检查者：×××			时间：2008 年 8 月 22 日	
待定点名称 P								
1. 起算数据/m			示意图	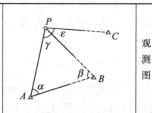	观测图	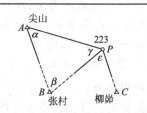		
点名	x	y						
A 尖山	6244.732	8117.809						
B 张村	5551.322	8413.701						
C 柳郉	5182.270	8894.741						
2. 三角形组成与坐标计算								
点名	观测值			角之余切	x/m		y/m	
P 223	γ	68° 26′ 32″			x_P	6009.668	y_P	8804.528
A 尖山	α	47° 59′ 42″		0.9005620	x_A	6244.732	y_A	8117.809
B 张村	β	(63° 33′ 46″)		0.4972143	x_B	5551.322	y_B	8413.701
	Σ	180° 00′ 00″		1.3977763				
3. 检查计算								
α_{PB}	220° 27′ 14″				备　注			
α_{PC}	173° 46′ 39″							
$\varepsilon_{计}$	46° 40′ 35″							
$\varepsilon_{观}$	46° 40′ 45″				$M=1000$			
$\Delta\varepsilon$	10″				$\Delta\varepsilon_{容}=\dfrac{M}{10^4\{D_{PC}\}_m}\{\rho\}$			
D_{PC}	832.30m							
$\Delta\varepsilon_{容}$	24.8″							

应当指出：方向检核点位，仅能反映点位的横向位移情况。因此，这是一种不很严格的检核方法。所以，在ε角大小适当时，设法组成后方交会图形来计算另一组坐标以资检核，这种方法要比方向检核可靠。

四、后方交会

如图 7-23 是后方交会图形。图中 A、B、C 为已知点，P 为后交点。只在所求点 P 上观测 α、β 两个角，就能解算 P 点坐标。

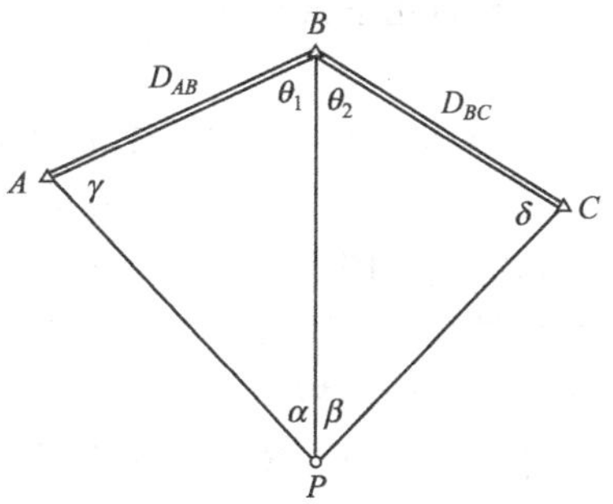

图 7-23 后方交会

由几何学知：一定边及其所对的一定角，就能确定一定圆。两圆相交除了两圆重合的特殊情况外，仅有两个交点。因此，当在未知点 P 上测定与三个已知点（即两个定边）方向的两个夹角后，即可确定两个圆，其交点一为三已知点的中间一点，另一点即为待定点。也就是说，在待定点上观测了两个角，一般就能唯一地确定该观测点的点位，这就是后方交会法的基本理论依据。

后方交会的计算方法很多，以下仅介绍一种基本方法。

计算后交点坐标的关键在于求解辅助角 δ 和 γ，如图 7-23 所示。若解得 δ 和 γ，则其他计算就相当于侧方交会法。

在图 7-23 中，因为 A、B、C 点坐标已知，故 S_{AB}、S_{BC} 和 $\angle B$ 可解，即可计算出：

$$\delta+\gamma=360°-(\alpha+\beta+\angle B)$$

又按正弦定理，可得关系式：

$$\frac{\sin\delta}{\sin\gamma}=\frac{D_{AB}\sin\beta}{D_{BC}\sin\alpha}$$

以上两个独立方程中，包含 δ、γ 两个未知数，若解此联立方程，便可求得 δ 和 γ。

为简化算式，令 $\theta=\angle B$，$\varphi=\delta+\gamma$，$K=\dfrac{D_{AB}\sin\beta}{D_{BC}\sin\alpha}$，则有：

$$\left.\begin{array}{l}\theta=\alpha_{BA}-\alpha_{BC}=\tan^{-1}\dfrac{y_A-y_B}{x_A-x_B}-\tan^{-1}\dfrac{y_C-y_B}{x_C-x_B}\\ \varphi=360°-(\alpha+\beta+\theta)\\ K=\dfrac{\sin\beta\sqrt{(x_A-x_B)^2+(y_A-y_B)^2}}{\sin\alpha\sqrt{(x_B-x_C)^2+(y_B-y_C)^2}}\end{array}\right\} \quad (7\text{-}35)$$

按式(7-35)求得 θ、φ、K 后，可组成联立方程：

$$\begin{cases}\delta+\gamma=\varphi\\ \dfrac{\sin\delta}{\sin\gamma}=K\end{cases}$$

解此联立方程可得：

$$\sin\delta=K\sin\gamma=K\sin(\varphi-\delta)=K(\sin\varphi\cos\delta-\cos\varphi\sin\delta)，亦即：$$
$$\tan\delta=K\sin\varphi-K\cos\varphi\tan\delta$$

对上式稍加整理后，即得：

$$\delta=\tan^{-1}\frac{K\sin\varphi}{1+K\cos\varphi} \quad (7\text{-}36)$$

求得 δ 后，就可求出 γ、θ_1、θ_2 各值，即：

$$\left.\begin{array}{l}\gamma=\varphi-\delta\\ \theta_1=180°-(\alpha+\gamma)\\ \theta_2=180°-(\beta+\delta)\end{array}\right\} \quad (7\text{-}37)$$

以上计算可用下式检核：

$$\alpha+\beta+\delta+\gamma+\theta_1+\theta_2=360° \tag{7-38}$$

求得 δ、γ 后，P 点坐标即可按余切公式来解算。

实际工作中，后方交会点通常应观测四个方向，以便能检核点位精度。四个方向能组成四组后方交会图形，一般可选择其中两个较好的图形计算两组坐标。若较差不超限，取中数为最后结果。也可选择三个方向计算一组坐标，将第四个方向作为检查方向。如同侧方交会所述，作方向检核。

注意：当 A、B、C、P 四点共圆时，则有 $\varphi=\delta+\gamma=180°$，此时 $\sin\delta=\sin(180°-\gamma)=\sin\gamma$，即 $K=1$。因此，式(7-36) 便成为：

$$\delta=\tan^{-1}\frac{\sin 180°}{1+\cos 180°}=\tan^{-1}\frac{0}{0}$$

上式无解。这说明当按式(7-35) 求得 φ 时，若 φ 接近 $180°$ 且计算无误，则 P 亦接近于四点共圆，应另选已知点和相应的观测成果，变换图形，重新计算。

过三已知点的外接圆叫做危险圆，未知点恰好位于危险圆上，后交点点位无解。此种情况实际作业时出现的机会几乎等于零，但点位接近危险圆的情况却经常遇到。当后交点点位接近危险圆时，测角误差对点位的影响是相当大的。应设法使后交点离开危险圆距离大于危险圆半径的五分之一。

后方交会点计算算例见表 7-17。

表 7-17 后方交会点计算

计算者：×××　　　　检查者：×××　　　　时间：2007 年 8 月 11 日

示 意 图	观 测 图	备 注
		测图比例尺 1∶5000

点 名		起 算 数 据			观 测 角	
A:大坞	x_A	30719.55	y_A	38075.98	α	86°03′49″
B:松庄	x_B	37891.72	y_B	40629.45	β	37°43′47″
C:柳庄	x_C	39370.74	y_C	41945.14	ε	186°18′40″
D:农场	x_D	32814.97	y_D	43387.98		

	P:马首　　坐 标 计 算				检 核 计 算	
1. θ	157°56′30.1″	4. δ	57°21′11.6″	x_P　36268.79	8. $\varepsilon_{计}$	186°18′35″
2. φ	78°15′53.9″	5. γ	20°54′42.3″		9. $\Delta\varepsilon$	−5″
3. K	2.359041923	6. θ_1	73°01′28.7″	y_P　42816.94	10. $\varepsilon_{容}$	29″
		7. θ_2	84°55′01.4″			

计 算 公 式

1. $\theta=\tan^{-1}\dfrac{y_A-y_B}{x_A-x_B}-\tan^{-1}\dfrac{y_C-y_B}{x_C-x_B}$　　　6. $\theta_1=180°-(\alpha+\gamma)$

2. $\varphi=360°-(\alpha+\beta+\theta)$　　　7. $\theta_2=180°-(\beta+\delta)$

3. $K=\dfrac{\sin\beta}{\sin\alpha}\dfrac{\sqrt{(x_A-x_B)^2+(y_A-y_B)^2}}{\sqrt{(x_B-x_C)^2+(y_B-y_C)^2}}$　　　8. $\varepsilon_{计}=\alpha_{PD}-\alpha_{PC}$

4. $\delta=\tan^{-1}\dfrac{K\sin\varphi}{1+K\cos\varphi}$　　　9. $\varepsilon_{容}=\dfrac{M}{10^4\times S_{PC}}\rho$

5. $\gamma=\varphi-\delta$　　　检核：$\alpha+\beta+\delta+\gamma+\theta_1+\theta_2=360°$

以上几种图形也称为测角交会法。在实际工作中通常与一级图根控制同时布设，并且尽可能一起观测以提高观测效率。另外，随着全站仪的广泛使用，也可以利用全站仪测定距离采用距离交会法来加密控制点，但此时一般采用全站仪支导线补充图根点则更加方便快捷。关于距离交会点的内业计算在此不再阐述。

第六节　辐射点的计算

辐射点的坐标计算，其实质就是若干条仅有一个支点的支导线计算，亦即坐标正算问题。现结合计算实例说明其算法。

如表 7-18 中略图所示，在已知点南山上设站，以另一已知点柳木垯为后视方向，测定了加密图根点 105～109 的方向值和距离。计算时，先绘制计算略图，再将已知数据、各观测点的归零方向值和距离，抄录在表格相应栏中。然后反算后视方向 AB 的方位角 α_{AB} 并将结果填入照准点柳木垯的方位角栏中。其余各方向的方位角则按下式计算：

$$\alpha_i = \alpha_{AB} + L_i \tag{7-39}$$

式中　L_i——各加密点的归零方向值。

表 7-18　辐射点计算

计算者：×××　　　　检查者：×××　　　　时间：2008 年 9 月 19 日

计算略图	已知数据	点 名	坐　　标	
			x/m	y/m
		南　山	5011.319	7384.461
		柳木垯	5203.092	8484.042

观测数据	照准点名	柳木垯	109	108	107	106	105
	水平距离/m		113.040	98.949	154.508	470.136	550.795
	水平方向值	00°00′01″	25°42′32″	151°56′06″	190°29′00″	253°39′14″	304°44′31″

辐　射　点　坐　标　计　算

照准点	归零方向 /(°′″)	测站点至照准点的方位角/(°′″)	水平距离/m	坐标增量		坐标	
				Δx/m	Δy/m	x/m	y/m
柳木垯	00 00 00	80 06 25				5011.319	7384.461
109	25 42 31	105 48 56	113.040	−30.808	+108.761	4980.511	7493.222
108	151 56 05	232 02 30	98.949	−60.862	−78.017	4950.457	7306.444
107	190 28 59	270 35 24	154.508	+1.591	−154.500	5012.910	7229.961
106	253 39 13	333 45 38	470.136	+421.690	−207.858	5433.009	7176.803
105	304 44 30	24 50 55	550.795	+499.803	+231.456	5511.122	7615.917

依各方向的方位角和距离算出相应的坐标增量后，加上已知点 A（南山）的坐标，即得各辐射点的坐标：

$$\left. \begin{array}{l} x_i = x_A + \Delta x_i \\ y_i = y_A + \Delta y_i \end{array} \right\} \tag{7-40}$$

辐射点都是直接与已知点相联系的，方位角和坐标计算都是从已知点起算，并不像导线计算那样逐一传递。全站仪的坐标测量功能就是采用上述原理。利用全站仪采用上述方法建立图根控制，不必要观测水平方向值和距离，在坐标测量模式下仪器自动根据测定的数据计算出照准点的坐标并显示或储存，大大简化了测量的外业和内业工作，提高了测图工作效率。但是应当注意这种方法每个点都是未复测的支导线点，没有检核条件。所以在这些点上进行碎部测量前，应对相邻测站点所测地形特征点的位置进行检核。

思考题与习题

1. 试述控制测量和控制网的意义。控制网按作业内容分为哪几类？按建立目的又可分为哪几类？
2. 图根控制测量的目的是什么？什么叫图根点？图根平面控制测量建立可采用哪些形式？目前生产单位最常用的有哪几种？
3. 试述图根导线外业工作的主要内容。敷设图根导线最少需要哪些起算数据？外业需观测哪些数据？连接角有何作用？
4. 图根点点位的选择有哪些基本要求？
5. 回答下列问题
(1) 说明闭合导线计算步骤，写出计算公式。
(2) 闭合导线计算中，要计算哪些闭合差？如何处理？
(3) 如用各折角观测值先推算各边方位角后再计算方位角闭合差可以吗？此时闭合差应如何处理？
(4) 如果连接角观测有误，又没有检核条件，会产生什么结果？
(5) 如果边长测量时，仪器带有与距离成正比的系统误差能否反映在闭合差上？
6. 如图 7-24，某闭合导线的起算数据和观测数据见表 7-19，列表计算各导线点坐标。

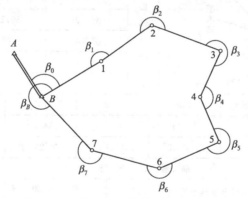

图 7-24 习题 6 图

表 7-19 闭合导线的已知数据

已 知 数 据			
$x_A = 674.24$m	$y_A = 902.60$m	$x_B = 426.00$m	$y_B = 873.00$m
观 测 数 据			
点　　名	左 折 角 β		边 长 D/m
B	276　23　12		290.44
1	181　45　54		281.63
2	246　13　48		143.75
3	273　54　06		223.21
4	141　21　36		185.70
5	235　42　00		162.28
6	230　07　36		190.18
7	214　33　24		227.67
B	$\beta_0 = 35°28'30''$		

7. 回答下列问题
(1) 比较附合导线与闭合导线计算的异同点。
(2) 讨论第五题（4）、（5）两种情形在附合导线测量中的情况。
8. 图根导线计算中为什么角度闭合差配赋后计算坐标还会有闭合差？这些闭合差纯粹由边长误差引起的吗？
9. 为什么实际作业时导线尽可能布设成闭（或附）合导线，而不采用支导线形式？
10. 回答下列问题
(1) 如图 7-25 为一附合导线，已知点 A、B 的纵坐标大致相等，横坐标差约 2km，现以某尺长改正数 $\Delta l = 0.006$m 的 30m 钢卷尺丈量该导线，但边长结果未加此项改正。试估算仅由此项误差引起的纵横坐标闭合差。

图 7-25 习题 10 图

(2) 如果尺长改正数对导线长的影响不大于 1:10000 时可以不考虑此项改正，那么尺长改正数不能超过多少？此数值与所量导线长度有关吗？
11. 试分析下列情况发生时可能产生错误的边长或角度。
(1) 如图 7-25 导线中，方位角闭合差超限。若用不经配赋的观测角和观测边长推算坐标，则从 A 向 B 方向推得 B 点坐标与已知坐标相差甚远，但反过来从 B 点推到 A 点坐标却与已知坐标相差不多。
(2) 如图 7-26 导线，由 C 点向 B 点推算时，方位角闭合差符合限差，但继续计算时坐标闭合差超限 $W_x = +0.155$m，$W_y = -0.50$m。

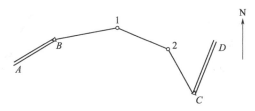

图 7-26 习题 11(2) 图

12. 附合导线（如图 7-27）的起算数据和观测数据列于表 7-20 中，求各导线点的坐标。

表 7-20 附合导线的已知数据

	点名	A	B	C	D
起算数据	X/m	14626.37	15396.62	14825.64	15329.81
	Y/m	85605.58	85414.79	86083.20	86447.19
观 测 数 据					

点　名	观测角/(° ′ ″)	边　长 D/m
A	23 26 40	
1	191 02 15	178.45
2	175 19 14	190.76
3	223 49 18	178.75
4	188 39 43	123.21
5	191 18 48	140.80
6	176 59 26	165.06
7	193 12 58	143.17
D	305 56 17	157.11

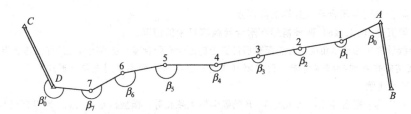

图 7-27 习题 12 图

13. 如图 7-28，单三角形点 Q 的起算数据和观测数据如下，求 Q 点坐标。

$$x_M = 5297.12\text{m} \quad y_M = 7101.90\text{m}$$
$$x_N = 5152.13\text{m} \quad y_N = 6982.74\text{m}$$
$$\angle Q = 93°54'14''$$
$$\angle M = 38°41'17''$$
$$\angle N = 47°24'35''$$

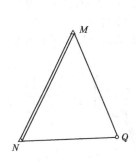

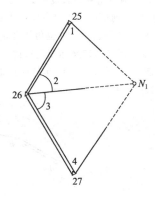

图 7-28 习题 13 图   图 7-29 习题 14 图

14. 如图 7-29，前方交会点 N_1 的起算数据和观测数据如下，求该点的坐标。

$$x_{25} = 58734.10\text{m} \quad y_{25} = 44363.45\text{m}$$
$$x_{26} = 58102.69\text{m} \quad y_{26} = 44113.80\text{m}$$
$$x_{27} = 57266.71\text{m} \quad y_{27} = 44354.65\text{m}$$
$$\angle 1 = 43°27'20''; \quad \angle 2 = 65°17'29''$$
$$\angle 3 = 77°03'56''; \quad \angle 4 = 32°19'21''$$

15. 如图 7-30，侧方交会点 128 号的起算数据和观测数据如下，求该点坐标（比例尺 1∶1000）。

$$x_{136} = 640.35\text{m} \quad y_{136} = 85207.28\text{m}$$
$$x_{146} = 685.04\text{m} \quad y_{146} = 85541.25\text{m}$$
$$x_{132} = 1018.36\text{m} \quad y_{132} = 85380.25\text{m}$$
$$\angle 1 = 49°15'18''; \quad \angle 2 = 49°58'47''$$
$$\angle \varepsilon = 55°18'14''$$

16. 如图 7-31，后方交会点 123 号的起算数据和观测数据如下，求该点坐标。

$$x_{106} = 39370.74\text{m} \quad y_{106} = 41945.14\text{m}$$
$$x_{112} = 37891.72\text{m} \quad y_{112} = 40629.45\text{m}$$
$$x_{115} = 30719.55\text{m} \quad y_{115} = 38075.98\text{m}$$
$$x_{101} = 32814.97\text{m} \quad y_{101} = 43387.98\text{m}$$
$$\angle 1 = 37°44'07''; \quad \angle 2 = 86°03'49''$$
$$\angle 3 = 49°53'48''$$

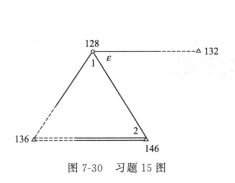

图 7-30 习题 15 图

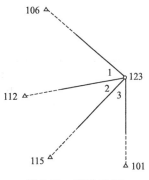

图 7-31 习题 16 图

第八章
高程控制测量

第一节 概　　述

建立国家高程控制网的目的，是为了在全国范围内施测各种比例尺的地形图和为工程建设提供必要的高程控制基础。用水准测量方法，按《国家水准测量规范》的技术要求建立的国家高程控制网，称为国家水准网，它是全国高程控制的基础。国家水准网是按照"从整体到局部、由高级到低级"的原则，分级布设、逐级加密的。按其布设密度和施测精度的不同，分为一、二、三、四等，如图8-1所示。每一等级的水准测量路线，是由一系列相同精度的高程控制点组成的，这些高程控制点称为水准点。

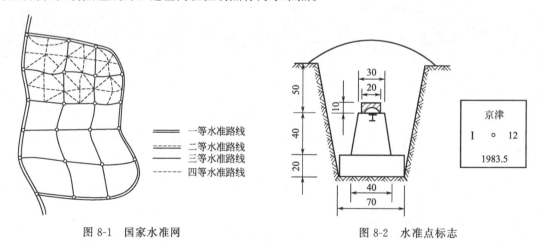

图 8-1　国家水准网　　　　　　　　图 8-2　水准点标志

一等水准路线是国家高程控制网的骨干，同时也是研究地壳和地面垂直运动等有关科学问题的主要依据。一等水准路线构成网形，每一闭合环的周长在1000～1500km之间。一等水准路线主要沿地质构造稳定、交通不太繁忙、路面坡度平缓的国家主干公路布设。二等水准测量是国家高程控制的基础，一般构成环形，闭合于一等水准路线上。其闭合环的大小根据地形情况而定，一般在500～750km之间。

二等水准路线主要沿公路、铁路及河流布设。一、二等水准点是三、四等水准测量及其他高程测量的起算基础。

三、四等水准点是地形测图和各种工程建设所必需的高程控制起算点。

三等水准路线一般可根据需要在高等级水准网内加密，布设成附合路线，并尽可能互相交叉，构成闭合环。单独的附合路线长度一般不超过150km，环线周长不超过200km。

四等水准路线一般以附合路线布设于高等级水准点之间，附合路线的长度一般不超过 80km。

三、四等水准点都需埋设固定标石，永久保存，供日后使用。埋设方法可因地制宜，图 8-2 是其中一种形式。在山区还可在稳固的岩石上凿洞，然后再用水泥浇灌标志。

为了进一步满足工程建设和地形测图的需要，还可以以国家三、四等水准点为起算点，布设工程水准测量或图根水准测量，通常称为等外水准测量（也称普通水准测量）。等外水准测量的精度较国家等级水准测量低一些，水准路线的布设及水准点的密度可根据工程测量和地形测图的要求灵活考虑。

图根点的高程也可用三角高程测量的方法测定。

第二节 三、四等水准测量

一、技术要求

国家三、四等水准测量的精度要求较普通水准测量的精度高，其技术指标见表 8-1。三、四等水准测量的水准尺，通常采用木质的两面有分划的红黑面双面标尺，表 8-1 中的黑红面读数差，即指一根标尺的两面读数去掉常数之后所容许的差数。

表 8-1 三、四等水准测量的技术要求

等级	仪器类型	标准视线长度/m	后前视距差/m	后前视距差累计/mm	黑红面读数差/mm	黑红面所测高差之差/mm	检测间歇点高差之差/mm
三等	S_3	75	2.0	5.0	2.0	3.0	3.0
四等	S_3	100	3.0	10.0	3.0	5.0	5.0

二、方法

三、四等水准测量在一测站上水准仪照准双面水准尺的顺序具体如下。
① 照准后视标尺黑面，按视距丝、中丝读数；
② 照准前视标尺黑面，按中丝、视距丝读数；
③ 照准前视标尺红面，按中丝读数；
④ 照准后视标尺红面，按中丝读数。
这样的顺序简称为"后前前后"（黑、黑、红、红）。
四等水准测量每测站观测顺序也可为后→后→前→前（黑、红、黑、红）。
无论何种顺序，视距丝和中丝的读数均应在水准管气泡居中时读取。
四等水准测量的观测记录及计算见第三章第四节双面尺法观测程序与记录，在此不再详述。

第三节 三角高程测量

一、三角高程测量的基本原理

三角高程测量是通过测定两点间的水平距离 D 及垂直角 δ，根据三角学的原理计算两点间的高差，再从一点高程推算出另一点高程。三角高程测量又叫间接高程测量。

如图 8-3 所示，要测定 A、B 两点间的高差，可将经纬仪安置在 A 点上，瞄准 B 点目标，测出垂直角 δ，从图中可得：

$$h_{AB} + v = D\tan\delta + i$$

则 A、B 两点间的高差为：

$$h_{AB} = D\tan\delta + i - v \qquad (8\text{-}1)$$

式中　D——两点间水平距离，m；
　　　i——测站仪器高，m；
　　　v——观测点觇标高，m。

如果 A 点高程 H_A 已知，则 B 点的高程为：

$$H_B = H_A + h_{AB} = H_A + (D\tan\delta_{AB} + i_A - v_B) \qquad (8\text{-}2)$$

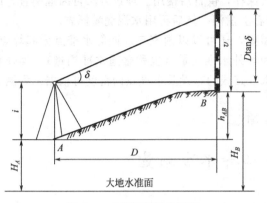

图 8-3　三角高程测量原理

应用上式时要注意垂直角 δ 的正负号，当 δ 角为仰角时取正号；当 δ 为俯角时取负号。上述在已知点设站观测未知点的方法叫做直觇；如果在未知点设站观测已知点叫反觇，此时高差计算式为：

$$h_{BA} = D\tan\delta_{BA} + i_B - v_A$$

未知点 B 的高程为：

$$H_B = H_A - h_{BA} = H_A - (D\tan\delta_{BA} + i_B - v_A)$$

式中，i_B 为在 B 点设站时的仪器高；v_A 为照准点 A 处的觇标高；δ 仍是仰角为正，俯角为负。

二、地球曲率和大气折光对高差的影响

水准测量误差中所述的地球弯曲与大气折光影响问题，在三角高程测量中则是不可忽视的。

如图 8-4 所示，AE 为过 A 点的水平线，AF 在过 A 点的水准面上，则 EF 就是以水平面代替水准面对高差产生的影响，叫做地球弯曲差（简称球差）。由图可知，过测站点的水平线总是在过测站点的水准面之上的，即若以水平面代替水准面，则总是抬高了高差起算面。因此，对正高差的影响是使高差减小，故需加上球差改正；对负高差的影响是使负高差绝对值增大，因高差本身为负，故仍应加球差改正。这就是说，在高差计算中，球差改正数的符号恒为正。

当在 A' 点观测 M 时，照准轴本应位于 $A'M$ 直线上。但由于大气折光的影响，使视线成为向上凸的弧线，照准轴实际位于 $A'M$ 的切线即 $A'M'$ 方向上。所测垂直角 δ 是 $A'M'$ 与水平线的夹角。以此 δ 计算高差时，就将 M 抬高到 M'。MM' 叫做大气折光差（简称气差）。由图 8-4 不难看出：抬高目标照准部位，相当于降低高差起算面。所以，气差对高差的影响与球差的影响正好相

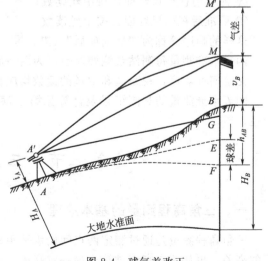

图 8-4　球气差改正

反。即在高差计算中,气差改正数的符号恒为负。

由图 8-4 可得,考虑球差与气差影响的高差计算式为:

$$h_{AB}=FE+EG+GM'-MM'-BM=D\tan\delta_{AB}+i_A-v_B+(FE-MM')=D\tan\delta_{AB}+i_A-v_B+f \tag{8-3}$$

式中 f——两差改正数。

由于球差比气差大得多,所以 f 恒为正, f 值的计算式为:

$$f=\frac{D^2}{2R}(1-k) \tag{8-4}$$

式中 R——地球半径,可取 6371km;

k——折光系数。

k 的数值随地区及某些观测条件的变化而异。精确测定 k 值是提高三角高程测量精度的关键。不过,在地形测量中只需取一个平均值就能满足要求了。通常可取 k 值为 0.14。在实际工作中,当两点距离超过 400m 时,则应加两差改正数。

为计算方便,常把球气差改正数 f 值,以距离为引数编制成表(如表 8-2),以便用时查取。

表 8-2 球气差改正数表 ($k=0.14$)

D/m	f/m	D/m	f/m	D/m	f/m	D/m	f/m
100	0.001	450	0.014	650	0.028	850	0.049
200	0.003	500	0.017	700	0.033	900	0.055
300	0.006	550	0.020	750	0.038	950	0.061
400	0.011	600	0.024	800	0.043	1000	0.068

无论直觇或反觇,顾及两差改正的高差计算公式都是:

$$h=D\tan\delta+i-v+f \tag{8-5}$$

至于高程计算式,则可写如下。

直觇: $$H_B=H_A+h_{AB}=H_A+D\tan\delta_{AB}+i_A-v_B+f \tag{8-6}$$

反觇: $$H_B=H_A-h_{BA}=H_A-D\tan\delta_{BA}-i_B+v_A-f \tag{8-7}$$

上式(8-5)系以 A 为已知高程点,B 为未知高程点。直觇时测站在 A 点;反觇时测站在 B 点。

在作业中为了提高精度,可在 A、B 两点设站,进行直、反觇观测,分别计算高差。若较差不超限,则取两高差绝对值的平均值。高差符号以直觇为准来推算高程。

直、反觇观测又叫对向观测。由式(8-6)和式(8-7)可知,取直、反觇高程的平均值可基本抵消两差改正的误差。

三、图根三角高程路线的布设

将欲求高程的点与已知高程点组成导线形式,用三角高程测量的方法,联测相邻导线点之间的高差,从而根据已知点的高程推算未知点高程的形式叫做三角高程导线。它不受导线尽量直伸的限制,可以按观测方向任意转折连接成导线,所以又称"多角高程导线"。

图根三角高程导线应起闭于相应高程精度的三角点、水准点或经过闭合差配赋的三角高程导线点上,其边数不应超过 12 条。三角高程导线的布设形式与经纬仪导线类似。一般有起闭于两个高程已知点的附合导线，如图8-5(a)所示。有起闭于同一高程已知点的闭合导线，又称"回归导线"。闭合三角高程导线由于检核条件不够严密，一般应在导线中间单向联测一个已知高程点作为检查点，如图8-5(b)所示。特殊情况下，还可采用支导线的形式，如图8-5(c)所示。支导线一般只用于施测引点的高程。导线边数超过规定时，应布设成结点导线网。

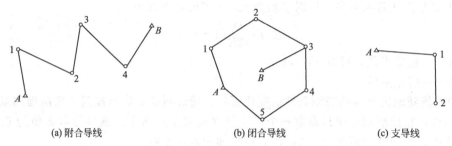

图 8-5 多角高程导线布设形式

图根三角高程导线的观测，一般是逐点设站，垂直角应对向观测（可以与水平角观测同步进行），边长由两点的平面坐标反算或直接测定，直接量取所需仪器高和觇标高。如图8-5(a)所示线路，先在 A 点设站，直觇观测1点的垂直角，量取仪器高及1点觇标高。再至1点设站，反觇观测 A 点，直觇观测2点的垂直角，量取仪器高及 A、2点的觇标高。如此依次观测至终点 B。其观测精度和规格应符合表8-3的要求。

表 8-3　图根三角高程测量的技术要求

仪器类型	中丝法测回数		垂直角较差、指标差较差/(″)	对向观测高差、单向两次观测高差较差/m	各方向推算的高程较差/m	附合路线或环线闭合差	
	经纬仪三角高程测量	光电测距三角高程测量				经纬仪三角高程测量/m	光电测距三角高程测量/mm
DJ_6	1	对向1单向2	≤25	≤0.4D	≤0.2H_C	≤±0.1$H_C\sqrt{n_s}$	≤±40$\sqrt{[D]}$

注：1. D 为边长（km），H_C 为测图基本等高距，n_s 为边数，$[D]$ 为测距总边长（km）；
2. 仪器高和觇标高（棱镜中心高）应准确量至毫米，高差较差或高程较差在限差内时，取中数。

三角高程导线每边有直、反觇高差可供检核，最后取直、反觇高差平均值参加高程导线的计算，其导线高程闭合差可用来衡量并保证高程测量的精度。三角高程导线因其可将许多点串联于一条导线中，并有足够的检核条件以保证所求点之高程精度，所以，它特别适用于已知点较少的丘陵或山区，在三角点和图根点的高程测量中得到广泛应用。

四、三角高程测量的实施

用三角高程测量推求两点间高差时，必须已知仪高 i、觇标高 v、两点间的水平距离 D 以及垂直角 α。仪器高 i 和觇标高 v 可用钢尺直接量取。在等级点上作三角高程测量时，i 和 v 应独立量取两次，读至5mm，其较差不得大于1cm。图根三角高程测量可量至厘米。两点间的水平距离 D 可从平面控制的计算成果中获得。因此，三角高程测量的施测主要是观测垂直角。垂直角观测一般都是在建立平面控制时与水平角的观测同时进行。对于三角高程网和三角高程路线，各边的垂直角均应进行直、反觇对向观测。对于独立交会高程点，前方交会为三个直觇，后方交会为三个反觇，侧方交会为一个直觇和两个反觇。

五、三角高程测量路线的计算

(一) 外业成果的检查和整理

① 检查观测成果：计算前应首先检查外业观测手簿中垂直角、仪器高、觇标高等各量记录是否齐全，有无计算错误，是否符合有关规定及各项限差要求，确认无误后方可计算。

② 确定三角高程导线的推进方向，绘制导线略图，抄录观测数据：沿着图根平面控制点，按照选定的高程推算方向绘制计算略图，如图8-6所示。从观测手簿中沿推算路线自起始点开始，抄录导线上各边直、反觇观测的垂直角及对应的仪器高和觇标高，填入"高差计算表"的相应栏内，见表8-4。注意直、反觇时垂直角、仪器高、觇标高不得抄错。

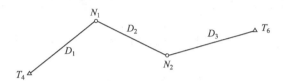

图 8-6 三角高程导线

表 8-4 相邻点间高差计算表

计算者：×××　　　　检查者：×××　　　　时间：2008年9月23日

所求点 B	N_1		N_2		T_6	
起算点 A	T_4		N_1		N_2	
觇　法	直	反	直	反	直	反
δ	+2°13′25″	−2°01′42″	−4°36′28″	+4°51′05″	+3°25′02″	−3°11′31″
D/m	421.35	421.35	500.16	500.16	406.76	406.76
$D\tan\delta$/m	+16.36	−14.92	−40.31	+42.45	+24.29	−22.68
i	1.60	1.61	1.58	1.62	1.61	1.59
v	2.62	2.02	2.30	3.10	3.40	1.46
f	0.01	0.01	0.02	0.02	0.01	0.01
h/m	+15.35	−15.32	−41.01	+40.99	+22.51	−22.54
$h_{中数}$	+15.34		−41.00		+22.52	

③ 从平面控制计算表中抄录导线中的各边边长，并从"两差改正数表"（见相关规范）中查取各边的两差改正数，一并填入"高差计算表"的相应栏内，表8-4为一光电测距三角高程导线。

(二) 相邻两点间的高差计算

根据抄录的数据，按式(8-5)分别计算两相邻点间的直、反觇高差。注意：沿导线推进方向的观测叫直觇，其高差叫"直觇高差$h_直$"；逆导线推进方向的观测叫反觇，其高差叫"反觇高差$h_反$"。因直、反觇高差的符号相反，故它们的较差为：

$$d = h_直 + h_反 \tag{8-8}$$

当 d 不超过表8-3规定的限差时，则按下式计算高差中数：

$$h_中 = \frac{1}{2}(h_直 - h_反) \tag{8-9}$$

高差计算示例如表8-4所示。

(三) 导线高差闭合差的计算与配赋

三角高程路线高差闭合差计算方法与水准路线计算中所述相同。即：

$$f_h = \sum h_{测} - \sum h_{理} = \sum h_{测} - (H_{终} - H_{起})$$

如果 f_h 不超过表 8-3 规定的限差，就可进行高差闭合差的分配。否则，应检查计算，或另选线路，或返工重测某些边的垂直角、仪器高和觇标高，直至符合要求为止。

当 f_h 不超过表 8-3 的容许值时，可以按与边长成正比例将高差闭合差反号分配到各边的观测高差中去，就可得到改正高差。即第 i 条边的高差改正数为：

$$v_i = -\frac{f_h}{\sum D} \times D_i \tag{8-10}$$

凑整的余数可在长边对应的高差中进行调整，使高差改正数满足：

$$\sum v = -f_h \tag{8-11}$$

将 v_i 加入到相应的观测高差 h'_i 中，就可得到改正后的正确高差为：

$$h_i = h'_i + v_i \tag{8-12}$$

改正后的高差总和 $\sum h_i$ 应等于其理论值。可以作为计算正确性的检核。

(四) 点之高程计算

根据改正后的高差，即可按下式计算各所求点之高程，即：

$$H_i = H_{i-1} + h_{i-1,i} \tag{8-13}$$

最后求出的已知点高程应与其已知高程完全相等，以检核高程计算的正确性。计算示例见表 8-5。

表 8-5　三角高程导线误差配赋表

计算者：×××　　　　　检查者：×××　　　　　时间：2008 年 9 月 23 日

点号	距离/m	高差中数/m	改正数/m	改正后高差/m	点之高程/m	备　注
T_4					270.54	已知高程
	421	+15.34	−0.01	+15.33		
N_1					285.87	
	500	−41.00	−0.02	−41.02		
N_2					244.85	
	407	+22.52	−0.01	+22.51		
T_6					267.36	已知(检核)
$\sum$	1328	−3.14	−0.04 (检核)	−3.18 (检核)		

$$\sum h_{理} = 267.36 - 270.54 = -3.18 (\text{m})$$

$$f_h = -3.14 - (-3.18) = +0.04 (\text{m})$$

$$f_{h容} = \pm 40 \sqrt{[D]} = \pm 40 \sqrt{1.328} = \pm 46 (\text{mm})$$

如果用光电测距仪直接测出导线边的水平距离，并观测垂直角，量取仪器高和觇标高、这样来确定所求点高程的方法，称为光电测距三角高程导线。由于直接测量距离，具有较高的边长精度，所以，用此距离计算出的高差也有较高的精度。据研究，用两秒级经纬仪对向观测垂直角各两测回，用精度为 $(5+5 \times 10^{-6}D)$ mm 的测距仪测量距离，起、闭于国家三等以上水准点的高程导线，其最后高程精度与四等水准的精度相当。因此，光电测距高程导线广泛地用于山区及丘陵地区的高程控制测量中。

利用全站仪可直接测定并显示两点间高差,此时应注意输入仪器高和反射棱镜高。若未输入仪器高和棱镜高时,则所显示高差实际是高差计算公式中"$D\tan\delta$"的值,还需要加仪器高再减去镜高才是真正意义的高差。

六、独立交会高程点的计算

三角高程点敷设可采用独立交会高程点和三角高程导线两种形式。

三角高程的扩展层次一般不超过两级。一级起始于水准测量测定的高程点。二级在一级基础上扩展。

用三角高程测量方法测定图根点高程时,垂直角使用 J_6 经纬仪按中丝法观测,测距要求同图根导线。光电测距极坐标法(辐射法)图根点垂直角可单向观测一测回,变动棱镜高度后再测一次。图根三角高程测量的技术要求应符合表8-3的规定。

独立交会点的高程,可由三个已知点的单觇测定;也可由一个已知点的单觇和另一已知点的复觇(直觇或反觇)测定。例如:后方交会点可由三个反觇测定;前方交会点可由三个直觇测定;侧方交会点可由一个直觇(或反觇)和一个直、反觇测定。实际上,独立交会高程通常亦多用于测定交会点高程,在测定交会点水平角的同时测定所需的垂直角即可。

无论采用何种组合图形,每一单向观测均可按式(8-5)计算其高差,然后根据直觇或反觇高差分别按式(8-6)或式(8-7)求得三个单觇的点的高程。当三个高程的较差不超过表8-4规定时,则取三个单觇所测高程的平均值作为最后高程。算例如表8-6。

表8-6 独立点高程的计算

计算者:×××　　　　检查者:×××　　　　时间:2008年9月23日

所求点 B		P_6	
起算点 A	N_6	W_2	W_2
觇法	反	直	反
δ	$-2°23'15''$	$+3°04'23''$	$-3°00'46''$
D/m	624.42	748.35	748.35
$D\tan\delta$	-26.03	$+40.18$	-39.39
i/m	$+1.51$	$+1.60$	$+1.48$
v/m	-2.26	-2.20	-1.73
f/m	$+0.03$	$+0.04$	$+0.04$
h/m	-26.75	$+39.62$	-39.60
起算点高程 H_A/m	258.26	245.42	245.42
所求点高程 H_B/m	285.01	285.04	285.02
H_B 中数/m	285.02		

独立交会高程通常用于测定图根点的高程,但所求点不能作为起算点再发展。独立交会高程多在交会法测定图根点平面位置的同时,测定所需方向的垂直角,然后经过计算即可确定未知点的高程。在已知点分布较均匀的情况下,这种测定高程的方法是比较方便的。

思考题与习题

1. 简述三、四等水准测量的方法。
2. 试述三角高程测量中"两差"的含义及其对高差的影响。

3. 独立交会高程点和多角高程导线敷设的方法有何不同？各适用于什么情况？

4. 由已知点 A、B 观测未知点 P 组成独立高程交会图形，观测结果如表 8-7 所列。求 P 点的高程。

表 8-7　观测数据及已知数据明细

测站点	P	P	B	已知数据
照准点	A	B	P	
距离/m	2051.60	1882.80	1882.80	$H_A=54.51\text{m}$ $H_B=102.30\text{m}$
垂直角	$-0°19'48''$	$+1°05'58''$	$-0°54'49''$	
仪器高/m	1.28	1.28	1.44	
觇标高/m	4.82	4.84	4.24	

5. 在已知点松庄和南坪之间敷设一条光电测距三角高程导线，未知点为李庄和土丘。观测数据和已知数据见表 8-8 所列。试完成该三角高程导线计算。

表 8-8　观测数据及已知数据明细

测站点	松庄	李庄	李庄	土丘	土丘	南坪	已知点高程
照准点	李庄	松庄	土丘	李庄	南坪	土丘	
垂直角	$-2°28'54''$	$+2°32'09''$	$+4°07'12''$	$-3°52'24''$	$-1°17'42''$	$+1°21'54''$	$H_{松庄}=430.74\text{m}$ $H_{南坪}=422.27\text{m}$
距离/m	585.08		466.12		713.50		
仪器高/m	1.34	1.30	1.35	1.32	1.32	1.28	
觇标高/m	2.00	1.30	1.34	3.45	1.50	2.20	

第九章
地形图的基本知识

第一节 地形图和比例尺

一、地形图概述

地形图是表示地球表面局部形态的平面位置和高程的图纸。地球表面的形态非常复杂，既有高山、深谷，又有房屋、森林等，但这些复杂形态总体上可以分为两大类：即地物和地貌。地物是指地球表面各种自然形成的和人工修建的固定物体，如房屋、道路、桥涵、河流、植被等；地貌是指地球表面的高低起伏形态，如高山、丘陵、深谷、平原、洼地等。所谓地形就是地物和地貌的总称。将地物和地貌的平面位置和高程按一定的数学法则、用统一规定的符号和注记表示在图上就是地形图。地形图的基本内容主要包括：数学要素（即图的数学基础，如坐标网、投影关系、图的比例尺和控制点等）；自然地理要素（即表示地球表面自然形态所包含的要素，如地貌、水系、植被和土壤等）；社会经济要素（即地面上人类在生产活动中改造自然界所形成的要素，如居民地、道路网、通讯设备、工农业设施、经济文化和行政标志等）；注记和整饰要素（即图上的各种注记和说明，如图名、图号、测图日期、测图单位、所用坐标和高程系统等）。

地形图通常采用正射投影。由于地形测图范围一般不大，故可将参考椭球体近似看成圆球，当测区范围更小（小于 $100km^2$）时，还可把曲面近似看成过测区中心的水平面。当测区面积较大时，必须将地面各点投影到参考椭圆体面上，然后，用特殊的投影方法展绘到图纸上。

为了便于测绘、使用和保管地形图，需将地形图按一定的规则进行分幅和编号。大比例尺地形图一般采用按经纬线划分的梯形分幅法，或按坐标格网线划分的正方形分幅法。大面积的 1：2000、1：5000 比例尺基本图，应采用梯形图幅。但测绘的面积较小或为狭长地带时，也可采用正方形图幅。而对于 1：1000 或更大比例尺测图，则均采用正方形分幅。

一幅地形图的图名是用图幅内的最著名的地名、企事业单位或突出的地物、地貌的名称来命名的，图号按统一的分幅编号法则进行编号。图名和图号均注写在北外图廓的中央上方，图号注写在图名下方。

为了反映本幅图与相邻图幅之间的邻接关系，在外图廓的左上方绘有九个小格的邻接图表。中间画有斜线的一格代表本幅图，四周八格分别注明了相邻图幅的图名，利用接图表可迅速地进行地形图的拼接。

图廓是地形图的边界，分为内图廓和外图廓。内图廓线是由经纬线或坐标格网线组成的图幅边界线，在内图廓外侧距内图廓 1cm 处，再画一平行框线叫外图廓。在内图廓外四角处注有以公里为单位的坐标值，外图廓左下方注明测图方法、坐标系统、高程系统、基本等高距、测图年月、地形图图式版别。

图 9-1 为一幅 1∶2000 比例尺地形图的其中部分内容。

图 9-1　地形图

《地形图图式》是测绘、出版地形图的基本依据之一，是识读和使用地形图的重要工具，其内容概括了各类地物、地貌在地形图上表示的符号和方法。测绘地形图时应以《地形图图式》为依据来描绘地物、地貌。

地形图（特别是大比例尺地形图）是解决经济、国防建设的各类工程设计和施工问题时所必需的重要资料。地形图上表示的地物、地貌应内容齐全，位置准确，符号运用统一规范。图面清晰、明了，便于识读与应用。

二、比例尺及其分类

将地球表面上的地物和地貌测绘到图纸上，不可能按其真实的大小来表示，通常要按一定的比例缩小。图上距离 d 与实地相应水平距离 D 之称为地形图比例尺。为了使比值概念明确，通常用分子为一的分数形式表示，用 M 表示比例尺分母。则该图的比例尺可表示为：

$$比例尺 = \frac{图上距离\ d}{实地水平距离\ D} = 1/M$$

式中三个元素，知道任意两个元素就可以求的第三个元素。

按照表示方式不同，比例尺一般可分为数字比例尺和图示比例尺两类。

（一）数字比例尺

用以分子为1的分数形式表示的比例尺称为数字比例尺。地形图常用的数字比例尺有：1∶500、1∶1000、1∶2000、1∶5000、1∶10000、1∶25000等的形式。比例尺大小是以其比值的大小来比较的，分母值愈大，比例尺愈小；分母愈小，则比例尺愈大。根据测图目的不同，地形图的比例尺也各不相同。1∶500、1∶1000、1∶2000、1∶5000比例尺地形图称为大比例尺地形图；1∶10000、1∶25000比例尺地形图称为中比例尺地形图；1∶50000和小于1∶50000比例尺地形图称为小比例尺地形图。地形图比例尺按地形图图式规定，书写在图廓下方正中。如图9-1所示地形图的比例尺为1∶2000。在测量工作中，我们常用的比例尺主要是大比例尺和中比例尺。在地形图的南图廓正下方一般都注写有数字比例尺，它的特点是直观、准确。当确定了比例尺就可以进行图上长度和相应的实地水平距离的换算。

例如，在比例尺为1∶2000的地形图上，量得两点间距离 d 为2.58cm，则地面上相应的水平距离 D 为：

$$D = Md = 2000 \times 2.58\text{cm} = 5160\text{cm} = 51.6\text{m}$$

反之，若实地水平距离 $D = 216$m，则在1∶5000的图上的距离 d 就为：

$$d = D/M = 216\text{m}/5000 = 0.0432\text{m} = 4.32\text{cm}$$

由此看出，比例尺分母 M 实际上是图上距离与相应实地水平距离换算时，所需缩小或放大的倍数。

（二）图示比例尺

应用数字比例尺来进行图上长度与相应的实地水平长度相互换算很不方便，也容易出错，易受图纸干湿情况不同的伸缩、变形的影响。采用图示比例尺也就是在图纸上直接绘制比例尺，用图时以图上绘制的比例尺为准，则可以基本消除图纸伸缩产生的误差。图示比例尺有两种表示方法：直线比例尺和复式比例尺（也称斜线比例尺）。

1. 直线比例尺

直线比例尺是按照规定的数字比例尺来绘制的，其方法如下。

在图纸上先绘制一直线，从直线一端开始将直线截取为若干相等的线段，称为比例尺的基本单位，一般为1cm或2cm，将最左边的一段又分为十或二十个等份，并以其右端点为零点，按所绘制比例尺的大小计算零点到左边各基本单位分点和右边各1/10（或1/20）基本单位分点所代表的实地平距，并注记在各相应的分点处。如图9-2所示。应用时，用两脚规的两脚尖对准图上需要量距的两点，然后把两脚规移至直线比例尺上，使一脚对准零点右边一个适当的基本分划线，另一脚尖落在零点左边的1/10（或1/20）基本单位分点上，分别读出两脚尖对应的读数值，将两脚尖读数相加，就可直接读出距离来。由于小于1/10（或1/20）基本单位分划线的读数是估读的，实际距离存在着估读误差。也就是直线比例尺仅可以精确读到1/10基本单位长度。

图9-2 直线比例尺

2. 复式比例尺

直线比例尺在使用时只能直接读取 1/10 基本单位，小于 1/10 基本单位的只能估读，因此存在估读误差，为此可以采用另一种图示比例尺（即复式比例尺也称为斜线比例尺）以减少估读误差。

如图 9-3 为 1∶10000 的复式比例尺，其制作方法是在直线 AE 上以 2cm 为基本单位截取若干段，在截点上作适当而等长的垂线 AC、BD、…、EF，并在直线 AE 和 CF 之间用平行横线分成 10 等份；再将最左边的基本单位 AB 和 CD 上也分成 10 等份，然后上下错开 1/10 基本单位用斜线联起来，即成复式比例尺。最左边基本单位的一小格（GD）为基本单位 CD 的 1/10。这样任意两相邻横线之间的差数均为 $GD/10$，即 $CD/100$。直线比例尺只能直接读到基本单位的 1/10，而复式比例尺可以直接读到基本单位的 1/100。

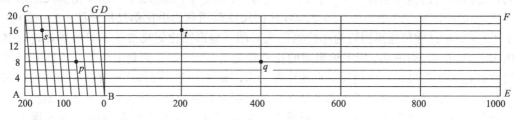

图 9-3　复式比例尺

使用时用两脚规截取地形图上某两点的图上长度，然后在复式比例尺上比对。例如：pq 两点等于 2.34 个基本单位，st 等于 1.78 个基本单位，在 1∶10000 比例尺地形图的实地距离就分别为：468m 和 356m。

三、比例尺的精度

人的眼睛由于视觉的限制，正常人的眼睛能分辨出图上两点的最小距离为 0.1mm，小于 0.1mm 肉眼就无法分辨。因此，实地平距按比例缩小绘到图上时不能小于 0.1mm。在测量工作中，把相当于某种比例尺图上 0.1mm 所对应的实地水平距离称为该比例尺的精度。

若以 δ 表示比例尺精度，则按定义 $\delta = 0.1 \times M (\text{mm})$，$M$ 为比例尺分母，就可很容易算得各种比例尺的精度。表 9-1 为几种常用比例尺的精度。

表 9-1　常用比例尺的精度

比例尺	1∶500	1∶1000	1∶2000	1∶5000	1∶10000
比例尺精度/m	0.05	0.1	0.2	0.5	1.0

根据比例尺精度，可以使我们了解在测绘地形图时，在图上表示地物或地貌究竟准确到什么程度才有实际意义。多大尺寸的物体可以在图上按相似形表示？多大尺寸的物体只能用点或线表示？这些问题都与比例尺精度有关。例如，当测图比例尺分别为 1∶1000、1∶2000 和 1∶5000 时，测量实地长度相应的应准确到 0.1m、0.2m 和 0.5m 以内，否则就会影响测图精度。当地面物体尺寸分别有大于 0.1m、0.2m 和 0.5m 的变化时，都能按其形状如实地表示在图上。而实地轮廓尺寸小于 0.1m、0.2m 和 0.5m 时，只能用点来表示，此时这些尺寸小于比例尺精度的重要地物在地形图上可采用规定的符号表示。

反之，也可以按照测量平距所规定的精度来确定采用多大的比例尺。例如要使地面上尺寸大于 0.5m 的一切物体都能在图上按其实地形状表示出来，可选比例尺精度等于 0.5m，经计算得 $M = 0.5\text{m}/0.1\text{mm} = 5000$，即此时测图比例尺应不小于 1∶5000。

第二节 地形图的分幅与编号

为了不重复、不遗漏地测绘各地区的地形图，便于科学管理、使用大量各种比例尺地形图，需要将各种比例尺的地形图按统一的规定进行分幅与编号。

所谓分幅与编号，就是以经纬线（或坐标网线）按照规定的大小和分法，将地面划分成整齐的、大小一致的，一系列梯形（或正方形或矩形）的图块，每一块叫做一个图幅，并给以统一的编号。根据地形图比例尺的不同，有矩形和梯形两种分幅与编号的方法。大比例尺地形图一般采用矩形分幅；中小比例尺地形图采用梯形分幅。对于大面积的 1∶5000 比例尺地形图，有时也采用梯形分幅。

一、梯形分幅和编号

梯形分幅是从首子午线和赤道开始，按照一定经差和纬差的经纬线来划分图幅，并将各图幅按一定规律统一编号。这样就可使各图幅在地球上的位置与其编号一一对应。知道某地的经纬度就可求得该地区所在图幅的编号，从而迅速查找到所需地区的地形图。反之，根据编号，就可确定该图幅在地球上的位置。梯形图幅因其形状近似梯形而得名。

（一）1∶100 万地形图的分幅与编号

1∶100 万地形图的分幅与编号是国际统一的。故称国际分幅编号。它是 1∶50 万、1∶25 万和 1∶10 万地形图分幅与编号的基础。

如图 9-4 所示，国际分幅编号规定由经度 180°起，自西向东，逆时针按经差 6°将全球分成 60 个纵行，每行依次用阿拉伯数字 1～60 编号；由赤道起，向北、向南分别按纬差 4°将

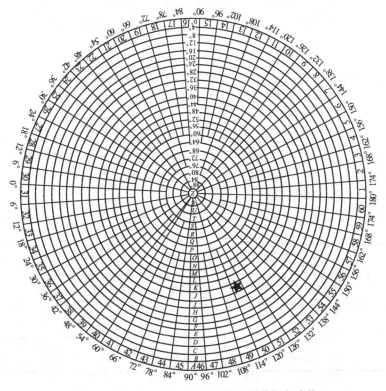

图 9-4 国际 1∶100 万地形图的国际分幅与编号

全球分成22个横列，每列由低纬度向高纬度依次用拉丁字母 A、B、C、…、V 表示。这样，每幅1:100万地形图就是由经差6°和纬差4°的经纬线所划分的梯形图幅。每幅图的编号是以该图幅所在的横列字母与纵行号数所组成，并在前面加上 N 或 S，以区分是北半球还是南半球。我国位于北半球，图号前的 N 一般省略不写。例如，首都北京位于 J 列（纬度从36°～40°），第50行（经度从东经114°～120°），所在的1:100万地形图的编号为J-50；重庆市所在的1:100万地形图的图幅编号为H-48。

图9-5是我国领域的1:100万地形图的分幅与编号。

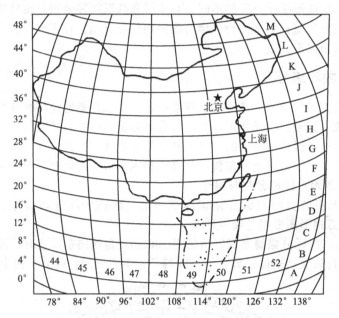

图9-5　我国领域的1:100万地形图的分幅与编号

（二）1:50万、1:25万、1:10万地形图的分幅与编号

1:50万、1:25万、1:10万地形图的分幅与编号，都是以1:100万地形图的分幅和编号为基础的。

将一幅1:100万的地形图按经差3°、纬差2°划分为4幅1:50万的地形图，自北向南，自西向东分别以字母 A、B、C、D 表示。其编号的方法为：将字母加在所在1:100万地形图编号的后面，便是1:50万地形图的编号。如图9-6中，画有斜线的1:50万地形图图幅的编号为 J-50-D。

将一幅1:100万的地形图按经差1°30′、纬差1°划分为16幅1:25万的地形图，自北

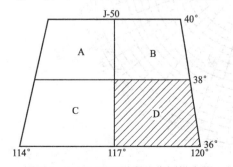

图9-6　1:50万地形图的分幅与编号

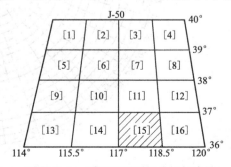

图9-7　1:25万地形图的分幅与编号

向南，自西向东分别以带有方框号的阿拉伯数字［1］、［2］、［3］、…、［16］表示。其编号的方法为：将带有方框号的阿拉伯数字加在所在1∶100万地形图编号的后面，便是1∶25万地形图的编号。如图9-7中，画有斜线的1∶25万地形图图幅的编号为J-50-［15］。

同理将一幅1∶100万的地形图按经差30′、纬差20′划分为144幅1∶10万的地形图，并分别以阿拉伯数字1、2、3、…、144表示。其编号的方法为：将阿拉伯数字加在所在1∶100万地形图编号的后面，便是1∶10万地形图的编号。如图9-8中，画有斜线的1∶10万地形图图幅的编号为J-50-5。

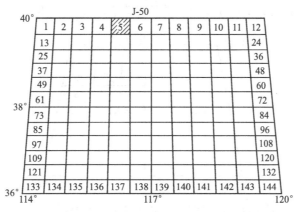

图9-8　1∶10万地形图的分幅与编号

（三）1∶5万、1∶2.5万、1∶1万地形图的分幅与编号

这三种比例尺地形图的分幅与编号是在1∶10万地形图的分幅和编号的基础上进行的。

将一幅1∶10万的地形图按经差15′、纬差10′的大小，划分为四幅1∶5万地形图，其编号是在1∶10万地形图的编号后，加上自身代号A、B、C、D。如图9-9中影线部分，为北京所在的1∶5万地形图，其编号为J-50-5-B。

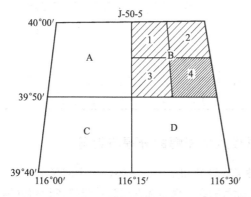

图9-9　1∶5万、1∶2.5万地形图的分幅与编号

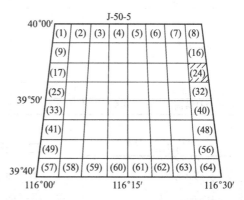

图9-10　1∶1万地形图的分幅与编号

再将每幅1∶5万地形图又分为四幅1∶2.5万地形图，经差为7.5′，纬差为5′。其编号是在1∶5万地形图编号后面，加上自身代号1、2、3、4，如图9-9中影线较密的图幅，为北京所在的1∶2.5地形图，编号为J-50-5-B-4。

若将每幅1∶10万地形图，分为八行八列共64幅1∶1万的地形图，分别以（1）、（2）、（3）、…、（64）表示，其纬差是2′30″，经差是3′45″。1∶1万地形图的编号是在1∶10万地形图幅号后，加上自身代号所组成，如图9-10所示的影线部分，为北京所在的1∶1万地形图的图号 J-50-5-(24)。

(四) 1∶5000、1∶2000 比例尺地形图的分幅与编号

1∶5000 地形图的分幅与编号是在 1∶1 万地形图的基础上进行的。将每幅 1∶1 万地形图分成四幅 1∶5000 地形图，自北向南，自西向东分别用 a、b、c、d 表示，其纬差是 1′15″，经差是 1′52.5″。1∶5000 地形图的编号，是在所在的 1∶1 万地形图的编号后，加上自身的代号。如图 9-11 中，北京某点所在的 1∶5000 地形图（划单斜线的图幅）的编号为 J-50-5-(24)-b。每幅 1∶5000 图再划分成 9 幅 1∶2000 图幅，其编号分别用 1、2、…、9 表示。图 9-11 中画有双斜线的 1∶2000 图幅的编号为 J-50-5-(24)-b-9。

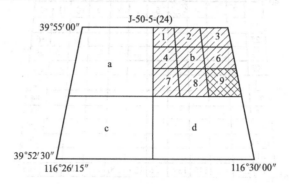

图 9-11 1∶5000、1∶2000 地形图的分幅与编号

表 9-2 列出了上述各种比例尺地形图的图幅大小、图幅间的数量关系和以北京某点为例的所在图幅的编号。

表 9-2 小比例尺地形图编号、图幅换算关系

比例尺		1∶100万	1∶10万	1∶5万	1∶2.5万	1∶1万	1∶5千
图幅大小	纬差	4°	20′	10′	5′	2′30″	1′15″
	经差	6°	30′	15′	7.5′	3′45″	1′52.5″
图幅数量关系		1	144 1	576 4 1	2304 16 4 1	9216 64 16 4 1	36864 256 64 16 4
代号字母或数字			1、2、3、…、144	A、B、C、D	1、2、3、4	(1)、(2)、…、(64)	a、b、c、d
图幅编号举例		J-50	J-50-5	J-50-5-B	J-50-5-B-4	J-50-5-(24)	J-50-5-(24)-b

二、正方形或矩形图幅的分幅与编号

为了满足各种工程设计和施工的需要，大比例尺地形图通常采用平面直角坐标系的纵、横坐标网线为界线整齐行列分幅，图幅的大小通常为 50cm×50cm，40cm×50cm，40cm×40cm，每幅图中以 10cm×10cm 为基本方格。一般规定：对 1∶5000 的地形图，采用 40cm×40cm 图幅；对 1∶2000、1∶1000 和 1∶500 的地形图，采用 50cm×50cm 图幅；以上分幅称为正方形分幅。也可以采用 40cm×50cm 图幅，称为矩形分幅。

如图 9-12 所示，一幅 1∶5000 的地形图可分为四幅 1∶2000 的地形图；一幅 1∶2000 的地形图可分为四幅 1∶1000 的地形

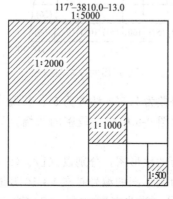

图 9-12 正方形分幅与编号

图；一幅1∶1000的地形图可分为四幅1∶500的地形图。正方形图幅的规格见表9-3。

表9-3 各种大比例尺图幅大小、面积

测图比例尺	图幅大小/cm²	实地面积/km²	一幅1∶5000地形图中所包含的图幅数	图廓西南角坐标/m
1∶5000	40×40	4	1	1000的整倍数
1∶2000	50×50	1	4	1000的整倍数
1∶1000	50×50	0.25	16	500的整倍数
1∶500	50×50	0.0625	64	50的整倍数

正方形图幅编号方法常见的有两种。

(一) 坐标编号法

(1) 当测区已与国家控制网联测时，图幅的编号由下列两项组成。

① 图幅所在投影带的中央子午线经度。

② 图幅西南角的纵、横坐标值（以公里为单位），纵坐标在前，横坐标在后。

如图9-12所示1∶5000地形图图幅编号为"117°—3810.0—13.0"，即表示该图幅所在投影带的中央子午线经度为117°，图幅西南角坐标 $x=3810.0$ km，$y=13.0$ km。

(2) 当测区尚未与国家控制网联测时，正方形图幅的编号只由图幅西南角的坐标组成　如图9-13所示为1∶1000比例尺的地形图，按图幅西南角坐标编号法分幅，其中画阴影线的两幅图的编号分别为3.0-1.5，2.5-2.5。这种方法的编号和测区的坐标值联系在一起，便于按坐标查找。

(二) 数字顺序编号法和行列编号法

对于小面积测区，可从左到右，从上到下按数字顺序进行编号。图9-14中虚线表示××规划区范围，数字表示图号。

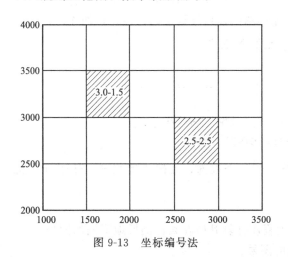

图9-13 坐标编号法

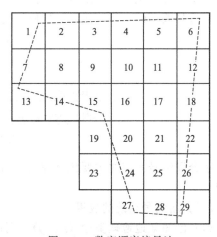

图9-14 数字顺序编号法

行列编号法是从上到下给横列编号，用 A、B、C…表示；从左到右给纵行编号，用1、2、3…表示。先列号后行号组成图幅编号。例如 A-1、A-2、…、B-1、B-2 等。

三、国家基本比例尺地形图新的分幅和编号

新的地形图分幅标准是指1991年国家测绘局制订并颁布实施的"国家基本比例尺地形

图分幅和编号国家标准"。

（一）地形图的分幅

各种比例尺地形图均以 1∶100 万地形图为基础图，沿用原分幅各种比例尺地形图的经纬差，全部由 1∶100 万地形图按相应比例尺地形图的经纬差逐次加密划分图幅，以横为行，纵为列。见表 9-4。

表 9-4　比例尺经纬差

比例尺		1∶100 万	1∶50 万	1∶25 万	1∶10 万	1∶5 万	1∶2.5 万	1∶1 万	1∶5000
图幅范围	经差	6°	3°	1°30′	30′	15′	7′30″	3′45″	1′52.5″
	纬差	4°	2°	1°	20″	10′	5′	2′30″	1′15″
行列数量关系	行数	1	2	4	12	24	48	96	192
	列数	1	2	4	12	24	48	96	192
图幅数量关系		1	4	16	144	576	2304	9216	36864

（二）地形图的编号

① 1∶100 万地形图新的编号方法，除行号与列号改为连写外，没有任何变化，如北京所在的 1∶100 万地形图的图号由 J-50 改写为 J50。

② 1∶50 万至 1∶5000 地形图的编号，均以 1∶100 万地形图编号为基础，采用行列式编号法，将 1∶100 万地形图按所含各种比例尺地形图的经纬差划分成相应的行和列，横行自上而下，纵列从左到右，按顺序均用阿拉伯数字编号，皆用 3 位数字表示，凡不足 3 位数的，则在其前补 0。

各大中比例尺地形图的图号均由五个元素 10 位码构成，如图 9-15 所示。从左向右，第一元素 1 位码，为 1∶100 万图幅行号字符码；第二元素 2 位码，为 1∶100 万图幅列号数字码；第三元素 1 位码，为编号地形图相应比例尺的字符代码；第四元素 3 位码，为编号地形图图幅行号数字码；第五元素 3 位码，为编号地形图图幅列号数字码；各元素均连写。

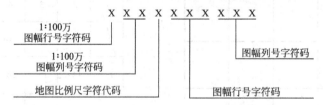

图 9-15　大中比例尺地形图图号构成

新分幅编号系统的主要优点是编码系列统一于一个根部，编码长度相同，便于计算机处理。

（三）新编号系统的应用

（1）已知某地地理坐标 (x, y)，则按下列程序计算其所在某比例尺地形图的图号。

① 按下列公式求出基础图 1∶100 万图幅的图号：

$$h = [y/\Delta y] + 1$$
$$l = [x/\Delta x] + 1$$

其中 y 表示纬度，Δy 表示百万分之一地图的纬差；x 表示经度，Δx 表示百万分之一地图的经差。[ ] 为商取整符号，如 9.3 则取 9。h 表示行号，l 表示列号。

我国疆域位于东半球，故纵列号大于 30，上式改写为：

$$h = [y/\Delta y] + 1$$
$$l = [x/\Delta x] + 31$$

② 按下式计算所求图号的地形图在基础图幅内位于的行号和列号：
$$h' = \Delta y/\Delta y' - [(y/\Delta y)/\Delta y']$$
$$l' = [(x/\Delta x)/\Delta x'] + 1$$

其中 Δy、Δx 表示百万分之一地形图的纬差、经差；$\Delta y'$、$\Delta x'$ 表示所求图号的地形图图幅的纬差与经差，h' 表示行号、l' 表示列号。

备注：其中 [ ] 为商取整符号，( ) 表示求余数，如 $(39°22'30''/4°) = 3°22'30''$

③ 计算的结果引入欲求图号那地形图的比例尺代码，按图号构成规律，写出所求的图号。

如北京某地的地理坐标为 $(114°33'45'', 39°22'30'')$，则该地所在 1∶10 万地形图的图号为：J50D002002。

(2) 由已知的图号，按下列公式计算该图幅的左上角点的经纬度
$$y = h \times \Delta y - (h'-1) \times \Delta y'$$
$$x = (l-31) \times \Delta x + (l'-1) \times \Delta x'$$

其中 y、x 表示左上角点的纬度与经度，h、l 分别为已知图号地形图的基础图百万分之一图幅所在的行号与列号；Δy、Δx 表示百万分之一地形图的纬差与经差，$\Delta y'$、$\Delta x'$ 表示已知比例尺地形图图幅的纬差与经差；h'、l' 表示地形图幅在基础图 1∶100 万图幅内位于的行号与列号。

四、地形图图名、图号、图廓及接合图表

(一) 地形图图名

每幅地形图都应标注图名，通常以图幅内最著名的地名、厂矿企业或村庄的名称作为图名。图名一般标注在地形图北图廓外上方中央。如图 9-16 所示，图名为"施家洼村"。

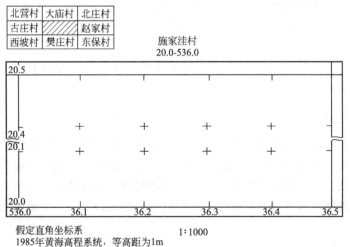

图 9-16 1∶1000 地形图示意图

(二) 图号

为了区别各幅地形图所在的位置，每幅地形图上都编有图号。图号就是该图幅相应

分幅方法的编号，标注在北图廓上方的中央、图名的下方，如图 9-16 所示。图号为 20.0-536.0。

（三）图廓和接合图表

1. 图廓

图廓是地形图的边界线，有内、外图廓线之分。内图廓就是坐标格网线，也是图幅的边界线，用 0.1mm 细线绘出。在内图廓线内侧，每隔 10cm，绘出 5mm 的短线，表示坐标格网线的位置。外图廓线为图幅的最外围边线，用 0.5mm 粗线绘出。内、外图廓线相距 12mm，在内外图廓线之间注记坐标格网线坐标值，如图 9-16 所示。

2. 接合图表

为了说明本幅图与相邻图幅之间的关系，便于索取相邻图幅，在图幅左上角列出相邻图幅图名，斜线部分表示本图位置，如图 9-16 所示。

第三节　地物、地貌在图上的表示符号

地面上的地物和地貌，如建筑物、水系、植被和地表高低伏的形态等，在地形图上是通过不同的点、线和各种图形表示的，而这些点、线和图形被称为地形符号。地形符号分为地物符号、地貌符号两大类。它不仅要表示出地面物体的位置、类别、形状和大小，而且还要反映出各物体的数量及其相互关系，从而在图上可以精确地判定方位、距离、面积和高低等数据，使地形图具有一定的精确性和可靠性，以满足各种用图者的不同需要。

地形符号是表示地形图内容的主要形式。它有对各种物体和现象的概括能力，有对数量和特征的表达能力，能反映出测绘地区的地理分布规律和特征，是传输地形图信息的语言工具。地形符号的大小和形状，均视测图比例尺的大小不同而异。各种比例尺地形图的符号、图廓、图上和图边注记字体的位置与排列等，都有一定的格式，总称为地形图图式，简称图式。为了统一全国所采用的图式以及用图的方便，《地形图图式》概括并制定了各类地物、地貌在地形图上表示的符号和方法，科学地反映其形态特征。测制各种比例尺的地形图，都应严格执行相应的图式。测图人员应认真熟悉图式。表 9-5 中列出了 1987 年国家标准 1∶500、1∶1000、1∶2000 地形图图式中的部分地形图符号（符号上所注尺寸，均以 mm 为单位）。

一、地物符号

地物是指分布在地表的各种自然形成或人工修建的固定物体。如各种建筑物、测量控制点、各种独立地物、管线和垣栅、境界、道路、河流、湖泊、土壤和植被等等。地形图上表示这些地物的形状、大小和位置的符号，叫做地物符号。根据地物的形状，大小和测图比例尺的不同，表示地物的符号总的可分为：比例符号、非比例符号、半依比例符号、注记符号等类别。

（一）比例符号

凡能将地物的外部轮廓依测图比例尺测绘到图上时，则可得到该地物外部轮廓的相似图形。这类相似图形就属于比例符号。这类符号不仅能反映出地物的位置、类别，而且能反映出地物的形状和大小。如表 9-5 中的一般房屋、简单房屋和廊房（第 6、7、10 号符号）等。

表 9-5　地形图符号示例

编号	符号名称	1:500　1:1000　1:2000	编号	符号名称	1:500　1:1000　1:2000
1	三角点 凤凰山—点名 396.486—高程	$\dfrac{凤凰山}{394.468}$　3.0	19	纪念碑	1.5　1.5／1.0　3.0
2	小三角点 横山—点名 95.93—高程	3.0　$\dfrac{横山}{95.93}$	20	碑、柱、墩	3.0／2.0
3	导线点 116—等级点号 84.46—高程	2.0　$\dfrac{I16}{84.46}$	21	旗杆	1.5／1.0／1.0
4	图根点 a. 埋石的 N16—等级点号 84.46—高程 b. 不埋石的 25—点号 62.74—高程	a　1.5　$\dfrac{N16}{84.46}$ 2.5 b　1.5　$\dfrac{25}{62.74}$	22	宣传橱窗 广告牌	1.0　2.0
5	水准点 II京石5—等 级点号 32.804—高程	2.0　$\dfrac{II京石5}{32.804}$	23	亭	3.0 1.5／3.0 1.5
6	一般房屋 砖—建筑材料 3—房屋层数	砖3　　2	24	岗亭、岗楼、岗墩	90°　3.0 1.5
7	简单房屋		25	庙宇	2.5 1.2
8	窑洞 地面上的 a. 住人的 b. 不住人的 地面下的	a　2.5 2.0 b	26	独立坟	2.0 2.5
9	a. 依比例尺的 b. 不依比例尺的	a b	27	坟地 a. 坟群 b. 散坟 5—坟个数	a　5　b　2.0 2.0
10	廊房	砖3　1.0　1.0	28	水塔	1.0／3.5 1.0
11	台阶	0.5　0.5	29	挡土墙 a. 斜面的 b. 垂直的	a　0.3 5.0 b　0.3 5.0
12	钻孔	3.0　1.0	30	公路	0.15　沥　砾 0.3
13	燃料库	2.0　煤气	31	简易公路	0.15　碎石 0.15
14	加油站	2.0　3.5 1.0	32	小路	4.0　1.0 0.3
15	气象站	3.0 3.5 1.0	33	高压线	4.0
16	烟囱	3.5	34	低压线	4.0
17	变电室(所) a. 依比例尺的 b. 不依比例尺的	2.5／60° 0.5 1.0　3.5 1.5	35	电杆	1.0
			36	电线架	
			37	消火栓	1.5 2.0　3.5
18	路灯	2.0 1.5　4.0 1.0	38	阀门	1.5　3.0
			39	水龙头	2.0　3.5

续表

编号	符号名称	1:500 1:1000	1:2000	编号	符号名称	1:500 1:1000	1:2000
40	砖石及混凝土围墙	10.0	0.3 10.0	53	滑坡		
41	土围墙	10.0 0.5	0.5				
42	栅栏、栏杆	10.0 1.0		54	陡崖 土质的 石质的	a	b
43	篱笆	10.0 1.0					
44	活树篱笆	5.0 0.5 1.0		55	冲沟 3.5—深度注记		3.5
45	沟渠 a. 一般的 b. 有堤岸的 c. 有沟堑的	a b c					
				56	散树	1.5	
				57	独立树 a. 阔叶树 b. 针叶树 c. 果树	a 1.5 3.0 0.7 b 3.0 0.7 c 3.0	
46	土堤 a. 堤 b. 埂	a 1.5 3.0 1.5 b		58	行树	10.0 0.7 1.0	
47	等高线及其注记 a. 首曲线 b. 计曲线 c. 间曲线	a 0.15 b 25 0.3 1.0 6.0 c 0.15		59	花圃	1.5 1.5 10.0	
				60	草地	1.5 0.8 10.0 10.0	
48	示坡线	0.8		61	经济作物地	0.8 3.0 蔗 10.0 10.0	
49	高程点及其注记	0.5 ···· 163.2	75.4	62	水生经济作物地	0.5 3.0	
50	斜坡 a. 未加固的 b. 加固的	a b 3.0		63	水稻田	0.2 2.0 10.0 10.0	
51	陡坎 未加固的 加固的	a 1.5 b 3.0		64	旱地	2.0 10.0 10.0	
52	梯田坎	56.4 1.2		65	菜地	2.0 2.0 10.0 10.0	

（二）非比例符号

有些地物的轮廓很小，若按照测图比例尺缩小后在图上仅为一个点，而这些地物又很重要，不能舍去时，则可按统一规定了形状和大小的符号，将其表示在图上。这类符号称为非比例符号。如表9-5中的测量控制点（第1、2、3、4、5号）、钻孔（第12号）、路灯（第18号）和旗杆（第21号）等。非比例符号只表示地物几何定位中心或中心线的位置，表明地物类别，而不能反映地物实际的形状和大小。

运用非比例符号时，要注意符号的定位中心与地物的定位中心一致，这样才能在图上准确地反映地物的位置。为此，《地形图图式》中规定了各类非比例符号定位中心的位置。

① 几何图形符号，如圆形、矩形、三角形等，在其几何图形的中点。
② 宽底符号，如水塔、烟囱、蒙古包等，在底线中点上。
③ 底部为直角三角形的符号，如风车、路标等，在直角的顶点。
④ 几种几何图形组成的符号，如气象站、电信发射塔等，在其下方图形的中心点或交叉点上。
⑤ 下方没有底线的符号，如山洞、纪念亭等，在其下方两端点间的中点上。

（三）半依比例符号

对于一些线状延伸的狭长地物，如管线、围墙、通讯线路、垣栅等，其长度可依测图比例尺缩小后表示，而宽度不能缩绘，只能按统一规定符号的粗细描绘，这类地物符号称为半依比例符号，也称为线状符号。半依比例符号的中心线应为线状地物的中心线位置。半依比例符号能表示地物几何中心的位置、类别和长度，不反映地物的实际宽度。

（四）地物注记符号

地物注记就是用文字、数字或特定的符号对地形图上的地物作补充和说明，如图上注明的地名、控制点名称、高程、房屋层数、河流名称、深度、流向等。

二、地貌符号

地貌是指地表的高低起伏形态。在大比例尺地形图中，通常用等高线、特殊地貌符号和高程注记点相互配合起来表示地貌。用等高线表示地貌不仅能表示地貌的起伏形态，还能准确表示出地面的坡度和高程，同时还能显示一定的立体感。

（一）地貌要素

地表上高低起伏，形态千变万化，非常复杂，将一些典型的形态称之为地貌要素。在图9-17中，突出地面的独立高地，叫做山。山的最高部分叫做山顶（或山头）。沿一个走向延伸的高地叫做山岭。山岭的最高部分，叫做山脊。山岭的侧面叫做山坡。山坡与平地相接部分具有明显的基部叫做山脚。山岭上相邻两山头之间、山脊降低而形成马鞍形的部分叫做鞍部。鞍部两侧往往发育着两个向相反方向伸展的谷地。

低于四周地面的封闭洼地，大范围的叫做盆地。向一个方向倾斜下降延伸的凹地叫做谷地。谷地按其性质与大小可分为山谷（两山脊之间的凹地）、峡谷（山区内深而窄的谷地）、冲沟（雨水冲刷形成线形伸展的槽形凹地）、雨裂等。谷地的最高点，叫做谷源，最低而宽阔部分，叫做谷口。

山脊上最高点（相对于两侧山坡而言）的连线是雨水向两侧山坡分流的界线，叫做分水线或山脊线。山谷中相对于两侧山坡的最低点连线，则是两侧雨水汇合流动的谷线，叫做合水线或山谷线。分水线、合水线合称为地性线，它对地面的起伏形态具有控制意义，是起伏形态的骨架。地性线上重要的点，如山顶、谷底、鞍部、山脊和山谷转弯等处的点，它们的

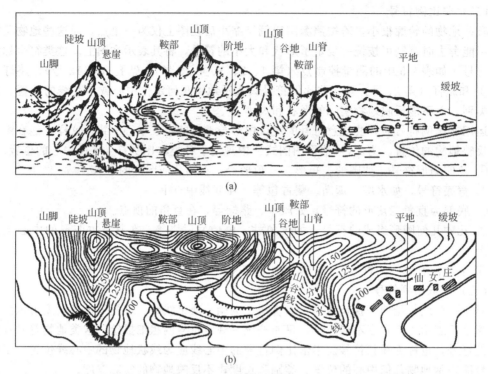

图 9-17 地貌要素

高程、高差和平面位置的精确性，都是正确显示地貌所必需的。

自然界的地貌形态都是由上述典型地貌互相掺杂，组合而成。按照地面总的起伏情况（高程、高差、地面平均坡度），工程测量规范通常将各种地区划分成以下几类地形类别。

① 平坦地——地面倾斜角在 3°以下地区。
② 丘陵地——地面倾斜角在 3°～10°的地区。
③ 山地——地面倾斜角在 10°～25°的地区。
④ 高山地——地面倾斜角在 25°以上的地区。

（二）等高线的概念

等高线是地面上高程相等的相邻点按照实际地形连成的闭合曲线。如图 9-18 所示，设有一山地被一系列等间距的水平面 P_1、P_2 和 P_3 所截，则各水平面与山地的相应截线，即等高线。很明显，这些等高线的形状是由相截处山地表面形状来决定的。也就是说，等高线就是水平面与地面相截的交线。由数学可知，一平面与封闭曲面相交，其交线必为封闭曲线，所以每一条等高线都必为一闭合曲线。

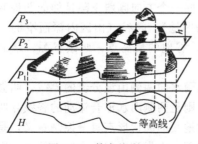

图 9-18 等高线原理

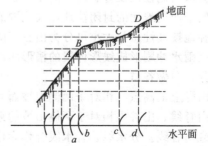

图 9-19 等高线平距与坡度陡缓关系

在图 9-18 中，设水平面 P_1 的高程为 50m，则它与地面的截线上任一点的高程都是 50m。如果将水平面按一定高度间隔升降，例如每次升降 5m 时，则所得不同高度的等高线就是实地上高程分别为 55m、60m 的等高线。将各水平面上的等高线沿垂直方向投影到一个水平面 H 上，并按规定的比例尺缩小绘制到图纸上，就得到用等高线表示的该高地的地形图。

(三) 等高距和等高线平距

地形图上相邻等高线的高差，称为等高距，用 h 表示。在同一幅地形图内，等高距是相同的。地形图上等高线的疏密与所用等高距的大小有关。若所用等高距过小，则图上等高线将多而密集，所表示的地貌形态尽管比较细致。但野外测图工作量也相应加大。同时将因等高线过密而影响图面清晰，不利于地形图的使用。反之，若所用等高距过大，则图上等高距将少而稀疏，所表示的地貌形态粗放、简略，从而满足不了用图要求。因此，实际工作中选择适当的测图等高距，是十分重要的。

等高距的大小，通常根据测图比例尺大小、测区的地形类别及测图目的等因素来选定。各类测量规范中对等高距的选择都有统一规定，实际作业时，可按规范结合实际地形和比例尺选定。其中，工程测量规范规定的大比例尺地形图基本等高距如表 9-6 中所列。等高线即是从高程起算面开始，按照所选定的测图等高距的整倍数所绘制的。

表 9-6　大比例尺地形图的基本等高距　　　　　　　　　　单位：m

地形类别	比 例 尺			
	1∶500	1∶1000	1∶2000	1∶5000
平坦地	0.5	0.5	1	2
丘陵地	0.5	1	2	5
山地	1	1	2	5
高山地	1	2	2	5

相邻等高线间的水平距离，称为等高线平距，常以 d 表示。因为同一幅地形图中等高距是相同的，所以等高线平距 d 的大小是由地面坡度陡缓决定的。如图 9-19 所示，地面上 CD 段的坡度大于 BC 段，其等高线平距 cd 小于 bc；相反，地面上 CD 的坡度小于 AB 段坡度，其等高线平距 cd 大于 ab。由此可见，地面坡度越陡，等高线平距越小；相反，坡度越缓，等高线平距越大；若地面坡度均匀，则等高线平距相等。

(四) 等高线的种类

表 9-6 中所列的等高距叫做基本等高距。地形测图时，由于地面坡度的变化，有时按基本等高距测绘的等高线还不能将某些局部起伏形态充分显示出来。这时可根据实际情况增测半距等高线或辅助等高线以充分显示局部地貌。所以等高线有以下几种。

(1) 首曲线　在同一幅地形图上，按规定的基本等高距描绘的等高线，称为首曲线，亦称基本等高线。如图 9-20 所示基本等高距为 2m，则高程为 98m、100m、102m、104m 和 106m 等的等高线为首曲线。

(2) 计曲线　为了增加等高线的清晰度并便于计算高程，自高程为零的等高线起，每隔四根首曲线加粗描绘一根（高程为 5 倍基本等高距），该等高线叫做计曲线或加粗等高线。如图 9-20 中 100m 等高线。

(3) 间曲线　当首曲线不足以显示局部地貌特征时，按二分之一基本等高距描绘的等高

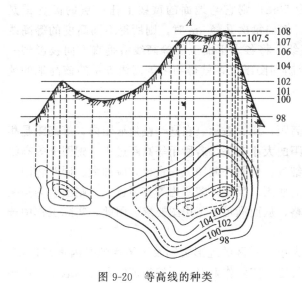

图 9-20 等高线的种类

线，称为间曲线，亦称半距等高线，间曲线常以长虚线表示，描绘时可不闭合，如图 9-20 中的 101m 和 107m 等高线。

（4）助曲线　当间曲线仍不足以显示局部地貌特征时，按四分之一基本等高距描绘的等高线，称为助曲线，又称辅助等高线，辅助等高线一般用短虚线表示，描绘时也可不闭合，如图 9-20 中的 107.5m 等高线。

（五）等高线的特性

（1）同一条等高线上的各点高程都相等。但高程相等的点，则不一定在同一条等高线上。如鞍部两边的等高线（如图 9-21）。

（2）每一条等高线都是一条闭合曲线。如不能在本图幅内闭合，则必然穿越若干图幅闭合，也就是说等高线不能在图幅内中断。所以凡不能在本幅图内自行闭合的等高线，都必须画至图廓线为止。但为了表示局部地貌起伏形态的加绘等高线或等高线与其他符号相交时规定不描绘等高线等情况，不属于等高线中断。

（3）除悬崖、峭壁外，两条等高线不能随意相交或合并为一条。同一条等高线不能随意分为两条。

（4）山脊和山谷的等高线与山脊线和山谷线成正交，即在通过点上，等高线应与地性线正交。如图 9-22、图 9-23 所示。

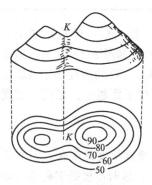

图 9-21　鞍部等高线

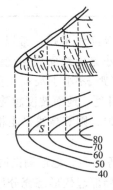

图 9-22　山脊等高线

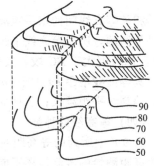

图 9-23　山谷等高线

（5）同类地形图上，等高线愈密则表示地面坡度愈陡。反之，等高线愈稀则表示地面坡度愈平缓。若等高线间隔相等，则为等倾斜地面。

等高线过河谷时不会径直横穿，而是先沿河谷一岸转向上游并逐渐靠近谷底，直至与谷底同高处，再垂直地穿过谷底而转向下游。

为了更清晰明白识别等高线，一般还要对等高线进行注记。等高线注记用来标注等高线高程，一般注记在计曲线上。但在等高线稀疏处，也可注记在首曲线上。等高线的高程注记应沿着等高线斜坡方向注出，字位应选在斜坡的凸棱上，数字的中心线应与等高线方向一致，字头朝向山顶，并中断等高线。应避免字头倒立，遮盖主要地貌形态或重要地物。

思考题与习题

1. 地形图上所表示的内容有哪几类？
2. 什么是比例尺精度？它在测绘工作中有何作用？
3. 地物符号有几种？各有何特点？
4. 何谓地貌？一般可将地貌归纳为哪些基本形态？地形图上如何表示地貌？
5. 何谓等高线？在同一幅图上，等高距、等高线平距与地面坡度三者之间的关系如何？
6. 何谓山脊线？山谷线？鞍部？试用等高线绘之。
7. 等高线有哪些特性？
8. 地形图注记有哪些基本要求？注记的规则有哪些？

第十章
地形图测绘

第一节 测图前的准备工作

地形图测绘是一项作业环节多、技术要求高、参与人员多、组织管理较复杂的测量工作。为顺利、有序、高效地开展测量工作，在地形图测绘实施之前，必须做好充分的准备。

一、技术资料的准备与抄录

测图前应收集有关测区的自然地理和交通情况资料，了解对所测地形图的专业要求，抄录测区内各级平面和高程控制点的成果资料；对抄取的各种成果资料应仔细核对，确认无误。

二、图纸准备

过去是将高质量的绘图纸裱糊在胶合板或铝板上，以备测图之用。目前，我国各测绘系统已普遍采用聚酯薄膜来代替绘图纸。聚酯薄膜比绘图纸具有伸缩性小、耐湿、耐磨、耐酸、透明度高、抗张力强和便于保存的优点。地形测图宜选用厚度为 0.07~0.10mm，经过热定型处理、变形率小于 0.2‰的聚酯薄膜作为原图纸。

聚酯薄膜经打磨加工后，可增加对铅粉和墨汁的附着力，如图面污染，还可以用清水或淡肥皂水洗涤。清绘上墨后的地形图可以直接晒图或制版印刷。其缺点是高温下易变形、怕折，故在使用和保管中应予注意。

聚酯薄膜固定在平板上的方法，一般可用透明胶带将薄膜四周直接粘贴在图板上，薄膜应保持平展，与图板严密贴合，避免出现鼓胀、皱折或扭曲。为便于看清薄膜上的铅笔线条，最好在薄膜下垫一张浅色薄纸。

三、绘制坐标格网

为了准确地把图根控制点展绘在图纸上，首先要精确绘制坐标方格网。坐标方格网是由两组互相正交且间隔均为 10cm 的纵、横平行直线所构成的方格网，方格网的纵、横直线作为纵、横坐标线，并于其两端注记上与图幅位置相应的坐标值，就叫坐标网。

（一）对角线法

如图 10-1 所示，沿图纸的四个角，用一支约 1m 长的金属直线尺绘出两条对角线交于 O 点，从 O 点沿对角

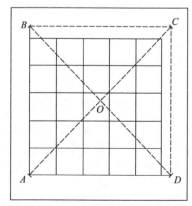

图 10-1 对角线法绘制坐标格网

线上量取 OA、OB、OC、OD 四段相等的长度，得出 A、B、C、D 四点，并作连线，即得矩形 ABCD。从 A、B 两点起沿 AD 和 BC 向右每隔 10cm 截取一点；再从 A、D 两点起沿 AB、DC 向上每隔 10cm 截取一点。而后连接相应的各点，即得到由 10cm×10cm 的正方形组成的坐标格网。

（二）坐标格网尺法

坐标格网尺是一支金属的直尺，如图 10-2 所示。尺上有六个方孔，每隔 10cm 为一孔，方孔左侧均为一斜面。左端第一孔的斜面上刻有一条细指标线，斜面边缘为直线，细指标线与斜面边缘的交点是长度的起算点。其他各孔的斜面边缘是以起算点为圆心，分别以 10cm、20cm、…、50cm 为半径的圆弧线。尺右顶端亦为一斜面，其边缘也是以起算点为圆心，以 50cm×50cm 正方形的对角线长度（70.711cm）为半径的圆弧线。

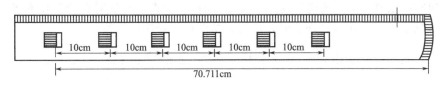

图 10-2 坐标格网尺

用坐标格网尺绘制坐标格网的方法如下。

① 将尺子放在图纸的下边缘，如图 10-3(a)。沿直尺边画一直线作为图廓边。并在直线左端适当位置取一点 O，将尺子放置在所画直线上，使起算点和 O 点重合，并使直线通过各个方孔。用铅笔沿各方孔的斜边画弧线与直线相交，尺子右端第 5 条弧线与直线相交点即为 P 点。

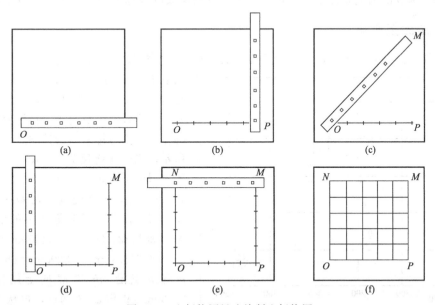

图 10-3 坐标格网尺法绘制坐标格网

② 将尺子竖放在图 10-3(b) 的位置，并大致垂直于 OP 直线。将尺子起算点精确对准 P 点，用铅笔沿各孔的斜边画 5 条弧线。

③ 然后把尺子放到图 10-3(c) 的对角线位置，尺子起算点精确对准 O 点，沿尺子末端斜边上画弧线，与尺子在图 10-3(b) 处所画的最后一条弧线相交得到 M 点，连接 PM 即得

图框右边线。

④ 再以同法可得图框左边线 ON。然后将尺放在图 10-3(e) 的位置，检验 MN 的长度应等于 50cm，并沿尺上各孔的斜边分别画出 10cm，20cm，30cm，40cm 的弧线，再画出直线 MN。

⑤ 最后连接图上相对各点，就得到 50cm×50cm 的坐标格网，如图 10-3(f)。

（三）绘图仪法

在计算机中用 AutoCAD 软件编辑好坐标格网图形，然后把该图形通过绘图仪绘制在图纸上。

（四）格网的检查和注记

在绘好坐标格网以后，应进行检查。将直尺边沿方格的对角线方向放置，对角线上各方格的角点应在一条直线上，偏离不应大于 0.2mm；再检查方格的对角线长度和各方格的边长，其限差见表 10-1，超过容许值时，应将方格网进行修改或重绘。

表 10-1 绘制方格网和展绘控制点的精度要求

项 目	限差/mm	
	用直角坐标展点仪	用格网尺等
方格网实际长度与名义长度之差	0.15	0.2
图廓对角线长度与理论长度之差	0.20	0.3
控制点间的图上长度与坐标反算长度之差	0.20	0.3

坐标格网线的两端要注记坐标值，每幅图的格网线的坐标值是按照图的分幅来确定的。

四、展绘控制点

平板仪测图是先将图幅内所有解析点按其平面直角坐标展绘在图纸上，再在这些点的地面点上设置测站进行碎部测量。在展绘控制点时，首先要确定控制点所在的方格，然后计算该点与该方格西南角点的坐标差，根据坐标差展绘控制点。如图 10-4 所示，测图比例尺为 1:1000。控制点 A 的坐标为：$x_A = 3811324.30$m，$y_A = 43266.15$m，则其位置应在 $klmn$ 方格内，A 点与所在方格西南角点 m 的坐标差为：$\Delta x = 3811324.30\text{m} - 3811300\text{m} = 24.30\text{m}$，$\Delta y = 43266.15\text{m} - 43200\text{m} = 66.15\text{m}$，从 m 和 n 点沿 mk 和 nl 向上用比例尺量 24.30m，得出 a、b 两点，再从 k 和 m 点沿 kl 和 mn 向右量 66.15m，得出 c、d 两点，连接 ab 和 cd，其交点即为控制点 A 在图上的位置。用同样方法将其他各控制点展绘在图纸上。最后用比例尺在图纸上量取相邻控制点之间的距离与坐标反算距离相比较，作为展绘控制点的检核，其最大为误差不得超过表 10-1 之规定。否则控制点应重新展绘。

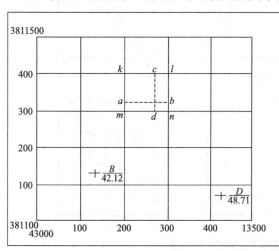

图 10-4 控制点展绘

当控制点展绘在图上后，还应注上点名和高程。

五、方法、仪器工具的准备

地形图测绘方法有好几种，如航测法、大平板测图法、小平板与经纬仪联合测图法、经纬仪与半圆仪联合测图法。不同比例尺地形图采用不同的方法测绘。在测绘工作展开之前，必须根据地形测量技术要求确定测量方法，同时根据测量计划中拟定的人员组织与分工，制定测量仪器使用计划。仪器使用计划应确定投入使用的仪器品种、数量及时间。然后组织人员对用于测图的所有仪器工具（经纬仪、平板仪、全站仪、水准仪等），进行仔细的检查和必要的校正，各项指标符合规范的要求。

最后根据实际情况进行人员分组，拟定好测图顺序，全体测图人员必须服从统一安排，测图工作按计划进行。

第二节　地形图的测绘方法

地形测图又称碎部测量。它的主要内容就是在各类控制点（包括图根点）上安置仪器，测定其周围地物、地貌特征点的平面位置和高程，并在图纸上根据这些特征点（碎部点）描绘地物、地貌的形状，或注记符号，从而测绘出地形图。

凡能确定地物、地貌的形态和位置的点，叫做地形特征点。如房屋轮廓的转折点，河流、池塘、湖泊边线的转弯点，道路的交叉点和转弯点，管线、境界线的起终点、交叉点和转折点，草地、菜地、森林等植被边界线的转折点等等。凡能确定这些地物形状和位置的点，又叫做地物特征点。

地貌就其局部形态来说，可看成由一些不同倾斜方向、不同走向的平面所构成。相邻两倾斜面的交线就是地性线。地性线上位于转弯、分合等变化处的点，是确定地性线，也就是确定起伏形态的重要点，所以又叫地貌特征点。如山丘的顶点、鞍部的最低点、斜坡方向或倾斜的变换点，山脊、山谷、山脚的转弯点和交叉点等都是地貌特征点。

施测碎部点可采用极坐标法、支距法或方向交会法，在街坊内部设站困难时，也可用几何作图等综合方法进行。其中极坐标法是测定碎部点平面位置的主要方法。

一、碎部点的选择

地形测图中，立尺点起着控制地物形状和地貌形态的作用。若立尺点选择不当，则依之所描绘形态就会被歪曲。所以，若要准确、逼真地表示地物的图形轮廓和地貌形态，正确地选择立尺点位便是重要的前提条件。

一般来说，地物特征点容易辨认，但地貌特征点不像地物特征点明显，恰当选择立尺点位比较困难。例如，往往从远处看来很清楚的特征点，当走近时，就会变得模糊而难于辨认。立尺员必须从远处就注意认定地貌特征点的所在位置及周围特征。立尺员应依斜坡由下向上在地性线上所有的坡度变换点、方向变换点上，在谷地、冲沟的起源处和出口处，在斜坡、堆积、崩陷的边界上，在土堤、堤坝的棱线和底线上，以及山顶、鞍部、山脚等点上立尺。选择立尺点应力求兼有地物和地貌特征点作用的点，使一点多用而省时省工。

立尺点的多少，原则上是少而精。应以最少的碎部点，能全面、准确、真实地确定出地物、等高线的位置。碎部点太多，不仅测图效率不高，同时还因点太密而影响描绘，尤其容易造成只注意描绘细致地貌而忽略了尽可能完满地表示出地形的总貌；而碎部点过稀，则不能保证测图质量。

对于地物测绘来说，碎部点的数量取决于地物的数量及其形状的繁简程度。对于地貌测绘来说，碎部点的数量，取决于地貌的复杂程度、等高距的大小及测图比例尺等因素。一般在地面坡度平缓处，碎部点可酌量减少，而在地面坡度变化较大，转折较多时，就应适量增多立尺点。一般要求即使在整齐平缓的山坡上，图上每隔2～3cm应有一点。

表示地貌，除了用等高线和特殊地貌符号外，还要求有一定数量的高程注记点。通常选择明显突出的特征点作为高程注记点，如路口、道路交叉点、山顶、鞍部中点等等。高程注记点在图幅内应分布均匀。在丘陵地区高程注记点间距应符合表10-2的规定。在地形破碎地区应适当增加。基本等高距为0.5m时，高程注记至厘米，基本等高距大于0.5m时，高程注记至分米。

表 10-2 高程注记点的间距

比例尺	1∶500	1∶1000	1∶2000
高程注记点间距/m	15	30	50

二、一个测站上的测绘工作

各种比例尺地形图测绘可选用大平板仪测绘法、经纬仪（或测距仪、水准仪）配合小平板测绘法、经纬仪或光电测距仪测绘（测记）法、全站仪数字化成图法等。本书主要介绍经纬仪测图和平板仪测图。

（一）经纬仪测绘法

1. 仪器设置及测站检查

如图10-5所示，在测站点 A 上安置经纬仪，仪器的对中误差应不大于图上0.05mm，量取仪器高 i。另外，在测站旁安放测图板。在施测前，观测员将望远镜瞄准另一已知点 B 作为起始方向，拨动水平度盘使读数为 $0°00'00''$，然后松开照准部照准另一已知点 C，观测 $\angle BAC$ 角与已知角作比较，其差值不应超过 $2'$。每站测图过程中和结束后，应注意经常检查定向点方向。当采用经纬仪测绘时，归零差应不大于 $4'$；采用平板仪测绘时，偏差应不大于图上0.3mm。

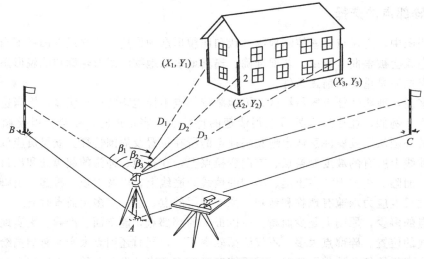

图 10-5 经纬仪测绘法

此外,还应对测站 A 的高程进行检查,方法是选定一个邻近的已知高程点,用视距法反觇出 A 站高程与图上所注高程值作比较,其差值不应大于 1/5 基本等高距。作好上述准备后,即可开始施测碎部点位置。

2. 观测

观测员松开经纬仪照准部,使望远镜照准立尺员竖立在碎部点上的标尺,读取尺间隔和中丝读数,然后,读出水平度盘读数和竖盘读数。

观测员一般每观测 20~30 个碎部点后,应检查起始方向有无变动,归零差不应大于 4′。对碎部点观测只需一个镜位。视距直读至分米,仪器高、中丝读数读至厘米,水平角读至分。

3. 记录与计算

记录员认真听取并回报观测员所读观测数据,且记入碎部测量手簿(对初学者而言)(表 10-3)后,按视距法用程序计算器计算出测站至碎部点的水平距离及碎部点高程。

表 10-3 碎部测量记录表

测站点:A		后视点:B		仪器高 $i=1.52$m		测站高程 $H_A=410.126$m		2008 年 5 月 8 日	
点号	视距 S /m	中丝读数 v /m	水平角 β /(°′)	竖盘读数 L /(°′)	垂直角 δ /(°′)	水平距离 D /m	高差 h /m	高程 H /m	备注
1									
2									
3									
4									

4. 展绘碎部点

(1) 用测绘专用量角器展绘碎部点

如图 10-6 所示。量角器的圆周边缘上刻有角度分划,最小分划值一般为 20′ 或 30′,直

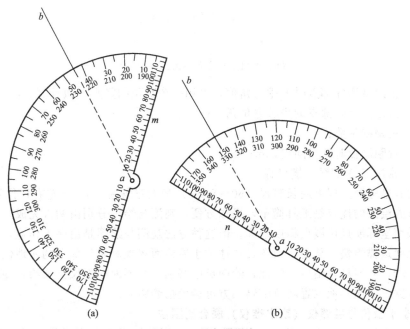

图 10-6 量角器展点

径上还刻有长度分划，刻至毫米，故测绘专用量角器既可量角又可量距。

如图10-6，设有两图根点 A、B 的图上位置 a、b，作 ab 连线为起始方向线，为了保持图面清晰，起始方向线一般只画出量角器半径边缘附近一段。展绘碎部点时，绘图人员将量角器的圆心小孔，用细针穿过并准确插入图板上的图根点 a。若测得点 A 至碎部点 M 的水平距离为62.5m，水平角值为 $44°20'$（测图比例尺为 1：1000），转动量角器，使起始方向线 ab 对准 $44°20'$（小于 $180°$ 时用外圈黑色数字注记），此时，量角器圆心至 $0°$ 一端的连线，即为测站至碎部点的方向线，在此方向线上沿分划边缘注记 62.5mm（图上长度）的分划处，用细铅笔尖标出一点，则该点即为碎部点 M 在图上的平面位置 m，见图10-6(a)。并在该碎部点旁标注出高程，因有大量碎部点高程需标注，为保持图纸的清晰，一般只注记高程的10米、1米和0.1米位数字，且所标注高程数字尽可能小而清晰。若在图根点 A 上又测得另一点 N 的水平距离为55m，水平角值为 $330°20'$。转动量角器，使起始方向线 ab 对准 $330°20'$（大于 $180°$ 时用红色内圈数字注记），在量角器直径 $180°$ 一端分划边缘注记 55mm 的分划处用细铅笔尖标出一点 n，即为碎部点 N 的图上位置，见图10-6(b)。

使用量角器时，要注意估读量角器的角度分划。若量角器最小分划值为 $20'$，一般能估读到 1/4 分划即 $5'$ 的精度。另外，量角器圆心小孔，由于用久，往往会逐渐变大，使展点误差加大，为此要采取适当措施进行修理或更换量角器。

（2）用坐标展点器展绘碎部点

用测绘专用量角器展绘碎部点，因量角器存在刻划偏心差、角度估读误差等，所以展点误差较大。为提高展点精度，可使用坐标展点器展点。用坐标展点器展绘碎部点时，为了便于一般计算器计算，当经纬仪在图根点 A 上瞄准已知点 B 时，经纬仪水平度盘配置的读数不是 $00°00'00''$，而是点 A 至 B 的坐标方位角 α_{AB}。这样，当经纬仪瞄准各碎部点时，水平度盘读数就是图根点至碎部点的坐标方位角。若用具有存储程序的电子计算器进行计算时，此展点法的测绘方法与通常的经纬仪测绘法一样。计算碎部点 M 的平面坐标与高程的公式为：

$$x_M = x_A + Kl\cos^2\delta\cos\alpha_{AM} \tag{10-1}$$

$$y_M = y_A + Kl\cos^2\delta\sin\alpha_{AM} \tag{10-2}$$

$$H_M = H_A + \frac{1}{2}Kl\sin2\delta + i - v \tag{10-3}$$

式中 δ——视距观测碎部点时的垂直角值，可用一个盘位的竖盘读数计算，$(°\ '\ '')$；

α_{AM}——测站点至碎部点的坐标方位角，$(°\ '\ '')$；

K——视距乘常数；

l——视距测量时的尺间隔，m；

x_A，y_A——测站点 A 的纵、横坐标。

如果没有坐标展点仪可用长直尺（60～80cm）和大三角板（45cm 左右）代替。

经纬仪测绘法的优点是工具简单，操作方便，观测与绘图分别由两人完成，故测绘速度较快，若采用坐标展点仪展点精度较高。但这种方法观测与绘图是由两人作业，由于观测速度一般总比展点描绘快，从而使绘图员往往忙于展绘而忽视对照碎部点的实地位置。这将给描绘带来困难，并容易连错点。因此，绘图员应特别注意要面向立尺员展绘，随时观察立尺点的实地位置，对照实地位置随测随绘，方可避免描绘错误。

（二）小平板仪与经纬仪（或水准仪）联合测图法

将小平板安置在测站上，对中、整平、定向。用觇板照准器直尺切于图上所在的测站点，照准碎部点，则在图上得测站点至碎部点的方向线；其水平距离，则是由安置在测站旁的经纬仪或水准仪测定。这种方法称小平板与经纬仪（水准仪）联合测图法。

如图 10-7 所示，先在距测站点 A 附近约 1～2m 的 A' 点上安置经纬仪，于 A 点上竖立标尺，当经纬仪望远镜处于水平状态时，用中丝在标尺上截取读数 i，得经纬仪水平视线的高程为 H_A+i。再将小平板安置在测站 A 上，对中、整平，利用已知的 AM 方向将图板定向。将觇板照准器直尺边贴靠测站点 A 的图上位置 a，照准经纬仪中心或其所挂的垂球线，得图上的 aa' 方向线。量出 AA' 距离，在图上按测图比例尺截取 aa' 距离，得经纬仪中心点在图上位置 a'，至此，便可开始施测碎部点。欲测碎部点 P 时，应在 P 点立尺，用视距法从经纬仪上测定 $A'P$ 水平距离和 P 点高程，同时在小平板上用觇板照准器直尺边贴靠 a 点，照准 P 点标尺，得 ap 方向线。再以 a' 点为圆心，用 $A'P$ 按比例尺缩小的距离 $a'p$ 为半径交 ap 方向线，得图上 p 点，注记高程（测定地物碎部点时有时不需注记高程）。如此依次完成测站周围所有碎部点的测绘工作后，该测站周围的地物、地貌即可绘出。

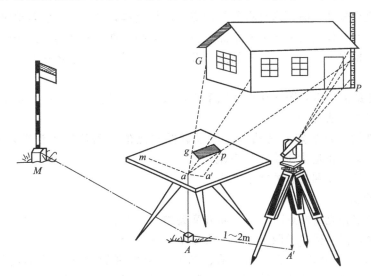

图 10-7　小平板仪与经纬仪（或水准仪）联合测图法

上述施测方法的主要优点是观测员与绘图员工作量接近，测绘速度也较快；其缺点是用觇板照准器照准碎部点时，其视线倾角不能太大。所以这种方法一般只适用于丘陵或平坦地区测图，而不用于高山地区。

在平坦地区，又可以用水准仪代替经纬仪来测图。由于水准仪给出的是水平视线，故可直读水平距离。碎部点高程，可用视线高程法求得。即由水准仪先照准测站点 A 上的标尺，读取中丝读数 i，则水准仪水平视线高程为：

$$H_i=H_A+i \tag{10-4}$$

测定碎部点高程时，只要读取标尺上中丝读数 b，则碎部点高程为：

$$H=H_i-b \tag{10-5}$$

（三）大平板仪测图法

大平板仪测图步骤如下。

① 在测站上将大平板仪对中、整平，利用已知的直线定向，量取照准仪横轴至地面测站的垂直距离，作为仪器高。进行必要的测站检核。

② 将图板上的照准仪平行尺边贴靠在图上的测站点上，照准碎部点上的标尺，直读视

距、中丝读数和垂直角，利用视距公式求出测站点至碎部点的水平距离和碎部点的高程。

③ 按测图比例尺，用分规在三棱比例尺上截取所求的水平距离，沿照准仪平行尺边将碎部点刺于图板上，并在点位旁注记高程。

④ 重复上述②、③步骤，将测站点周围碎部点测完为止。

⑤ 根据所测碎部点，按规定的地形图图式，描绘出地物、地貌。在测绘过程中，应随时注意与实际的地物、地貌对照检查，发现错误立即改正。

大平板仪测图法观测与描绘由一人承担，所以对图上碎部点在实地相应位置印象较深，便于正确描绘地物、地貌。大平板仪测图所需作业人员少，描绘碎部点方向的精度也较高，是大比例尺（尤其是1：500）白图纸测图的主要方法。但测绘工作量绝大部分集中在一个人身上，影响成图速度。

三、测站点的增补

地形测图应充分利用图幅内已有的控制点和图根点作为测站点，但若地物、地貌比较复杂，通视受到限制，仅利用上述的测站点，不能将某些地物、地貌测绘出来时，还需要在上述点的基础上，根据具体情况增补测站点。补充测站点同样应尽量选在通视良好、便于施测碎部的地方。

补充测站点的方法有：图解交会或图解支点法。平板仪视距法、平板仪交会法、经纬仪视距法、全站仪支点法等。

现行地形测量规范规定，测站点对于最近图根点的平面位置中误差，不得大于图上0.3mm，高程中误差不应大于1/6等高距。

下面介绍三种增设测站点的常用方法。

1. 图解交会法

用图解交会法补测测站点时，前、侧方交会均不得少于三个方向，1：2000比例尺测图可采用后方交会，但不得少于四个方向。交会角应在30°～150°之间。

所有交会方向应精确交于一点。前、侧方交会出现的示误三角形内切圆直径小于0.4mm时，可按与交会边长成比例的原则配赋，刺出点位；后方交会利用三个方向精确交出点位后，第四个方向检查误差不得超过0.3mm。

2. 平板仪视距法

由图根点上可支出图解支点，支点边长不宜超过用于图板定向的边长并应往返测定，视距往返较差不应大于1/200。图解支点最大边长及测量方法应符合表10-4的规定。

表10-4 平板仪视距支点的要求

比 例 尺	最大边长/m	测量方法
1：500	50	实量或测距
1：1000	100	实量或测距
	70	视距
1：2000	160	实量或测距
	120	视距

图解交会点的高程，可用三角高程方法测定。由三个单觇推算的高程较差，在平地，不应超过1/5等高距；在丘陵地、山地，不应超过1/3等高距。

一般可根据解析点引测一个支点作为补充测站，在困难地区，可引测两个点作为补充测站。

平板仪视距支点的施测方法如图 10-8 所示，a、b 为已知解析点 A、B 的图上位置，1、2 为两个须增设的支点（补充测站点）。为此，在 A 点将平板仪对中、整平，并依 ab 定向。用照准仪直尺边贴靠 a 点，照准 1 点之标尺，沿直尺边画一方向线 $a1$（为了有利于以后在 1 点进行平板定向，应将 $a1$ 延长至图边），用视距法测定 A、1 两点间的水平距离和高差。依测得的水平距离按测图比例尺，在图上 $a1$ 方向线上轻轻标出 1 点位置。将平板仪搬至 1 点，用图上 1 点对中、整平，依 $1a$ 延长线定向，按上述方法返测 A、1 两点间的水平距离和高差。若往返测两次测得的水平距离和高差不超过上述规定，取平均值作为最后结果，并正式刺出 1 点位置，注出高程。如果必要，还须再支一点时，可用照准仪瞄准 2 点上标尺，绘出 12 方向线，同法测定出 2 点的图上位置并注明高程。

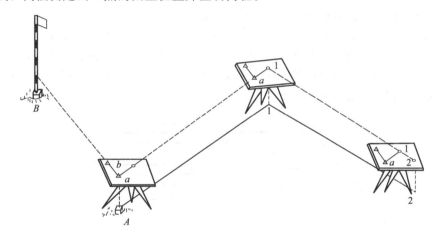

图 10-8　平板仪视距支点

3. 经纬仪视距支点

经纬仪视距支点与平板仪视距支点的方法基本相同。它是在用经纬仪测绘法测图时用来确定补充测站点。用经纬仪视距支点时，须测水平角，然后用量角器或展点器展绘测站点。其技术要求与平板仪视距支点的要求相同。

四、注意事项

① 观测人员在读取竖盘读数时，要注意检查竖盘指标水准管气泡是否居中；每观测 20～30 个碎部点后，应重新瞄准起始方向检查其变化情况。经纬仪测绘法起始方向度盘读数偏差不得超过 $4'$，小平板仪测绘时起始方向偏差在图上不得大于 0.3mm。

② 立尺人员应将标尺竖直，并随时观察立尺点周围情况，弄清碎部点之间的关系，地形复杂时还需绘出草图，以协助绘图人员做好绘图工作。

③ 绘图人员要注意图面正确整洁，注记清晰，并做到随测点，随展绘，随检查。

④ 当每站工作结束后，应进行检查，在确认地物、地貌无测错或漏测时，方可迁站。

⑤ 为了检查测图质量，仪器搬到下一测站时，应先观测前站所测的某些明显碎部点，以检查由两个测站测得该点平面位置和高程是否相同，如相差较大，则应查明原因，纠正错误，再继续进行测绘。若测区面积较大，可分成若干图幅，分别测绘，最后拼接成全区地形图。为了相邻图幅的拼接，每幅图应测出图廓外 5mm。

五、地物的测绘

(一) 居民地和垣栅的测绘规定

① 居民地是重要的地形要素，主要有不同类型的建筑物组成。就其形式可分为街区式（城市和集镇）和散列式（农村自然村）及窑洞、蒙古包等。测绘居民地时，应正确表示其结构形式，反映出外部轮廓特征，区分出内部的主要街道、较大的场地和其他重要的地物。独立房屋应逐个测绘。各类建筑物、构筑物及主要附属设施应准确测绘。

② 房屋的轮廓应以墙基外角为准，并按建筑材料和性质分类，注记层数。1∶500 与 1∶1000 比例尺测图，房屋应逐个表示，临时性房屋可舍去；1∶2000 比例尺测图可适当综合取舍，图上宽度小于 0.5mm 的小巷可不表示。

城市、工矿区中的房屋排列较为整齐，呈整列式。而乡村房屋则以不规则的排列较多，呈散列式。测绘时可根据其排列的形式采用如下的方法。

如图10-9(a) 所示，在测站 A 安置仪器，标尺立在房角1、2、3，测定出1、2、3点的图上位置，再根据皮尺量出的凸凹部分的尺寸，用三角板推平行线的作图方法，就可在图上绘出房屋的位置和形状。测绘房屋至少应测绘三个屋角，由于一般房角呈直角，利用这个关系，可以保证房屋测绘的准确性。

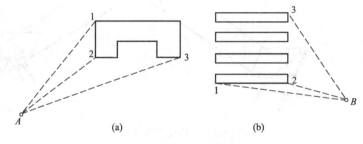

图 10-9　整列式建筑物的测绘

对于排列整齐的房屋，如图10-9(b) 所示，由于房屋比较规则，所以只要测定其外围轮廓，并配合量取房屋之间的距离，就可以绘出内部其他的整排房屋。如每幢房屋地基高程不相同，则应测出每幢房屋至少一个屋角点高程。

③ 建筑物和围墙轮廓凸凹在图上小于 0.4mm，简单房屋小于 0.6mm 时，可用直线连接。

④ 1∶500 比例尺测图，房屋内部天井宜区分表示；1∶1000 比例尺测图，图上 6mm² 以下的天井可不表示。

⑤ 测绘垣栅时，可沿其范围测定所有转折点的实际位置并以相应符号表示。表示应类别清楚，取舍得当，临时性的垣栅不表示。城墙按城基轮廓依比例尺表示，城楼、城门、豁口均应实测，围墙、栅栏、栏杆等可根据其永久性、规整性、重要性等综合考虑取舍。

(二) 工矿建 (构) 筑物及其他设施的测绘规定

① 工矿建 (构) 筑物及其他设施的测绘，图上应准确表示其位置、形状和性质特征。

② 工矿建 (构) 筑物及其他设施依比例尺表示的，应实测其外部轮廓，并配置符号或按图式规定用依比例尺符号表示；不依比例尺表示的，应准确测定其定位点或定位线，用非比例尺符号表示。

(三) 交通及附属设施的测绘

交通的陆地道路分为铁路、公路、大车路、乡村路、小路等类别,包括道路的附属建筑物如车站、桥涵、路堑、路堤、里程碑等。道路应按其中心线的交叉点和转弯点测定其位置,以相应的比例或非比例符号表示。海运和航运的标志,均须测绘在图上。测绘应符合下列规定。

① 交通及附属设施的测绘,图上应准确反映陆地道路的类别和等级,附属设施的结构和关系;正确处理道路的相交关系及与其他要素的关系;正确表示水运和海运的航行标志,河流的通航情况及各级道路的通过关系。

② 铁路轨顶(曲线段取内轨顶)、公路路中、道路交叉处、桥面应测注高程,隧道、涵洞应测注底面高程。

③ 公路及其他双线道路在图上均应按实宽依比例尺表示。公路应在图上每隔15~20cm注出公路技术等级代码,国道应注出国道线编号。公路、街道按其铺面材料分为水泥沥青、砾石、条石或石板、硬砖、碎石和土路等,应分别以砼、沥、砾、石、砖、碴、土等注记于图中路面上,铺面材料改变处应用点线分开。

④ 铁路与公路或其他道路平面相交时,铁路符号不中断,而另一道路符号中断;城市道路为立体交叉或高架道路时,应测绘桥位、匝道与绿地等,多层交叉重叠,下层被上层遮住的部分不绘,桥墩或立柱视用图需要表示,垂直的挡土墙可绘实线而不绘挡土墙符号。

⑤ 路堤、路堑应按实地宽度绘出边界,并应在其坡顶、坡脚适当测注高程。

⑥ 道路通过居民地不宜中断,应按真实位置绘出。高速公路应绘出两侧围建的栅栏(或墙)和出入口,注明公路名称,中央隔离带视用图需要表示。市区街道应将行车道、过街天桥、过街地道的出入口、隔离带、环岛、街心花园、人行道与绿化带等绘出。

⑦ 跨河或谷地等的桥梁,应实测桥头、桥身和桥墩位置,加注建筑结构。码头应实测轮廓线,有专有名称的加注名称,无名称者注"码头",码头上的建筑应实测并以相应符号表示。

⑧ 双线道路与房屋、围墙等高出地面的建筑物边线重合时,可以建筑物边线代替路边线。道路边线与建筑物的接头处应间隔0.3mm。

(四) 管线及附属设施的测绘

管线包括地上、地下和架空的各种管道、电力线和通讯线等。测绘时应符合下列规定。

① 永久性的电力线、电信线均应准确表示,电杆、铁塔位置应实测。当多种线路在同一杆架上时,只表示主要的。城市建筑区内电力线、电信线可不连线,但应在杆架处绘出线路方向。各种线路应做到线类分明,走向连贯。

② 架空的、地面上的、有管堤的管道均应实测。管道应测定其交叉点和转折点的中心位置,分别依比例符号或非比例符号表示,并注记传输物质的名称。架空管道应测定其支架柱的实际位置,若支架柱过密时,可适当取舍。地下管线检修井宜测绘表示。

(五) 水系及附属设施的测绘规定

① 江、河、湖、海、水库、池塘、沟渠、泉、井等及其他水利设施,均应准确测绘表示,有名称的加注名称。江、河、湖、海、水库、池塘等除测定其岸边线外,还应测定其水涯线(测图时的水位线或常水位线)及其高程。根据需要可测注水深,也可用等深线或水下等高线表示。水系中有名称的应注记名称,无名称的塘,加注"塘"字。

② 河流、溪流、湖泊、水库等水涯线,宜按测图时的水位测定,当水涯线与陡坎线在图上投影距离小于1mm时以陡坎线符号表示;水涯线与斜坡脚重合,仍应在坡脚将水涯线

绘出。河流在图上宽度小于0.5mm、沟渠在图上宽度小于1mm（1：2000地形图上小于0.5mm）的用单线表示。

③ 海岸线以平均大潮高潮的痕迹所形成的水陆分界线为准。各种干出滩在图上用相应的符号或注记表示，并适当测注高程。

④ 水位高及施测日期视需要测注。水渠应测注渠顶边和渠底高程；时令河应测注河床高程；堤、坝应测注顶部及坡脚高程；池塘应测注塘顶边及塘底高程；泉、井应测注泉的出水口与井台高程，并根据需要注记井台至水面的深度。

（六）独立地物的测绘

独立地物如水塔、电视塔、烟囱、旗杆、矸石山、独立坟、独立树等。

独立地物对于用图时判定方位、确定位置、指示目标有着重要作用，应着重表示。独立地物应准确测定其位置。凡图上独立地物轮廓大于符号尺寸的，应依比例符号测绘；小于符号尺寸的，依非比例符号表示。独立地物符号的定位点的位置，在现行图式中均有相应的规定。

独立地物与房屋、道路、水系等其他地物重合时，可中断其他地物符号，间隔0.3mm，将独立性地物完整绘出。

开采的或废弃的矿井，应测定其井口轮廓，若井口在图上小于井口符号尺寸时，应依非比例符号表示。开采的矿井应加注产品名称，如"煤"、"铜"等。通风井亦用矿井符号表示，加注"风"字，并加绘箭头以表示进、回风。斜井井口及平硐洞口须按真方向表示，符号底部为井的入口。

矸石堆应沿矸石上边缘测定其转折点位置，以实线按实际形状连接各转折点，并依斜坡方向绘以规定的线条。同时，还应测定其坡脚范围，以点线绘出，并注记"矸石"二字。较大的独立地物应测定其范围，用相应的符号表示。

（七）植被的测绘

植被是覆盖在地面上的各类植物的总称。如森林、果园、耕地、草地、苗圃等。其测绘应符合下列规定。

① 地形图上应正确反映出植被的类别和范围分布。对耕地、园地应实测范围，配置相应的符号表示。大面积分布的植被能表达清楚的情况下，可采用注记说明。同一地段生长有多种植物时，可按经济价值和数量适当取舍，符号配置不得超过三种（连同土质符号）。

② 旱地包括种植小麦、杂粮、棉花、烟草、大豆、花生和油菜等的田地，经济作物、油料作物应加注品种名称。有节水灌溉设备的旱地应加注"喷灌"、"滴灌"等。一年分几季种植不同作物的耕地，应以夏季主要作物为准配置符号表示。

③ 田埂宽度在图上大于1mm的应用双线表示，小于1mm的用单线表示。田块内应测注有代表性的高程。

④ 地类界与地面上有实物的线状符号重合，可省略不绘；与地面无实物的线状符号（架空管线、等高线等）重合时，可将地类界移位0.3mm绘出。

（八）地物测绘中的跑尺方法

地形测图时立尺员依次在各碎部点立尺的作业，通常称为跑尺。立尺员跑尺好坏，直接影响着测图速度和质量，在某种意义上说，立尺员起指挥测图的作用。立尺员除须正确选择地物特征点外，还应结合地物分布情况，采用适当的跑尺方法，尽量做到不漏测、不重复。一般按下述原则跑尺。

① 地物较多时，应分类立尺，以免绘图员连错，不应单纯为立尺员方便而随意立尺。

例如立尺员可沿道路立尺,测完道路后,再按房屋立尺。当一类地物尚未测完,不应转到另一类地物上去立尺。

② 当地物较少时,可从测站附近开始,由近到远,采用半螺旋形路线跑尺。待迁测站后,立尺员再由远到近,以半螺旋形跑尺路线回到测站。

③ 若有多人跑尺,可以测站为中心,划成几个区,采取分区专人包干的方法跑尺。也可按地物类别分工跑尺。多人跑尺时,注意各跑尺员所跑区域或内容之间的衔接,不能出现遗漏。

六、地貌的测绘

地貌的测绘步骤,大体上分为测绘地貌特征点、连接地性线、确定等高线的通过点和按实际地貌勾绘等高线。

(一)测绘地貌特征点

地貌特征点包括:山的最高点、洼地的最低点、谷口点、鞍部的最低点、地面坡度和方向的变换点等。

测定地貌特征点,首先要恰当地选择地貌特征点。地貌特征点选择不当或漏测了某些重要地貌特征点,将会改变"骨架"的位置,这样就不能准确、真实地反映地表形态。如图10-10(a),设正确位置的地性线为 MN,由于地貌特征点选择不当而立于 N' 点,这样,不仅 N 移至 N',且高程也不同,随之由不当的地性线 MN' 所勾绘的等高线也产生了偏差和移位。又如图10-10(b)所示,若漏测地性线 EF 上的坡度变换点 Q,就会把 EF 间当成等倾斜而勾绘出等高线,这就与正确的 EQF 间的状况大不一样了。为此,测绘人员应认真观察地貌变化,找出恰当的地貌特征点,测定其图上位置,并在其点旁注记高程。

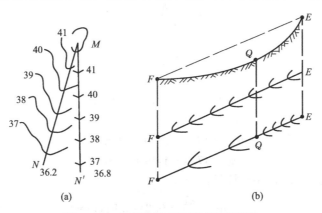

图 10-10 地貌特征点选择不当和遗漏

(二)连接地性线构成地貌骨架

当测绘出一定数量的地貌特征点后,绘图员应依照实际地形,及时用铅笔轻轻地将同一地性线上的特征点顺次连接,以构成地貌的骨架,待勾绘完等高线后再将其擦掉。一般用细实线表示山脊线,细虚线表示山谷线,如图10-11。在实际工作中,地性线应随地貌特征点的陆续测定而随时连接。

(三)确定地性线上等高线的通过点

根据图上地性线描绘等高线,须确定各地性线上等高线的通过点。由于地性线上所有倾斜变换点,在测定地貌特征点时已确定,故同一条地性线上相邻两地貌特征点间,可认为是

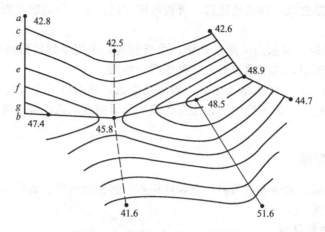

图 10-11 连接地性线构成地貌骨架

等倾斜的,在选择了一定等高距的条件下,图上等高线通过点的间距亦应是相等的。由此,可以按高差与平距成比例的关系确定等高线在地性线上的通过点。下面以图 10-11 中地性线 ab 为例来说明确定等高线的通过点的方法。

在图 10-11 中,a、b 两点高程分别为 42.8m 和 47.4m。若等高距为 1m,则可以判断出该地性线 ab 间必有 43、44、45、46、47 五根等高线通过。现将图 10-11 中的 ab 线及它的实际斜坡 AB 线表示在图 10-12 中。从图中可以看出,确定 ab 地性线上等高线的通过点,实际上就是确定图上 ac、cd、de、ef、fg、gb 的长度。根据高差与平距成正比关系可知:

$$\left. \begin{array}{l} ac = \dfrac{ab}{h_{AB}} \cdot h_{AC} \\ gb = \dfrac{ab}{h_{AB}} \cdot h_{GB} \end{array} \right\} \tag{10-6}$$

式中

$$\left. \begin{array}{l} h_{AB} = 47.4 - 42.8 = 4.6 \text{(m)} \\ ab = 21 \text{mm} \\ h_{AC} = 43 - 42.8 = 0.2 \text{(m)} \\ h_{GB} = 47.4 - 47 = 0.4 \text{(m)} \end{array} \right\} \tag{10-7}$$

将式(10-7)代入式(10-6),并计算得:

$$ac = \frac{21}{4.6} \times 0.2 = 0.91 \text{(mm)}$$

$$gb = \frac{21}{4.6} \times 0.4 = 1.83 \text{(mm)}$$

于是,在测图纸上,由 a 沿 ab 截取 0.91mm,即得地性线上 43m 等高线通过点 c;再由 b 点沿 ba 截取 1.83mm,即为 47m 等高线的通过点 g;再将 cg 线段四等分,得 d、e、f 三点,它们分别就是 44、45、46 三根等高线在地性线上的通过点。随着其他地性线不断地绘出,用上述同样的方法,又可确定出其他地性线上相邻地貌特征点间的等高线通过点。

在确定等高线通过点时,初学者应特别注意要用轻淡的细短线表示通过点的位置。切忌用尖硬铅笔点上很深的、擦不净的点子来表示通过点。否则将留下一行行点痕,容易在清绘时引起误解。

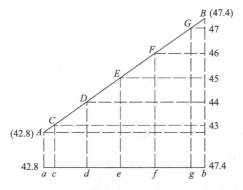

图 10-12 内插法确定等高线通过点

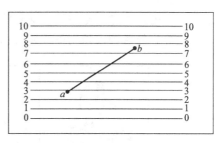

图 10-13 图解法求等高线通过点

以上是用解析法求算等高线通过点的方法。在实际工作中，工作熟练后，都是采用图解法或目估法内插来确定等高线通过点的。

图解法求等高线通过点如图 10-13 所示，即用一张透明纸，绘出一组等间距的平行线，平行线两端注上 0、1、2、…、10 的数字。将透明纸蒙在测图纸 a、b 的连线上，使 a 点位于平行线 2.8 处，然后将透明纸绕 a 点转动，使 b 点恰好落在 7、8 两线间的 7.4 处，将 ab 线与各平行线的交点，用细针刺于图上，即可得到 43m、44m、45m、46m、47m 等高线在地性线上的通过点。

在实际测绘工作中，通常采用目估法。目估法是根据上述描绘等高线的基本原理，按照"取头定尾，中间等分"的方法要领，即首先确定通过两地形点间的等高线条数，然后目估确定两端等高线的通过点，再把这两条等高线之间的长度等分，从而确定其他等高线的通过点的方法。

（四）对照实际地形勾绘等高线

在地性上由内插确定出各等高线的通过点后，就可依据实际地貌，用与实地形状相似的逼真曲线依次连接各相邻地性线上同名高程点，这样，便得到一条条等高线。为了便于识别，描绘等高线时计曲线和首曲线应使用软硬不同的铅笔。一般首曲线选用较硬的铅笔（如 6H）描绘，计曲线选用较软的铅笔（如 4H）。

实际做作业时，绝不是等到把全部等高线在地性线上的通过点确定下来后再勾绘等高线，而是一边求出两相邻地性线上的高程相等的等高线通过点，一边依实际地貌勾绘等高线，即等高线是随测随绘的，但在时间紧迫、地形又不复杂的情况下，可先行插绘计曲线。勾绘等高线是一项比较困难的工作，因为勾绘时依据的图上点只是少量的地貌特征点和地性线上等高线通过点。对于显示两地性线间的微型地貌来说，还需要一定的判断和描绘的实践技能，绘图员应能判断出所描绘的等高线对应的实地位置，对照等高线所在实地位置的地貌形态边看边描绘。描绘时应注意等高线的平滑性和上、下等高线的渐变性，避免出现曲折、带有尖角的线条。相距较小的两相邻等高线之间，不应出现腰鼓形或双曲线形等突变现象，注意山坡上、下等高线形状的呼应和协调，使描绘的等高线具有一定的立体感。等高线勾绘时应边描绘边擦去地性线和通过点。要能得心应手地描绘出平滑、均匀一致、逼真的等高线，需要通过大量的实际练习，掌握一定的描绘技能才行。事实上，地形测图的关键就是等高线的描绘。

描绘等高线时，遇到房屋及其他建筑物、双线道路、路堤、路堑、坑穴、陡坎、斜坡、湖泊、双线河流以及注记等均应中断等高线。

七、几种典型地貌的测绘

（一）山顶

山顶是山的最高点，是主要的地貌特征点，必须立尺测绘。由于山顶有尖山顶、圆山顶和平山顶之分，故各种山顶用等高线表示的形态都不一样，如图 10-14 所示。

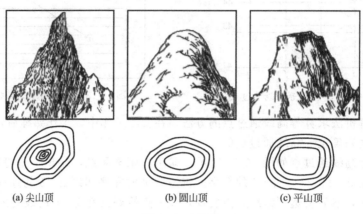

(a) 尖山顶　　　　　(b) 圆山顶　　　　　(c) 平山顶

图 10-14　山顶

尖山顶的特点是整个地貌坡度变化比较一致，即使在顶部，等高线之间的平距也大体相等。在测绘时，除在山顶最高点立尺外，在其周围适当立一些尺就可以了。

圆山顶的特点是顶部坡度比较平缓，然后逐渐变陡。测绘时，除在山顶最高点立尺外，应在山顶附近坡度逐渐变陡的地方立尺。

平山顶的特点是顶部平坦，到一定的范围时坡度突然变陡。测绘时除在山顶立尺外，特别要注意在坡度突然变陡的地方立尺。

（二）山脊

山脊是山体向一个方向延伸的高地，表示山脊的等高线凸向下坡方向。山脊的坡度变化反映了山脊纵断面的起伏状况。山脊等高线的尖圆程度反映了山脊横断面的形状。测绘山脊要真实地表现其纵横断面形态。

山脊按其脊部的宽窄分为尖山脊、圆山脊和平山脊。

1. 尖山脊

尖山脊的特点是山脊狭窄，山脊线比较明显，如图 10-15（a）所示。测绘时，在山脊线方向转折处和坡度变换点上立尺，对两侧山坡适当立尺即可。尖山脊等高线呈尖角转折状。

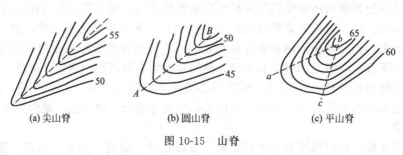

(a) 尖山脊　　　　　(b) 圆山脊　　　　　(c) 平山脊

图 10-15　山脊

2. 圆山脊

圆山脊的特点是脊部宽而缓，山脊线不十分明显，如图 10-15(b) 所示。测绘时，须判断出主山脊线 AB 并在其上立尺，此外，还应在两侧山坡的坡度变换处立尺。通过圆山脊的等高线一般较为圆滑。

3. 平山脊

平山脊的特点是脊部宽阔而平坦、四周较陡，山脊线不明显，如图 10-15(c) 所示。测绘时，应注意脊部至两侧山坡坡度变化的位置，在其脊线 ab、bc 立尺，在脊部间应适当立尺。描绘等高线时，不要把平山脊绘成圆山脊的形状，因平山脊脊部的宽度明显地比圆山脊的脊部大。沿山脊方向等高线则呈疏密不等的长方形。

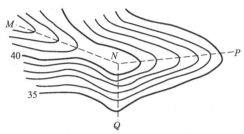

图 10-16　山脊的分岔现象

在实际地貌中，山脊往往有分岔现象，如图 10-16 所示，MN 为主脊，N 为分岔点，NP、NQ 为支脊。测绘时，特别要判断好分岔点并且必须在其上立尺。

(三) 山谷

山谷等高线凸向高处。山谷分为尖底谷、圆底谷、平底谷，如图 10-17 所示。

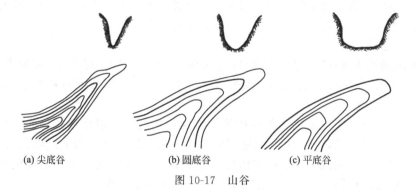

(a) 尖底谷　　　　(b) 圆底谷　　　　(c) 平底谷

图 10-17　山谷

1. 尖底谷

尖底谷的特点是谷底尖窄，山谷线比较明显，如图 10-17(a) 所示。测绘时，立尺点应选择在山谷线方向和倾斜变化处。两侧也须适当立尺。等高线在谷底处呈尖角转折形状。

2. 圆底谷

圆底谷谷底线不十分明显，谷底部坡度较缓而近似圆弧形，如图 10-17(b) 所示。测绘时，判断出谷底线并在其上立尺。两侧适当立尺。等高线在谷底处呈圆弧状。

3. 平底谷

平底谷的特点是谷底呈屉形，谷底较宽而平缓，如图 10-17(c) 所示，一般常见于河谷的中下游。测绘时，须在谷底的两侧立尺。等高线通过谷底时呈平直而近于方形。

(四) 鞍部

鞍部的特点是相邻两山头间的低洼处形似马鞍状，它的相对两侧一般发育有对称山谷，如图 10-18 所示。鞍部往往是山区道路通过的地方，在图上有重要的方位作用。测绘时，在鞍部山脊线的最低点，也就是山谷线的最高点必须立尺。鞍部附近的立尺点应视坡度变化的情况来选定。

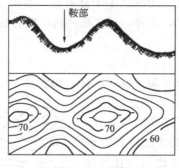

图 10-18　鞍部

(五) 盆地

盆地等高线的特点与山顶相似，但高低相反，即外圈等高线的高程高于内圈等高线的高程。测绘时，须在盆地最低处、盆底四周及盆壁坡度和走向变化处立尺。

(六) 山坡

在上述几种地貌之间都有山坡相连。山坡为倾斜的坡面。表示坡面的等高线近似于平行曲线。坡度变化小时，其等高线平距近乎相等；坡度变化大时，等高线的疏密不同。测绘时，立尺点应选择在坡度变换的地方。此外，还应适当注意使一些不明显的小山脊、小山谷等微小地貌显示出来，为此，须注意在山坡方向变换处立尺。

(七) 特殊地貌

不能单纯用等高线表示的地貌，如梯田坎、冲沟、崩崖、绝壁、石块地等称为特殊地貌。对特殊地貌，须用测绘地物的方法，测绘其轮廓位置，再用图式中规定的符号和注记来表示。

1. 梯田坎

梯田坎是依山坡或谷地由人工修成的阶梯式农田的陡坎。根据梯田坎的比高（高度）、等高距大小和测图比例尺，梯田坎可以适当取舍。一般是测定梯田坎上边缘的转折点位置，以规定的符号表示，适当注记其高程或比高。在图 10-19 中，1 为用石料加固的梯田坎，其他梯田坎为一般土质梯田坎，1.3 是指比高，84.2 表示点之高程。

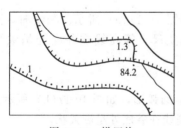

图 10-19　梯田坎

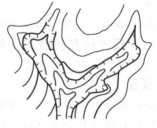

图 10-20　冲沟

2. 冲沟

在黄土地区疏松地面受雨水急流冲蚀而形成的大小沟壑称冲沟。冲沟的沟壁一般较陡。测绘时，应沿其上边缘准确测定其范围。沟壁以规定符号表示。冲沟在图上的宽度大于 5mm 时，须在沟底立尺并加绘等高线，如图 10-20 所示。

3. 崩崖

崩崖是沙土或石质的山坡受风化作用，碎屑向山坡下崩落的地段。描绘时，根据实测范围按规定的符号表示。如图 10-21 所示。

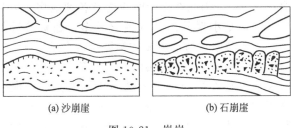
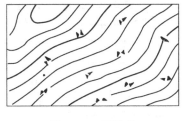

(a) 沙崩崖　　(b) 石崩崖

图 10-21　崩崖　　　　　　　　图 10-22　石块地

4. 石块地

石块地为岩石受风化作用破坏而形成的碎石块堆积地段。应实测其范围，以规定的符号表示，如图 10-22 所示。

八、测绘山地地貌时的跑尺方法

（一）沿山脊和山谷跑尺法

对于比较复杂的地貌，为了绘图连线方便和减少其差错，立尺员应从第一个山脊的山脚，沿山脊往上跑尺。到山顶后，沿相邻的山谷线往下跑尺直至山脚。然后跑紧邻的第二个山脊线和山谷线，直至跑完为止。这种跑尺方法，立尺员的体力消耗较大。

（二）沿等高线跑尺法

当地貌不太复杂，坡度平缓且变化较均匀时，立尺员按"之"字形沿等高线方向一排一排立尺。遇到山脊线或山谷线时顺便立尺。这种跑尺方法既便于观测和勾绘等高线，又易发现观测、计算中的差错。同时，立尺员的体力消耗也较小。但勾绘等高线时，容易判断错地性线上的点位，故绘图员要特别注意对于地性线的连接。

第三节　地形图的拼接、整饰与检查、验收

一、地形图的拼接

地形图是分幅测绘的，各相邻图幅必须能互相拼接成为一体。由于测绘误差的存在，在相邻图幅拼接处，地物的轮廓线、等高线不可能完全吻合。若接合误差在允许范围内，可进行调整。否则，对超限的地方须进行外业检查，在现场改正。

为便于拼接，要求每幅图的四周，均须测出图廓线外 5mm 范围。对线状地物若图幅外附近有转弯点（或交叉点）时，应测至图外的主要转折点和交叉点；对图边上的轮廓地物，应完整地测出其轮廓。自由边在测绘过程中应加强检查，确保无误。

为保证图边拼接精度，在建立图根控制时，就应在图幅边附近布设足够的解析图根点，作为相邻图幅测图的公共测站点。这样图根点靠近图边，可以保证图边测图精度，相邻图幅利用公共测站点施测，可减小接图误差，有利于拼接。

图 10-23 所示为两相邻图幅的接边情况。接图线左侧是图幅Ⅰ，接图线右边是图幅Ⅱ。两幅图的梯田坎和池塘位置在图边均错开了一个位置。坎和池塘属一般地物。例如在平地，按要求一般地物的测绘中误差要求小于 0.5mm，由于图边部分的两幅图是单独测量的，则两幅图分别画出坎或池塘位置之差的中误差应小 $0.5\sqrt{2}$ mm。若以两倍中误差作为限差，则接图时两幅图上同一地物的相对位移可容许到 $2\times0.5\sqrt{2}\approx1.4$ mm。应当注意到大于两倍中

误差出现的机会小于 5%，因此在接图时应注意各种地物接边时位移情况的规律性，应该是小误差出现的情况较多。如果接近限差的情况较多，即使均不超限也考虑测图的精度是否合乎要求。

再以图 10-23 为例说明等高线的接图误差。等高线的位置中误差与地面坡度有关。又如在平地规定等高线表示的高程中误差不能大于基本等高距的 1/3，在丘陵为基本等高距的 1/2，在山地为一个基本等高距。对于基本等高距为 1m 的地形图，在平地的中误差为 1/3m，则接图时容许最大误差为 $2\sqrt{2}/3 \approx 0.9m$。在图 10-23 中，高程为 48m、49m 的等高线，两幅图相错的位置按高程计算约为 0.2m，符合要求。

位于图幅四角，即相邻四个图幅邻接处的图边，在拼接时应特别注意。

由于图纸本身性质不同，拼接时其做法也有所不同。具体如下。

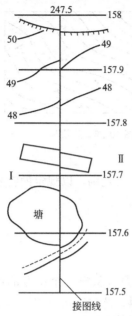

图 10-23 地形图的拼接

（一）聚酯薄膜测图的拼接方法

由于聚酯薄膜具有透明性，拼接时可直接将相邻图幅边上下叠合起来，使两幅图同名坐标格网线严格对齐。仔细观察接图边两边的地物和地貌是否互相衔接；地物有无遗漏；取舍是否一致；各种符号、注记是否相同等等。接边误差如符合要求，即可按地物和等高线平均位置进行改正。具体做法是先将其中一幅图边的地物地貌按平均位置改正，而另一幅则根据改正后的图边进行改正。改正直线地物时，应按相邻两图幅中直线的转折点或直线两端点连接。改正后的地物和地貌应保持合理的走向。

（二）白纸测图的接图方法

用白纸测图时，需用约 5cm 宽、比图廓边略长的透明纸作为接图边纸。在接图边纸上须先绘出接图的图廓线、坐标格网线并注明其坐标值。然后将每幅图各自的东、南两图廓边附近 1～1.5cm 以及图廓边线外实测范围内的地物、地貌及其说明符号注记等摹绘于接图边纸上。再将此摹好的东、南拼接图边分别与相邻图幅的西、北图边拼接。拼接注意问题和改正要求，与上述聚酯薄膜图纸接图方法相同。

二、地形图的整饰

外业测量得到的铅笔图称为地形原图。地形原图的清绘有铅笔清绘和着墨清绘。铅笔清绘又叫铅笔修图，即在实测的铅笔原图上，用铅笔进行整理加工和修饰等项工作。着墨清绘是根据地形图图式对整饰好的铅笔原图进行着墨描绘。

在野外测绘铅笔图时，图上的文字、数字和符号表示不规则，布置不尽合理，必须经过修图（清绘）来达到铅笔原图的要求。

铅笔清绘一般采用 2H 或 3H 铅笔描绘，对原图上不合要求的符号、线划和注记，以及图面不清洁的地方，先用软橡皮轻轻擦淡，再按图式规定重新绘注。要随擦随绘，一次擦的内容不能过多，以免图面不清楚，描绘困难。清绘时要注意地物地貌的位置、内容和种类均不得更改和增减。原图清绘可按要素逐项进行，也可按坐标网格逐格进行。最终应使图面内容准确、完整，显示合理，清晰美观。

地形原图清绘的顺序是：内图廓线──→控制点──→独立地物──→其他地物──→高程注

记点──→植被──→名称注记──→等高线──→外图廓线──→图廓线外整饰（包括图名、图号、比例尺、测图坐标系、高程系、邻接图表、测图单位名称等）。其主要内容和要求如下。

① 用橡皮小心地擦掉一切不必要的点、线，所有地物和地貌都按《地形图图式》和有关指示的规定，用铅笔重新画出各种符号和注记。地物轮廓应明晰清楚并与实测线位严格一致，不准任意变动。

② 等高线应描绘得光滑匀称，按规定的粗细加粗计曲线。

③ 用工整的字体进行注记，字头朝北（计曲线的高程值注记除外）。文字注记位置应适当，应尽量避免遮盖地物。计曲线高程注记，尽量在图幅中部排成一列，地貌复杂可分注几列。

④ 重新描绘好坐标方格网（因经过较长的测图过程，图上方格网已不清晰了，故须依原绘制方格网时所刺的点绘制并注意其精度）。此外还要在方格网线的规定位置上注明坐标值。

⑤ 按规定整饰图廓。在图廓外相应位置注写图名、图号、接图表、比例尺、坐标系和高程系统、基本等高距、测绘机关名称、测绘者姓名和测图年月等。

三、地形图的检查

地形图及其有关资料的检查验收工作，是测绘生产的一个不可缺少的重要环节，是测绘生产技术管理工作的一项重要内容。对地形图实行二级检查（测绘单位对地形图的质量实行过程检查和最终检查），一级验收制（验收工作由任务的委托单位组织实施，或由该单位委托具有检验资格的检验机构验收）。

地形图的检查验收工作，要在测绘作业人员自己作充分检查的基础上，提请专门的检查验收组织进行最后总的检查和质量评定。若合乎质量标准，则应予验收。检查验收的主要技术依据是地形测量技术设计、现行地形测量规范和地形图图式、测绘产品质量评定标准、测绘产品检查验收规定。

(一) 自检

测绘作业人员，在地形测量全过程中，应将自我检查贯穿于测绘始终。自检的主要内容分为测图过程中的检查和图面的检查。

1. 测图过程中的检查

测图过程中检查的主要内容有：所用各种仪器工具是否定期检校并合乎精度要求；各级控制测量成果是否完全可靠；各种野外记录手簿、记录计算是否进行过认真的复核和检查；坐标格网的展绘是否准确；控制点平面位置及高程注记是否正确。在每一个测站上开始进行测图时，应在相邻测站已测的范围边沿附近，选择几个已测的特征点（又称重合点）进行重新测定，以检查它的精度；重合点的测定不仅有利于测站间的衔接，而且能检核测站本身的可靠性。在每个测站上，应随时检查本测站所测地物、地貌有无错误或遗漏。即使在迁站过程中，也应沿途作一般性的检查，观察图上地物地貌测绘是否正确，有无遗漏，如果发现错误，应随即改正。测绘人员一定要做到一站工作当站清，当天工作当天清，一幅测完一幅清。

2. 图面的检查

(1) 图幅的坐标网格展绘精度的检查　按坐标网格展绘的精度，检查其边长和对角线，同时根据控制资料，抽查部分控制点的点位、边长和高程数据。

(2) 地物与地貌的检查

① 房屋的平面图形，一般转角为直角（特殊情况例外）。房屋按建筑材料区分为坚固、普通、简单三种，是否以相应符号和说明简注表示，并注出层数。

② 同一房屋各角点高程，是否相近，不能相差过大，其高程即使含有测量误差，也不能超过0.3m（或1/3等高距）。

③ 电力线应有来龙去脉，互相接通，如有中断情况，应查清是否漏测，或为电线终端。高、低压线符号，在相邻图幅中要一致。

④ 街道、公路两旁的行树及沟、电力线和通讯线是否表示清楚。简易公路和大车路的表示是否符合光线法则。

⑤ 水塘、水池的水涯线应是封闭的，水涯线上点的高程应是基本相等的。

⑥ 等高线是否沿山脊线、山谷线转弯，形状是否协调。等高线的高程注记，其字向是否朝向山顶而又不倒向。坡度无变化或较平坦处的地形点，是否分布均匀，通常图上点的密度为2～3cm。

⑦ 河流与等高线关系是否协调，水涯线上下游的高程是否合理，根据地形点插绘的等高线是否合理。

⑧ 冲沟在图上的宽度大于5mm时，是否加测了沟底等高线。沟、坎、垄的上下是否注有高程或比高。

⑨ 作为区分植被种类和耕地与非耕地的地类界，是否有不闭合或用等高线、电力线、通讯线代替的现象。地类界范围内，填绘植被符号或采用文字说明（简注），是否表示清楚。

⑩ 各种注记是否完备，图上注记的布置是否正确、合理等。各要素符号间的关系是否协调、合理。

以上各项内容，是图面上容易出现的问题，应逐项检查加以解决，必要时到现场对照或实测予以纠正，使图面上存在的问题得到消除，从而提高地形图的质量。

(二) 全面检查

测图结束后，除了各作业小组的自查外，还应有质检人员，在提交成果之前作全面系统的检查。全面检查的主要内容如下。

1. 室内检查

(1) 控制测量部分

① 仪器检验项目是否齐全、精度是否符合规定。

② 各类控制点的密度和位置是否恰当，是否能满足测图需要。

③ 埋石点的数量、标石规格和埋石方法是否符合要求。

④ 各类控制点测定方法、扩展次数及各项边长、总长、较差、闭合差等是否符合规定。

⑤ 各种观测手簿的记录和注记是否符合要求，计算是否正确；观测中的各项误差是否符合限差要求。

⑥ 计算手簿中所采用的起始数据和计算方法是否正确，计算成果的精度和手簿整理是否符合要求。

⑦ 各类控制点成果在计算表册和图历表上的记载是否一致。

(2) 地形测图部分

① 坐标网、控制点的展绘精度是否符合要求，图廓外的整饰及注记是否正确、齐全。

② 测站点的密度和位置是否满足测图需要，其平面位置和高程的测定方法及精度是否

符合要求；测站点至标尺点的距离是否符合规定。

③ 地貌符号的运用是否正确，地貌的综合取舍是否恰当，是否正确地显示了地貌特征，与有关地物的配合是否协调。

④ 地物符号有无错漏、移位和变形，地物取舍是否恰当。

⑤ 各种注记是否正确，注记位置和数量是否符合要求。

⑥ 图边拼接精度是否符合要求，自由边的测绘是否符合规定。

2. 室外检查

在室内检查的基础上进行室外检查。

(1) 巡视检查 检查人员，携带测图板到测区，按预定路线进行实地对照查看。查看地物轮廓是否正确，地貌显示是否真实，综合取舍是否合理，主要地物有无遗漏，符号使用是否恰当，各种注记是否完备和正确等。

(2) 仪器检查 对原图上某些有怀疑的地方或重点部分可用测量仪器进行检查。仪器检查的方法有方向法、散点法，有时还采用断面法。

① 方向法适用于检查主要地物点的平面位置有无偏差。检查时须在测站上安置平板仪（或经纬仪），用照准仪直尺边缘贴靠图上的该测站点，将照准仪瞄准被检查的地物点，检查已测绘在图上的相应地物点方向是否有偏离。

② 散点法与原碎部测量方法相同，即在地物或地貌特征点上立尺，用视距测量的方法测定其平面位置和高程，然后与图板上的相应点比较，以检查其精度是否符合要求。

③ 断面法是用原测图时采用的同类仪器和方法，沿测站某方向线测定的各地物、地貌特征点的平面位置和高程，然后再与地形图上相应的地物点、等高线通过点进行比较。上述检查的结果，与测图时实测的结果比较，其较差之限差不应超过表 10-5 规定的 $2\sqrt{2}$ 倍。

表 10-5 地形点点位中误差

地区类别	点位中误差/mm	相临地物点间距中误差/mm	等高线高程中误差(等高距)			
			平地	丘陵地	山地	高山地
城市建筑区、平地、丘陵地	0.5	0.4	1/3	1/2	2/3	1
山地、高山地和施测困难的街区内部	0.75	0.6				

检查结束后，对于检查中发现的错误和缺点，应立即在实地对照改正。如错误较多，上级业务单位可暂不验收，并将上缴原图和资料退回作业组进行修测或重测，然后再作检查和验收。

各种测绘资料和地形图，经全面检查符合要求，即可予以验收，并根据质量评定标准，实事求是地作出质量等级的评估。

四、地形图的验收

验收是在委托人检查的基础上进行的，以鉴定各项成果是否合乎规范及有关技术指标的要求（或合同要求）。首先检查成果资料是否齐全，然后在全部成果中抽出一部分作全面的内业、外业检查，其余则进行一般性检查，以便对全部成果质量作出正确的评价。对成果质量的评价一般分优、良、合格和不合格四级。对于不合格的成果成图，应按照双方合同约定进行处理，或返工重测，或经济赔偿，或既赔偿又返工重测。

五、地形图质量评定

地形测量的资料、图纸经检查验收后,应根据国家测绘局发布的《测绘产品质量评定标准》中的有关规定进行质量评定。地形测量产品质量实行优级品、良级品、合格品和不合格品四级评定制。

地形测量产品按图根控制测量、地形测图、图幅质量三项内容进行质量评定。若产品中出现一个严重缺陷(如伪造成果、中误差超限、使用了误差超限的控制点进行测图等),则该产品为不合格品。合格品标准的统一规定是:符合技术标准、技术设计和技术规定的要求,但不满足良级品的全部条件;产品中有个别缺点,但不影响产品基本质量;技术资料齐全、完整。良级品、优级品的标准,除要满足相对低级品的全部条件外,还应满足各自的条件。它们的条件分述如下。

(一)图根控制测量质量等级评定

1. 良级品的品级标准

① 控制点的点位和密度能较好地适合测图要求。

② 各项边长、总长、角度和扩展次数等完全符合要求,各项主要测量误差有 60% 以上小于限差的二分之一,其余误差均在限差范围之内。

各项主要测量误差包括:平面方面为交会点平面移位差、各种图形的角度闭合差、锁(网)点的闭合差、线形锁重合点较差、导线方位角闭合差、全长相对闭合差。在高程方面为等外水准路线闭合差、三角高程路线闭合差、交会点高程较差。

③ 埋石点的分布良好,数量符合规定。

④ 各种手簿、图历簿项目填写齐全,书写正规,成果正确,整饰较好。

2. 优级品的品级标准

① 控制点分布均匀,密度合适,点位恰当,能很好地满足测图要求。

② 各项主要测量误差有 60% 以上小于限差的三分之一,其余误差小于限差五分之四。

(二)地形测图质量等级评定

1. 良级品的品级标准

① 坐标网点、图廓点、控制点展绘准确。

② 测站点的布设方法正确,密度和位置能较好地满足测图要求。高程注记点的密度符合规定,位置较恰当。

③ 地物、地貌的综合取舍较恰当,符号运用正确,能较完整地反映测区特征。主要地物、地貌位置准确,没有遗漏。

④ 各种注记正确,注记数量和位置较恰当。

⑤ 图历簿、手簿记载齐全、正确,整饰较好。

⑥ 接边精度良好,误差配赋合理。

⑦ 野外散点检查,地物点平面移位差和等高线的高程误差符合表 9-11 中相应品级的规定。

2. 优等品的品级标准

① 测站点的密度和位置完全满足测图要求。

② 地物、地貌综合取舍恰当,碎部逼真,符号配置协调,能正确完整地显示测区的地理特征。

③ 图面整洁、清晰,线条光滑,注记正确,能完全满足下一工序的要求。

④ 野外散点检查,地物点的平面移位差和等高线的高程误差可参考表 10-6 的规定。

表 10-6 地物点的平面移位差和等高线的高程误差

限 差 区 间	各品级较差出现的比例		
	合格	良	优
小于或等于 $\sqrt{2}m$	60%	70%	80%
大于 $\sqrt{2}m$ 小于或等于 $2m$	30%	26%	18%
大于 $2m$（其中大于 $2\sqrt{2}m$ 的不超过 2%）	6%	4%	2%

注：表中 m 为中误差。

（三）图幅质量的等级评定

图幅质量采用评分法评定，把图幅分成控制测量和碎部测量两个单项，先按百分制评出各单项的分数，然后依其所占图幅的百分比（权），综合求出图幅的总分数，最后根据总分数所能达到的区间，确定图幅质量品级（计算方法参照《测绘产品质量评定标准》CH 1003—95）。

图幅（或单项）各等级的分数区间具体如下。

优级品：90～100 分
良级品：75～89 分
合格品：60～74 分
不合格品：0～59 分

地形图的质量评定，是对测绘人员劳动成果的全面评定。测绘工作者在地形测量全过程中，应当兢兢业业，精益求精，不断提高作业的技术水平，为达到优级质量而努力。

六、提交资料

测图工作结束后，应将有关的测绘资料整理并装订成册，供甲方最后的检查验收和甲方今后的保管与使用。提交的资料一般包括以下内容。

（一）控制测量部分

① 所用测绘仪器的检验校正报告。
② 测区的分幅及其编号图。
③ 控制点展点图、埋石点点之记。
④ 水准路线图。
⑤ 各种外业观测手簿。
⑥ 平面和高程控制网计算表册。
⑦ 控制点成果总表。

（二）地形测图部分

① 地形图原图。
② 碎部点记载手簿。
③ 接图边。
④ 图历表或图历卡（记录地形图成图过程中的档案材料，包括对地形原图的内外业检查、图幅接边以及对成图质量的评定等）。

（三）综合资料

综合资料主要包括下列两部分。

1. 测区技术设计书

经对测区进行踏勘和搜集有关测绘资料后编写的测区技术设计书，内容主要包括任务来源、测区范围、测图比例尺、等高距、对已有测绘资料的分析利用、作业技术依据、开工和完工日期、平面与高程控制测量方案、地形测图的施测设计方案、各种设计图表等。

2. 技术总结

技术总结主要内容包括一般说明、对已有测绘资料的检查和实际使用情况、各级控制测量施测情况、地形测图质量等。

思考题与习题

1. 测图前有哪些准备工作？控制点展绘后，怎样检查其正确性？
2. 某碎部测量按视距测量法测量数据见下表，试用计算器编程计算各碎部点的水平距离及高程。

表 10-7　碎部测量记录表

测站点：A　　定向点：B　　$H_A=42.95m$　　$i_A=1.48m$　　$x=0$

点号	视距间隔 l/m	中丝读数 v/m	竖盘读数 L	竖直角 α	高差 h/m	水平角 β	平距 D/m	高程 H/m	备注
1	0.552	1.480	83°36′			48°05′			
2	0.409	1.780	87°51′			56°25′			
3	0.324	1.480	93°45′			247°50′			
4	0.675	2.480	98°12′			261°35′			

3. 简述经纬仪测绘法在一个测站测绘地形图的工作步骤。
4. 何谓大比例尺数字地形图？
5. 举例说明什么是地物特征点和地貌特征点。测定地形特征点的常用方法有哪几种？一般说各种方法相应地适用于什么情况？
6. 地形测图主要以哪些点为测站点？补充测站点应选择在什么地方？补充测站点的方法有哪几种？
7. 什么是地形图的清绘和整饰？清绘整饰的顺序如何？

第十一章
地形图的应用

第一节 地形图的识读

在工程设计和施工中,大比例尺地形图是不可缺少的地形资料。地形图是确定点位及计算工程量的依据。设计人员可以从地形图上确定某点的坐标及高程;确定图上某直线的水平距离和方位角;确定地面的坡度和坡向,确定图上某部分的面积和体积;还可以综合了解各方面信息,如居民地、道路交通、河流水系、地貌、土壤、植被及测量控制点等。正确阅读地形图,是每一个建筑工程技术人员必须具备的基本技能。下面以图 11-1 所示地形图为例

图 11-1 地形图的阅读

识读地形图。

一、图廓外的有关注记

1. 图名、图号和接合图表

每幅图可以图幅内的村镇、山头、湖泊或该地区的习惯名等命名（大比例尺地形图也能没有图名），每幅图的图名注记在上图廓线的上方中央，按规定编码的图号在图名的下方。接合图表在图名的左边，由九个矩形格组成，中央填绘斜线的格代表本图幅，四周的格表示上下左右相邻的图幅，每个格中注有相应图幅的图名。当追索需要相邻图幅时，由接合图表可轻易地检索到它们。

2. 地形图的比例尺

下图廓线的下方中央是地形图的数字比例尺，有的图幅在数字比例尺的下方还绘有直线比例尺。

3. 其他图廓外注记

在比例尺的左边，一般注记测图年月、测图方法、地形图采用的平面高程系统及图式的版本。比例尺的右边一般注记测图、绘图者的姓名。左图廓线外下部有测绘单位的名称。

二、地貌阅读

根据等高线读出山头、洼地、山脊、山谷、山坡、鞍部等基本地貌，并根据特定的符号读出雨裂、冲沟、峭壁、悬崖、陡坎等特殊地貌。同时根据等高线的密集程度来分析地面坡度的变化情况。从图中可以看出，这幅图的基本等高距为 1m。山村正北方向延伸着高差约 15m 的山脊，西部小山顶的高程为 80.25m，西北方向有个鞍部。地面坡度在 6°～25°之间，另有多处陡坎和斜坡。山谷比较明显，经过加工已种植水稻。整个图幅内的地貌形态是北部高，南部低。

三、地物阅读

根据图上地物符号和有关注记，了解各种地物的形状、大小、相对位置关系以及植被的覆盖状况。本幅图东南部有较大的居民点贵儒村，该山村北面邻山，西面及西南面接山谷，沿着居民点的东南侧有一条公路——长冶公路。山村除沿公路一侧外，均有围墙相隔。

山村沿公路有栏杆围护。另外，公路边有两个埋石图根导线点 12、13，并有低压电线。图幅西部山头和北部山脊上有 3、4、5 三个图根三角点。山村正北方向的山坡上有 a、b、c、d 四个钻孔。

四、植被分布阅读

图幅大部分面积被山坡所覆盖，山坡上多为旱地，山村正北方向的山坡有一片竹林，紧靠竹林是一片经济林，西南方向的小山头是一片坟地。山村西部相邻山谷，山谷里开垦有梯田种植水稻，公路东南侧是一片藕塘。

经过以上识图可以看出，该山村虽然是小山村，但山村"依山傍水"，规划齐整有序，所有主要建筑坐北朝南，交通便利。

在识读地形图时，还应注意地面上的地物和地貌不是一成不变的。由于城乡建设事业的迅速发展，地面上的地物、地貌也随之发生变化，因此，在应用地形图进行规划以及解决工程设计和施工中的各种问题时,除了细致地识读地形图外,还需进行实地勘察,以便对建设用地作全面正确地了解。

第二节 地形图应用的基本内容

一、在图上确定某点的坐标

在大比例尺地形图上,一般都采用直角坐标系统,每幅图上都绘有坐标方格网(或在主格网的交点处绘有十字线),如图 11-2 所示。若要求图上 A 点的坐标,可先通过 A 点作坐标网的平行线 mn、op,然后再用测图比例尺量取 mA 和 oA 的长度(若用普通钢尺则应乘以比例尺分母 M),则 A 点的坐标为:

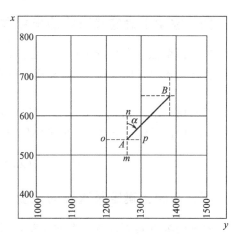

$$\left.\begin{array}{l} x_A = x_0 + mA \\ y_A = y_0 + oA \end{array}\right\} \quad (11\text{-}1)$$

式中,x_0,y_0 是 A 点所在方格西南角点的坐标,图 11-2 中,$x_0=500\mathrm{m}$,$y_0=1200\mathrm{m}$。

为了校核量测结果,提高精度,并考虑纸张伸缩变形的影响,一般还需要同时量取 mn 和 op 的长度。若坐标格网的理论长度为 l(图 11-2 中为 100m),A 点的坐标应按下式计算:

图 11-2 图上确定的坐标、直线方位角

$$\left.\begin{array}{l} x_A = x_0 + \dfrac{mA}{mn} l \\ y_A = y_0 + \dfrac{oA}{op} l \end{array}\right\} \quad (11\text{-}2)$$

二、在图上确定某点的高程

确定图上点的高程,主要基于等高线表示地貌原理的认识以及等高线特性的认识。在图 11-3 中,A、B 两点正好位于等高线上,其高程即为等高线的高程;E 点位于两条等高线之间,确定 E 点高程时,先过 E 作与上下等高线大致垂直的直线 AB,量取图上 AE(设为 d_1)和 AB(设为 d)长度,根据平距与高差成正比的关系可确定出 E 点的高程:

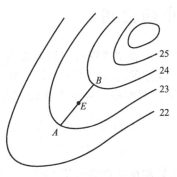

图 11-3 根据等高级确定
地面点的高程

$$H_E = H_A + \dfrac{d_1}{d} h \quad (11\text{-}3)$$

式中,h 为地形图等高距。

通常情况下,点的高程可用目估法判定。一般山头、洼地、鞍部处都有高程注记点,但有时也可能无高程注记而需确定高程。这种情况下可作如下处理:山头点高程取表示山头的最高等高线的高程加上半个等高距,洼地最低点高程取表示洼地的最低等高线的高程减去半个等高距,鞍部点高程取山谷线顶端等高线的高程加上半个等高距。

三、在图上确定两点间的直线距离

(1) 图解法 若求 AB 间的水平距离 D_{AB},可用测图比例尺直接量取 D_{AB},也可用钢尺直接量出 AB 的图上距离 d,再乘以比例尺分母 M,得:

$$D_{AB} = Md \tag{11-4}$$

(2) 解析法 当测量距离的精度要求较高时,必须考虑纸张的伸缩性。这种情况下,可先确定出 A、B 两点的坐标 (x_A, y_A) 和 (x_B, y_B),再用下式计算出 AB 的水平距离:

$$D_{AB} = \sqrt{(x_B - x_A)^2 + (y_B - y_A)^2} \tag{11-5}$$

四、在图上确定某直线的坐标方位角

(1) 图解法 若要求 AB 的方位角 α_{AB},可先过 A 和 B 点作坐标纵线的平行线,再用量角器直接量出 AB 的方位角 α'_{AB} 和反方位角 α'_{BA},取其平均值作为最后的结果,如图 11-2。

$$\alpha_{AB} = 1/2 \left[\alpha'_{AB} + (\alpha'_{BA} \pm 180°) \right] \tag{11-6}$$

(2) 解析法 精确确定 AB 方位角的方法是解析法。该方法是先量取 A、B 的坐标 (x_A, y_A) 和 (x_B, y_B),再用坐标反算公式求出直线 AB 的方位角 α_{AB},即:

$$\alpha_{AB} = \arctan \frac{y_B - y_A}{x_B - x_A} \tag{11-7}$$

五、在图上确定某直线的坡度

直线的坡度是直线两端点的高差 h 与水平距离 D 之比,用 i 表示。即:

$$i = \frac{h}{D} \tag{11-8}$$

坡度一般用百分率表示。如果直线两端点间的各等高线平距相近,求得的坡度可以认为基本上符合实际坡度;如果直线两端点间的各等高线平距不等,则求得的坡度只是直线端点之间的平均坡度。若确定某处两相邻等高线间的坡度,则按下式确定。

$$i = \frac{h}{Md} \tag{11-9}$$

式中,h 为等高距;M 为比例尺分母;d 为该处两等高线间的平距。

第三节 地形图在工程建设中的应用

地形图广泛应用于国民经济各部门,是规划、设计与施工的重要图纸资料,很多技术问题可在图纸上解决。不同的用户抱着不同的目的使用地形图,应用的内容也不尽相同。在工程建设方面,主要用地形图进行面积量算、选择最短路径、绘制剖面图、确定汇水面积等。这里主要就一些典型应用做介绍。

一、面积量算

在土地规划与利用、植树造林、农业生产、工程建设、地籍和房地产测量等方面,经常会遇到面积测定的问题。面积测定的方法很多,除了解析法可以直接用野外测定的边界点坐标计算地块面积之外,其余均在地形图上或断面图上进行量测和计算。

(一) 几何法

1. 几何图形法

几何图形法是在图上量取图形中的某些长度元素，用几何公式求出图形的面积。如果所量长度元素为图上长度，则求得的面积为图上的面积，化为实地面积时应乘以图的比例尺分母的平方。几何图形法用于求几何形状规则的图形面积，常用的简单几何图形为矩形、三角形和梯形。如果需要量测面积的图形不是简单图形，这时可将复杂图形分割成简单图形进行量测，如图 11-4 所示。

 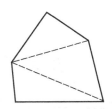 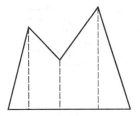

图 11-4　几何图形法求面积

2. 解析法

解析法是利用多边形顶点的坐标值计算面积的方法。如图 11-5 中，1、2、3、4 为多边形的顶点，多边形的每一边与坐标轴及坐标投影线（图上垂线）都组成一个梯形。

多边形的面积 S 即为这些梯形面积的和与差。图 11-5 中，四边形面积 S_{1234} 为梯形 $1y_1y_22$ 的面积加上梯形 $2y_2y_33$ 的面积再减去梯形 $1y_1y_44$ 和 $4y_4y_33$ 的面积，即：

$$S_{1234}=S_{1y_1y_22}+S_{2y_2y_33}-S_{1y_1y_44}-S_{4y_4y_33}$$

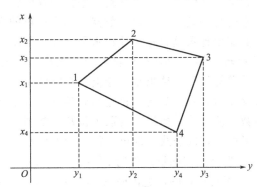

图 11-5　解析法求面积

按各点的坐标可写成下式：

$$S=\frac{1}{2}(x_1+x_2)(y_2-y_1)+\frac{1}{2}(x_2+x_3)(y_3-y_2)-\frac{1}{2}(x_3+x_4)(y_3-y_4)-\frac{1}{2}(x_4+x_1)(y_4-y_1)$$

$$=\frac{1}{2}\{x_1(y_2-y_4)+x_2(y_3-y_1)+x_3(y_4-y_2)+x_4(y_1-y_3)\}$$

对于 n 点多边形，其面积公式的一般形式为：

$$S=\frac{1}{2}\sum_{1}^{n}x_i(y_{i+1}-y_{i-1}) \tag{11-10}$$

同理可推出：

$$S=\frac{1}{2}\sum_{1}^{n}y_i(x_{i+1}-x_{i-1}) \tag{11-11}$$

（二）求积仪法

求积仪一般用于量测图上面积较大或图形呈曲线形状的面积。求积仪可分为机械求积仪和电子求积仪两类。

1. 机械求积仪

机械求积仪通常为定极求积仪，定极求积仪由极臂、描图臂和一套计数器等部件组成，如图 11-6 所示。

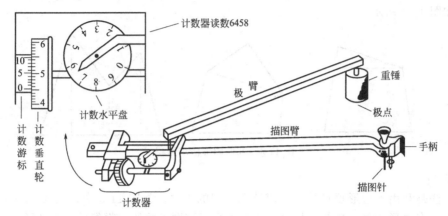

图 11-6 定极求积仪

极臂的长度是一定的，其一端有一个重锤，重锤下面有一小针以固定在图上，称为极点。极臂可以绕极点作圆周转动。极臂的另一端有球形短柄，插入描图臂的孔内，把两臂结合起来，可以活动。描图臂又称航臂，它的一端附有手柄和描图针，手柄是人的扶手，描图针用来沿面积边线行进。它的另一端装有一套计数器，是求积仪的主要部件，它在描图臂上的位置是可以调整的。计数器由计数垂直轮、计数水平盘和计数游标组成。计数水平盘分为 10 格，每格相当于垂直轮旋转一周。计数垂直轮上分十大格，每大格再分十等分，所以垂直轮本身为 100 小格。计数游标尺可以读出垂直轮上一小格的 1/10。

当描图臂沿面积边线移动时，水平盘与垂直轮随着转动，从水平盘上读取千位数，从垂直轮中读取百位数和十位数，从计数游标尺上读取个位数，如图 11-6 中的读数为 6458。

根据读数的变化，再通过一定的公式，即可求得图形的面积，计算公式为：

当极点在图形之外时 $S' = C(n_2 - n_1)$

当极点在图形之内时 $S' = C(n_2 - n_1) + Q$ （11-12）

式中，C 为求积仪第一常数；Q 为求积仪第二常数。C、Q 都可以在说明书上查得，也可用已知常数予以测定。

使用时，首先将航针对准图形轮廓线的一点作起点，在计数器件上读出起始读数 n_1，然后手扶手柄使航针沿图形轮廓线绕行一周，再读出终点读数 n_2，根据上面公式计算出图形的面积。图形面积再乘以比例尺分母的平方，即得实地面积。

2. 电子求积仪

电子求积仪也称数字求积仪。随着电子技术的发展，现已在求积仪的机械装置上加上了电子计算设备，成为电子求积仪，使测定面积

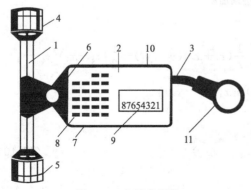

图 11-7 电子求积仪

1—动极轴；2—操作面板；3—跟踪臂；4,5—动极；6—转轴；7—积分车；8—操作键；9—显示器；10—交流转换器插座；11—跟踪放大镜

的精度更高,范围更大,功能更多,使用更方便。如图 11-7 所示为 KP-90N 型动极式电子求积仪。

使用电子求积仪时,先将跟踪放大镜置于图形中心,使动极轴与跟踪臂成 90°的角,拉转二三次,检查是否灵活。然后打开电源,设定单位和比例尺。单位、比例尺确定后,先在图形中心的左侧边缘标明一个记号,作为量算起点,将跟踪放大镜对准于此点,按开始键后,用跟踪放大镜顺时针沿图形周界扫描一周回到起点,其显示数值即为图形所代表的实地面积。为了提高量算精度,同一面积重复量测三次,取其平均值作为最后的结果。该平均值在按一定键后可自动显示。另外,在需要的时候,还可以累加测量,即可以累测两块以上的面积。电子求积仪的精度约为万分之二。

二、按限制坡度选择最短路线

在山地或丘陵地区进行道路、管线等工程设计中,常常要求以线路不超过某一限制坡度为条件,选定一条最短路线或等坡度路线。

在图 11-8 中,若地形图比例尺为 1:1000,等高距为 1m。现需从 A 点到 B 点确定出一条坡度不超过 5%的最短路线。首先确定出在规定坡度下路线通过处的相邻等高线的最短间距,根据式(11-9) 得:

$$d=\frac{h}{Mi} \qquad (11-13)$$

代入已知数据,得:

$$d=\frac{1}{1000\times 5\%}=0.02(m)=2cm$$

然后以 A 点为圆心,以 d(2cm) 为半径作弧,与相邻等高线相交得 a 点,再以 a 点为圆心,以 d 为半径作弧,与下一等高线交

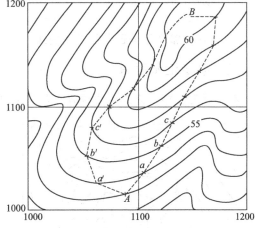

图 11-8 按限制坡度选择最短路线

得 b 点,依次进行,直至 B 点。最后连接相邻点,即得一条 5%的坡度线 $Aab…B$。同样在地形图上还可作另一条路线 $Aa'b'…B$,可作为一个比较方案。

作限制坡度路线图时,选择等高线间距为 d 的方向为限制坡度的最短路线方向。若选等高线间距小于 d 的方向,显然坡度要超过 5%,若选等高线间距大于 d 方向,则路线长度会增加。当某处以 d 为半径作弧而无法与下一条等高线相交时,说明选择任何方向都能满足限制坡度的要求,此时,我们一般根据路线走向选定下一个点。

三、沿指定方向绘制纵断面图

在进行道路、管线、隧道等工程设计时,为了合理地确定线路的纵坡,以及进行填挖土方量的概算,需要较详细地了解沿线路方向上,地面的高低起伏情况。为此,常需要根据地形图上的等高线来绘制地面的断面图。如图 11-9 所示,现要绘制 AB 方向的断面图,方法如下。

① 首先在图纸上绘制直角坐标系。以横轴表示水平距离,水平距离比例尺一般与地形图比例尺相同,以纵轴表示高程。为了明显地表示地面的起伏状况,断面图的高程比例尺一般比水平距离比例尺大 10 倍;然后在纵轴上注明高程,并按等高距作与横轴平行的高程线。高程起始值要选择恰当,使绘出的断面图位置适中。

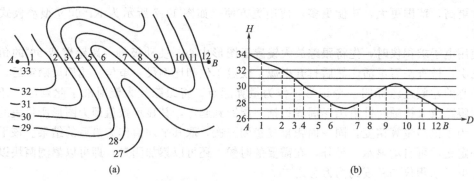

图 11-9 规定路线断面图的绘制

② 将直线 AB 与图上等高线的交点用数字或字母进行标号，如 1、2、3…，并量取 A1、12、23、…、12B 的距离，按这些距离在横坐标轴上标出各点。

③ 判别出 A、B 及各点的高程，并从横轴上的 1、2、…、B 各点分别作垂线，与各点对应的同高程线交点即为各点在断面图上的位置。

④ 将各相邻高程位置点用光滑曲线连接起来，即为 AB 方向的断面图。

四、确定汇水面积

在实际工作中，修筑道路时有时要跨越河流或山谷，这时就必须建桥梁或涵洞；兴修水库必须筑坝拦水。而桥梁、涵洞孔径的大小，水坝的设计位置与坝高，水库的蓄水量等，都要根据汇集于这个地区的水流量来确定。汇集水流量的面积称为汇水面积。

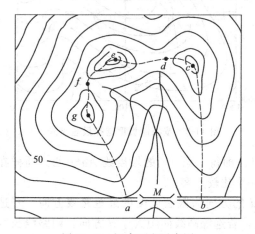

图 11-10 汇水面积示意图

由于雨水是沿山脊线（分水线）向两侧山坡分流，所以汇水面积的边界线是由一系列的山脊线连接而成的。如图 11-10 所示，一条公路经过山谷，拟在 M 处架桥或修涵洞，其孔径大小应根据流经该处的流水量决定，而流水量又与山谷的汇水面积有关。从图上可以看出，由山脊线 $bcdefga$ 所围成闭合图形就是 M 上游的汇水范围的边界线，量测该汇水范围的面积，再结合气象水文资料，便可进一步确定流经公路 M 处的水量，从而对桥梁或涵洞的孔径设计提供依据。

确定汇水面积的边界线时，应注意以下几点。

① 边界线（除公路 ab 段外）应与山脊线一致，且与等高线垂直。

② 边界线是经过一系列的山脊线、山头和鞍部的曲线，并与河谷的指定断面（公路或水坝的中心线）闭合。

第四节 地形图在平整土地中的应用

在农林基本建设、城市规划和其他一些工程建设中，除了要求布局合理外，往往还要结合地形作必要的改造，使改造后的地形适合于工程建设的需要。这种地形改造工作称为土地平整。在土地平整工作中，为了计算工期和投入的劳动力，力求场地内的土方填挖平衡合理，往往先用地形图进行土方的概算，以便以不同方案进行比较，从中选择最佳方案。平整场地中应用设计等高线法比较多，下面介绍这种方法。

一、设计成水平场地

如图 11-11 所示，该图为一幅 1∶1000 比例尺的地形图，假设要求将原地貌按挖填土方量平衡的原则改造成平面，其步骤如下。

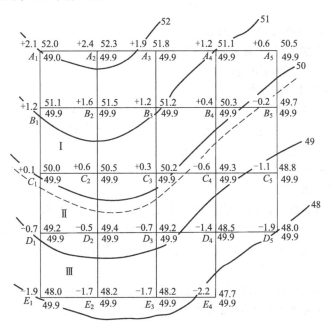

图 11-11　整理成水平场地

1. 在地形图上绘制方格网

在地形图上拟建场地内绘制方格网。方格网的大小取决于地形复杂程度、地形图比例尺大小以及土方概算的精度要求，一般方格的边长为 10m 或 20m 为宜，图 11-11 中方格边长为 20m。方格的方向尽量与边界方向、主要建筑物方向或施工坐标方向一致。然后给各方格点编号，并将各方格点的点号注于方格点的左下角，如图中的 A_1、A_2、…、E_3、E_4 等。

2. 求各方格网点的地面高程

根据地形图上的等高线，用内插法求出每一方格网点的地面高程，并注记在相应方格点的右上方，如图 11-11 所示。

3. 计算设计高程

用加权平均法计算出原地形的平均高程，即为将场地平整成水平面时使填挖土（石）方量保持平衡的设计高程。具体方法如下。

先将每一方格顶点的高程加起来除以 4，得到各方格的平均高程，再把每个方格的平均高程相加除以方格总数，就得到设计高程 $H_设$，即

$$H_设 = \frac{H_1 + H_2 + \cdots + H_n}{n} \tag{11-14}$$

式中，H_n 为每一方格的平均高程；n 为方格总数。

从设计高程 $H_设$ 的计算方法和图 11-11 可以看出：方格网的角点 A_1、A_5、D_5、E_4、E_1 的高程只用了一次，边点 A_2、A_3、A_4、B_1、B_5、C_1、C_5、D_1、E_2、E_3 等点的高程用了两次，拐点 D_4 的高程用了三次，而中间点 B_2、B_3、B_4、C_2、C_3、C_4、D_2、D_3 等点的高程都用了四次，若以各方格点对 $H_设$ 的影响大小（实际上就是各方格点控制面积的大小）作为"权"的标准，如把用过 i 次的点的权定为 i，则设计高程的计算公式可写为：

$$H_设 = \frac{\sum P_i H_i}{\sum P_i} \tag{11-15}$$

式中，P_i 表示相应各方格点 i 的权。

现将图 11-11 各方格点的地面高程代入式(11-15)，即可计算出设计高程为：$H_设 = 49.9$m。并注于各方格点的右下角。

4. 计算各方格点填、挖数值

根据设计高程和各方格顶点的高程，可以计算出每一方格顶点的挖、填高度，即：

$$挖、填高度 = 地面高程 - 设计高程 \tag{11-16}$$

将图中各方格顶点的挖、填高度写于相应方格顶点的左上方，如 $+2.1$、-0.7 等。正号为挖深，负号为填高。

5. 确定填挖边界线

在地形图上根据等高线，用目估法内插出高程为 49.9m 的高程点，即填挖边界点，（又称零点）。连接相邻零点的曲线（图中虚线），称为填挖边界线。在填挖边界线一边为填方区域，另一边为挖方区域。零点和填挖边界线是计算土方量和施工的依据。

6. 计算填、挖土（石）方量

计算填、挖土（石）方量有两种情况：一种是整个方格全填（或挖）方，如图 11-12 中方格Ⅰ、Ⅲ；另一种是既有挖方，又有填方的方格，如图中的Ⅱ。

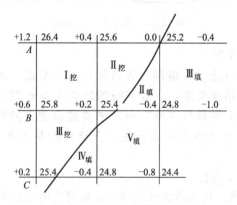

图 11-12 方格法估算土方

现以方格Ⅰ、Ⅱ、Ⅲ为例，说明计算方法如下。

方格Ⅰ全为挖方，则

$$V_{1挖} = \frac{1}{4}(1.2 + 1.6 + 0.1 + 0.6) \times A_{1挖} = +0.875 A_{1挖} (m^3)$$

方格Ⅱ既有挖方，又有填方，则

$$V_{2挖} = \frac{1}{4}(0.1 + 0.6 + 0 + 0) \times A_{2挖} = +0.175 A_{2挖} (m^3)$$

$$V_{2填} = \frac{1}{4}(0+0-0.7-0.5) \times A_{2填} = -0.3A_{2填}(\text{m}^3)$$

方格Ⅲ全为填方，则

$$V_{3填} = \frac{1}{4}(-0.7-0.5-1.9-1.7) \times A_{3填} = -1.2A_{3填}(\text{m}^3)$$

式中，$A_{1挖}$、$A_{2挖}$、$A_{2填}$、$A_{3填}$分别为方格Ⅰ、Ⅱ、Ⅲ中相应的填挖面积。

又如（如图 11-12 所示）：设每一方格面积为 400m^2，计算的设计高程是 25.2m，每一方格的挖深或填高数据已分别按式(11-16)计算出，并已注记在相应方格顶点的左上方。于是，可按式(11-16)列表（见表 11-1）分别计算出挖方量和填方量。从计算结果可以看出，挖方量和填方量基本是相等的，满足"挖、填平衡"的要求。

表 11-1　土方量计算表

方格序号	挖填数值/m	所占面积/m²	挖方量/m³	填方量/m³
Ⅰ挖	+1.2、+0.4、+0.6、+0.2	400	240	
Ⅱ挖	+0.4、0、+0.2、0	266.7	40	
Ⅱ填	0、0、-0.4	133.3		18
Ⅲ填	0、-0.4、-0.4、-1.0	400		180
Ⅳ挖	+0.6、+0.2、+0.2、0、0	311.1	62	
Ⅳ填	-0.4、0、0	88.9		12
Ⅴ挖	+0.2、0、0	22.2	2	
Ⅴ填	0、0、-0.4、-0.4、-0.8	377.8		121
			Σ:344	Σ:331

二、设计成一定坡度的倾斜地面

利用自然地形，也可以将地面设计成一定坡度的倾斜面，通常要求所设计的倾斜面必须包含一些固定的地面高程点，如城市道路中主、次干道的中线高程点等。在这种情况下，可以根据高程控制点高程确定设计倾斜面的等高线的平距和方向。

如图 11-13 所示，M、E、D 为高程控制点，地面高程分别为 53.3m、50.6m、52.4m。现将原地形改造为等倾斜面，且该倾斜面通过 M、E、D 点，其设计步骤如下。

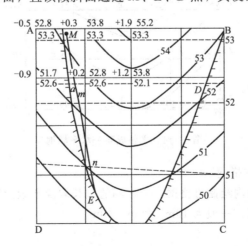

图 11-13　平整为设计坡度的倾斜面

1. 确定设计倾斜面等高线的平距和方向

连接 M、E 两点，根据 M、E 两点的地面高程，用内插等高线的方法，在 ME 直线上定出 52m、51m 两条设计等高线的通过位置，如图中 m、n 点。

在直线 ME 上，根据 mn 的间距，确定出高差为 0.4m 时在该直线上的长度，由此定出该线上 52.4m 高程的设计位置 a，连接 aD（图中短虚线）后，过 m、n 作 aD 的平行线（图中长虚线）得 52m、51m 设计等高线。再根据已作出的设计等高线平距，作出 53m 设计等高线。

2. 确定填、挖分界线

连接设计等高线与原地形同名等高线的各交点，即为填、挖分界线。图中用锯齿线表示，锯齿朝向表示需填的方向。

3. 确定方格顶点的填、挖高度

根据原地形图等高线，用内插法求出各顶点的地面高程，并注在顶点右上方。同理根据设计等高线求出各顶点的设计高程，注在右下方，把地面高程减去设计高程，即得填、挖高度，并注在方格顶点左上方。"＋"表示挖去，"－"表示填进。

4. 设计填、挖土方量

根据各方格顶点的填、挖高度，用与前面相同的方法计算各方格的填、挖土方量及整个场地整理成倾斜面后的填、挖总土方量。

三、根据控制高程点设计倾斜面

图 11-14 为一幅 40cm×40cm 的地形图，比例尺为 1:1000，要求将其整理成某一设计高程的水平场地，而且填土和挖土的土石方要求基本平衡，并概算土石方量。设计步骤如下。

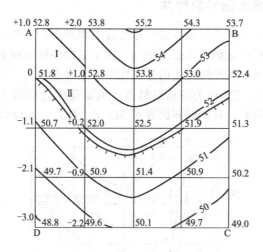

图 11-14 平整成某一水平场地

1. 在地形图上绘制方格网

在地形图上平整场地内绘制方格网，方格网的边长取决于地形图的比例尺、地形复杂的程度和土石方计算的精度，一般为 10m、20m、40m。

2. 计算设计高程

用内插法或目估法求出各方格顶点的地面高程，并注在相应顶点的右上方。将每一方格的顶点高程取平均值（即每个方格顶点高程之和除以 4），最后将所有方格的平均高程相加，再除以方格总数，即得地面设计高程。

$$H_{设} = \frac{1}{n}(H_1 + H_2 + \cdots + H_n) \tag{11-17}$$

式中，n 为方格数；H 为第 n 方格的平均高程。

图 11-14 中，计算所得的设计高程为 51.8m。

3. 绘出填、挖分界线

根据求得的设计高程，在图上用内插法绘出 51.8m 的等高线。该等高线即为填、挖分界线。如图 11-14 所示，锯齿线即为填、挖分界线。

4. 计算各方格顶点的填、挖高度

各方格顶点的地面高程与设计高程之差，即为填挖高度，并注在相应顶点的左上方，即：

$$h = H_{地} - H_{设} \tag{11-18}$$

式中，h 为"+"号表示挖方，"-"为填方。

5. 计算填、挖土石方量

先计算每一方格的填、挖土方量，然后计算总的填、挖土方量。例如方格 I 全为挖方，则

$$V_{I挖} = \frac{1}{4}(1.0 + 2.0 + 1.0 + 0.0)S_1 = 1.0S_1 (\text{m}^3)$$

方格 II 有挖、有填，则分开计算：

$$V_{II挖} = \frac{1}{4}(0.0 + 1.0 + 0.2 + 0.0)S' = 0.3S' (\text{m}^3)$$

$$V_{II填} = \frac{1}{3}[0 + 0 + (-1.1)]S'' = -0.37S'' (\text{m}^3)$$

式中，S_1 为方格 I 的面积；S' 为方格 II 中挖部分的面积；S'' 为方格 II 中填部分的面积。最后将各方格填、挖土方量各自累加，即得填、挖的总土方量。

思考题与习题

1. 地形图应用的基本内容有哪些？它们在图上是如何进行量测的？
2. 在 1:2000 地形图上，若等高距为 2m，现要设计一条坡度为 5% 的等坡度最短路线，问路线上相邻等高线的最短间隔应为多少？
3. 如何在地形图上确定汇水范围？
4. 在绘制某一方向的断面图时，为什么要将高程方向的比例尺确定得大一些？
5. 常用的量测面积的方法有哪些？
6. 将某一起伏斜面整理成某一高程的水平面时，如何确定填、挖分界线？
7. 在图 11-15 所示的 1:2000 地形图上完成以下工作。

(1) 确定 A、C 两点的坐标。
(2) 计算 AC 的水平长度和方位角。
(3) 求 A、C、D、E 四点的高程。
(4) 求 AC 连线的坡度。
(5) 由 A 到 B 定出一条坡度不超过 5% 的最短路线。
(6) 绘制沿 AB 方向的断面图。

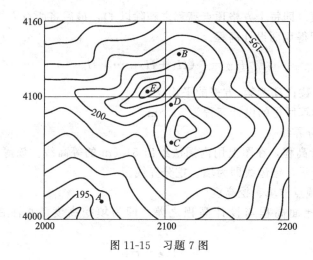

图 11-15 习题 7 图

8. 在图 11-15 中，欲将此区域设计成通过 A、B、C 三点的等倾斜面，试在图上画出此倾斜面的设计等高线（等高距为 1m），并在图上绘出填、挖分界线。

第十二章
测绘新技术简介

第一节 全站仪简介

全站仪是全站型电子速测仪的简称,它由光电测距仪、电子经纬仪和数据处理系统组成。

用全站仪可以任意测算出斜距、平距、高差、高程、水平角、方位角、竖直角,还可以测算出点的坐标或根据坐标进行自动测设等测量工作,即人工设站瞄准目标后,通过操作仪器上的操作按键即可自动记录被测地面点的坐标、高程等参数。

全站仪现已广泛应用于控制测量、工程放样、安装测量、变形监测、地形测绘和地籍测量等领域,成为实现测量工程内外业一体化、自动化、智能化的关键硬件系统。

一、全站仪的结构原理

全站仪按结构一般分为组合式和整体式两种。组合式全站仪的测距部分和电子经纬仪不是一个整体,测量时,将光电测距仪安装在电子经纬仪上进行作业,作业结束后卸下来分开装箱。整体式全站仪则将光电测距仪与电子经纬仪集成一体,也就是将测距部分和测角部分设计成一体的仪器,它可以同时进行角度测量和距离测量;望远镜的视准轴和光波测距部分的光轴是同轴的,并可通过电子处理记录和传输测量数据,使用更为方便。按数据存储方式来分,全站仪可分为内存型与电脑型。内存型全站仪所有程序固化在存储器中,不能添加,也不能改写,因此无法对全站仪的功能进行扩充,只能使用全站仪本身提供的功能;而电脑型全站仪则内置 MjcrosoftDOS 等操作系统,所有程序均运行于其上,可根据测量工作的需要以及测量技术的发展,操作者可进行软件的开发,并通过添加程序来扩充全站仪的功能。

因整体式全站仪具有使用方便,功能齐全,自动化程度高,兼容性强等诸多优点,已作为常用的测量仪器普遍使用。

全站仪的结构原理如图 12-1 所示。键盘是测量过程中的控制系统,测量人员通过按键调用所需要的测量工作过程和测量数据处理。图 12-1 中左半部分包含有测量的四大光电系统:测水平角、测竖直角、测距和水平补偿。以上各系统通过 I/O 接口接入总线与数字计算机系统连接。

微处理器是全站仪的核心部件,仪器瞄准目标棱镜后,按操作键,在微处理器的指令控制下启动仪器进行测量工作,可自动完成水平角测量、竖直角测量、距离测量等测量工作。还可以将其运算处理成指定的平距、高差、方位角、点的坐标和高程等结果,并进行测量过程的检核、数据传输、数据处理、显示、存储等工作。输入、输出单元是与外部设备连接的

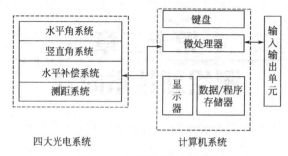

图 12-1 全站仪的结构原理

程的检核、数据传输、数据处理、显示、存储等工作。输入、输出单元是与外部设备连接的装置（接口），它可以将测量数据传输给计算机。为便于测量人员设计软件系统，处理某种目的的测量工作，在全站仪的数字计算机中还提供有程序存储器。

整体式全站仪的种类很多，精度、价格不一。全站仪的精度主要从测角精度和测距精度两方面来衡量。国内外生产的高、中、低等级全站仪多达几十种。目前普遍使用的全站仪有：日本拓普康（Topcon）公司的 GTS 系列、索佳（Sokkia）公司的 SET 系列及 Power-SET 系列、宾得（Pentax）公司的 PTS 系列、尼康（Nikon）公司的 DTM 系列；瑞士徕卡（Leica）公司的 WildTC 系列；中国南方测绘公司的 NTS 系列等。

无论哪个品牌的全站仪，其主要外部构件均由望远镜、电池、显示器及键盘、水准器、制动和微动螺旋、基座、手柄等组成。

二、全站仪的主要性能指标

衡量一台全站仪的性能指标有：精度（测角及测距）、测程、测距时间、程序功能、补偿范围等。表 12-1 中列出了南方测绘公司的 NTS600 系列全站仪的主要性能指标供参考。

三、全站仪的操作与使用

不同厂家、不同型号的全站仪的操作使用是不相同的，但是，基本构造类似，且全站仪测量的基本原理及测量方法与光学测量仪器基本一致。所以，在学习全站仪的操作与使用时，主要是掌握全站仪的基本操作步骤。下面以南方测绘公司的 NTS600 全站仪系列为例作简要介绍。

（一）仪器的基本结构和主要特点

1. 仪器结构

南方测绘公司的 NTS600 系列全站仪的外貌和结构如图 12-2 所示。该仪器属于整体式结构，测角、测距等使用同一望远镜和同一处理系统，盘左和盘右各设一组键盘和液晶，操作方便。

2. 键盘设置

（1）NTS-660 全站仪（中文版）采用 8 行简体中文显示，字体清晰、美观，操作面板如图 12-3 所示。

（2）操作键功能说明 见表 12-2 所示。

（3）F1～F6 键功能 F1～F6 键功能见表 12-3。例如角度测量模式如图 12-4 所示。

表 12-1 全站仪主要性能指标

			NTS-662	NTS-663	NTS-665
距离测量					
最大距离(良好天气)		单个棱镜	1.8km	1.6km	1.4km
		三个棱镜	2.6km	2.3km	2.0km
数字显示			最大:9999999.999m 最小:1mm		
精度			2+2 ppm		
单位			米 m/英尺 ft 可选		
测量时间			精测单次 3 秒,跟踪 1 秒		
平均测量次数			可选取 1~99 次的平均值		
气象修正			输入参数自动改正		
大气折光和地球曲率改正			输入参数自动改正,$K=0.14/0.2$ 可选		
棱镜常数修正			输入参数自动改正		
角度测量					
测角方式			光电增量式		
光栅盘直径(水平、竖直)			79mm		
最小显示读数			1″/5″可选		
探测方式			水平盘:对径		
			垂直盘:对径		
精度			2″	3″	5″
望远镜					
成像			正像		
镜筒长度			154mm		
物镜有效孔径			望远:45mm,测距:50mm		
放大倍率			30×		
视场角			1°30′		
最小对焦距离			1m		
分辨率			3″		
最小对焦距离			1m		
自动垂直补偿器					
系统			双轴液体电子传感补偿		
工作范围			±3′		
精度			1″		
水准器					
管水准器			30″/2mm		
圆水准器			8′/2mm		
光学对中器					
成像			正像		
放大倍率			3×		
调焦范围			0.5m~∞		
视场角			5°		
显示部分					
类型			双面,图形式		
数据传输(接口)			RS-232C		
机载电池					
电源			可充电镍—氢电池		
电压			直流 6V		
连续工作时间			8 小时		
尺寸及重量					
外形尺寸			200mm×180mm×350mm		
重量			6.0kg		

206 测量学基础

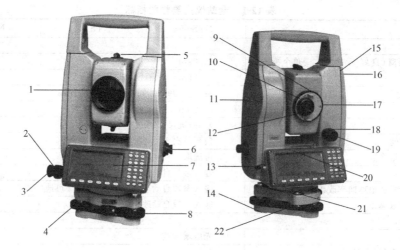

图 12-2 南方 NTS600 系列全站仪的外貌和结构

1—物镜；2—水平制动螺旋；3—水平微动螺旋；4—脚螺旋；5—粗瞄准器；6—光学对中器；7—显示屏；8—基座固定钮；9—望远镜把手；10—目镜调焦螺旋；11—仪器中心标志；12—目镜；13—数据通讯接口；14—底板；15—电池锁紧杆；16—电池NB-30；17—望远镜调焦螺旋；18—垂直制动螺旋；19—垂直微动螺旋；20—管水准器；21—圆水准器；22—圆水准器校正螺旋

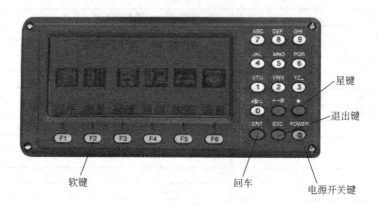

图 12-3 南方 NTS-660 全站仪

表 12-2 操作键功能说明

按 键	名 称	功 能
F1～F6	软 键	功能参见所显示的信息
0～9	数字键	输入数字，用于欲置数值
A～/	字母键	输入字母
ESC	退出键	退回到前一个显示屏或前一个模式
★	星 键	用于仪器若干常用功能的操作
ENT	回车键	数据输入结束并认可时按此键
POWER	电源键	控制电源的开/关

表 12-3　F1～F6 键功能说明

模式	显示	软键	功　　能
角度测量	斜距	F1	倾斜距离测量
	平距	F2	水平距离测量
	坐标	F3	坐标测量
	置零	F4	水平角置零
	锁定	F5	水平角锁定
	记录	F1	将测量数据传输到数据采集器
	置盘	F2	预置一个水平角
	R/L	F3	水平角右角/左角变换
	坡度	F4	垂直角/百分度的变换
	补偿	F5	设置倾斜改正
			若打开补偿功能,则显示倾斜改正值
斜距测量	测量	F1	启动斜距测量
			选择连续测量/N 次(单次)测量模式
	模式	F2	设置单次精测/N 次精测/重复精测/跟踪测量模式
	角度	F3	角度测量模式
	平距	F4	平距测量模式,显示 N 次或单次测量后的水平距离
	坐标	F5	坐标测量模式,显示 N 次或单次测量后的坐标
	记录	F1	将测量数据传输到数据采集器
	放样	F2	放样测量模式
	均值	F3	设置 N 次测量的次数
	m/ft	F4	距离单位米或英尺的变换
平距测量	测量	F1	启动平距测量
			选择连续测量/N 次(单次)测量模式
	模式	F2	设置单次精测/N 次精测/重复精测/跟踪测量模式
	角度	F3	角度测量模式
	斜距	F4	斜距测量模式,显示 N 次或单次测量后的倾斜距离
	坐标	F5	坐标测量模式,显示 N 次或单次测量后的坐标
	记录	F1	将测量数据传输到数据采集器
	放样	F2	放样测量模式
	均值	F3	设置 N 次测量的次数
	m/ft	F4	米或英尺的变换
坐标测量	测量	F1	启动坐标测量
			选择连续测量/N 次(单次)测量模式
	模式	F2	设置单次精测/N 次精测/重复精测/跟踪测量模式
	角度	F3	角度测量模式
	斜距	F4	斜距测量模式,显示 N 次或单次测量后的倾斜距离
	平距	F5	平距测量模式,显示 N 次或单次测量后的水平距离
	记录	F1	将测量数据传输到数据采集器
	高程	F2	输入仪器高/棱镜高
	均值	F3	设置 N 次测量的次数
	m/ft	F4	米或英尺的变换
	设置	F5	预置仪器测站点坐标

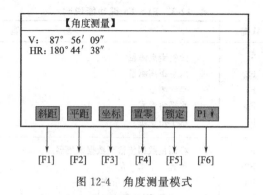

图 12-4 角度测量模式

软键功能标记在显示屏的底行，该功能随测量模式的不同而改变。

3. 主要特点

(1) 菜单图形显示 南方 NTS-660 全站仪采用图标菜单，智能化程度高，功能强大，操作方便，并可为用户量身定制测量程序，满足各种专业测量和工程测量的需求。

(2) 绝对数码度盘 预装绝对数码度盘，仪器开机即可直接进行测量。即使中途重置电源，方位角信息也不会丢失。

(3) 强大的内存管理 选用 16M 内存，可存储测量数据或坐标数据多达 4 万个，并可以方便地进行内存管理，对数据进行增加、删除、修改、传输。

(4) 望远镜镜头更轻巧 新一代 NTS-660 全站仪在原有的基础上，对外观及内部结构进行了更加科学合理的设计，望远镜镜头更加小巧，方便测量。

(5) 仪器倾斜图形显示 此新型全站仪增加了仪器倾斜的图形显示，用户可根据显示屏上电子气泡的走向来整平仪器，直观、方便、快捷。

(6) 预装标准测量程序 除具备常用的基本测量模式(角度测量、距离测量、坐标测量)和特殊测量程序(悬高测量、偏心测量、对边测量、距离放样、坐标放样、后方交会)之外，还预装了标准测量程序，为控制测量、地形测量、工程放样提供了极大方便。

(7) 简体中文显示（仅对中文版而言） NTS-660 全站仪（中文版）采用 8 行简体中文显示，字体清晰、美观，为仪器操作带来了方便。

(二) 仪器的操作和使用

1. 测量前的准备工作

首先安装电力充足的配套电池，也可以使用外部电源。对中、整平工作与普通经纬仪操

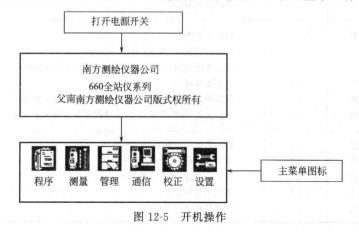

图 12-5 开机操作

作方法相同,如果实施测距工作等则需要在目标处设置反光棱镜。

2. 开机

如图 12-5 所示。

确认显示窗中显示有足够的电池电量,当电池电量不多时,应及时更换电池或对电池进行充电。

3. 角度测量

确认在角度测量模式下

操 作 步 骤	按键	显 示
①照准第一个目标(A)	照准 A	【角度测量】 V： 87°56′09″ HR：130°44′38″ 斜距 平距 坐标 置零 锁定 P1↓
②设置目标 A 的水平角读数为 0°00′00″ 按[F4](置零)键和[F6](设置)键	[F4] [F6]	【水平度盘置零】 HR：0° 00′00″ 退出　　　　　　　　　　设置 【角度测量】 V： 87°56′09″ HR：0° 00′00″ 斜距 平距 坐标 置零 锁定 P1↓
③照准第二个目标(B) 仪器显示目标 B 的水平角和垂直角	照准 B	【角度测量】 V： 57°16′09″ HR：120°44′38″ 斜距 平距 坐标 置零 锁定 P1↓

4. 距离测量

确认在角度测量模式下

操 作 步 骤	按键	显 示
①照准棱镜中心	照准	【角度测量】 V： 87°56′09″ HR：120°44′38″ 斜距 平距 坐标 置零 锁定 P1↓

续表

操作步骤	按键	显示

②按[F1](斜距)键或[F2](平距)键,并按[F2](模式)键,选择连续精测模式,※1),※2)	[F2]	【平距测量】
		V : 87°56′09″
		HR: 120°44′38″
		HD: <
		VD: PSM 30
		                   PPM 0
		                  (m) *F.R
		测量 模式 角度 斜距 坐标 P1↓

[示例]平距测量 显示测量结果※3)~※6)		【平距测量】 V : 87°56′09″ HR: 120°44′38″ HD: 796.097 PSM 30 VD: 4.001 PPM 0 (m) F.R 测量 模式 角度 斜距 坐标 P1↓

※1)显示在窗口第四行右面的字母表示如下测量模式。
　　F:精测模式　　　　T:跟踪模式
　　R:连续(重复)测量模式　S:单次测量模式　N:N次测量模式
※2)若要改变测量模式,按[F2](模式)键,每按下一次,测量模式就改变一次。
※3)当电子测距正在进行时,"＊"号就会出现在显示屏上。
※4)测量结果显示时伴随着蜂鸣声。
※5)若测量结果受到大气折光等因素影响,则自动进行重复观测。
※6)返回角度测量模式,可按[F3](角度)键。

5. 坐标测量

实际上坐标测量也是通过测量角度和距离,再由仪器内的软件根据已知点坐标来计算未知点坐标的,根据坐标正算原理,所以在坐标测量前须先输入测站点坐标和后视点坐标或已知方位角,下面以直接输入测站点坐标和已知方位角为例来说明。

坐标测量的操作步骤:

操作步骤	按键	显示
①设置测站坐标和仪器高/棱镜高。※1) ②设置已知点的方向角。※2) ③照准目标点	设置方向角 照准	【角度测量】 V : 87°56′09″ HR: 120°44′38″ 斜距 平距 坐标 置零 锁定 P1↓

④按[F3](坐标)键。※3)	[F3]	【坐标测量】
		N: <
		E:
		Z: PSM 30
		                 PPM 0
		                (m) *F.R
		测量 模式 角度 斜距 平距 P1↓

⑤显示测量结果		【坐标测量】
		N: 14235.458
		E: -12344.094
		Z: 10.674
		                 PSM 30
		                 PPM 0
		                (m) F.R
		测量 模式 角度 斜距 平距 P1↓

续表

操 作 步 骤	按键	显 示

※1)若未输入测站点坐标,则以缺省值(0,0,0)作为测站坐标。若未输入仪器高和棱镜高,则亦以 0 代替,测站点坐标、仪器高和棱镜高的输入见说明书
※2)参见说明书相关部分
※3)按[F2](模式)键,可更换测距模式(单次精测/N 次精测/重复精测/跟踪测量)
●要返回正常角度或距离测量模式可按[F6](P2↓)键进入第 1 页功能,再按[F3](角度),[F4](斜距)或[F5](平距)键

6. 放样测量

(1) 按距离进行放样 该功能可显示测量的距离与预置距离之差,显示值＝观测值－标准(预置)距离,可进行各种距离测量模式如平距(HD)、高差(VD)或斜距(SD)的放样。

[示例：高差的放样]

操 作 步 骤	按键	显 示

①在距离测量模式下按[F6](P1↓)键进入第 2 页功能	[F6]	【平距测量】
		V ： 87°56′09″
		HR: 120°44′38″
		HD : <
		VD : PSM 30
		                PPM 0
		               (m) *F.R
		测量 模式 角度 斜距 坐标 P1↓
		记录 放样 均值 m/ft P2↓

②按[F2](放样)键	[F2]	【放样】 HD: VD: 退出 左移

③输入待放样的高差值并按[ENT]键。
观测开始
	输入放样值
	[ENT]
		【平距测量】
		V ： 90°10′20″
		HR: 120°30′40″
		HD : <
		dVD: PSM 30
		               PPM 0
		              (m) *F.R
		记录 放样 均值 m/ft P2↓
		【平距测量】
		V ： 90°10′20″
		HR: 120°30′40″
		HD : 12.345
		dVD: 0.009 PSM 30
		                PPM 0
		               (m) F.R
		记录 放样 均值 m/ft P2↓

●一旦将标准距离重新设置为"0"或关机,即可返回到正常距离测量模式

(2) 设置方向角和放样坐标点　如图12-6所示,方向角选项利用测站点和后视点坐标计算后视方向角,一旦设置了后视方向角,便可以进行坐标放样。

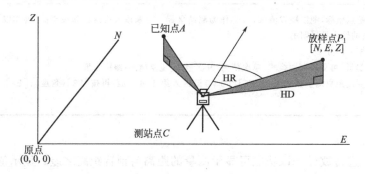

图12-6　坐标放样示意图

操作步骤：

操 作 步 骤	按键	显　　　示
①在主菜单中按[F1](程序)键	[F1]	【程序】　　　　　　　5/9 F1 标准测量　p F2 设置方向　p F3 导线测量　p F4 悬高测量　p F5 对边测量　p 　　　　　　　　　翻页
②按[F6]键进入该菜单的第2页	[F6]	【程序】　　　　　　　9/9 F1 角度复测　p F2 坐标放样　p F3 线高测量　p F4 偏心测量　p 　　　　　　　　　翻页
③按[F3](坐标放样)键 显示放样菜单屏幕 如创建过作业,屏幕中会显示作业信息	[F3]	【放样】 F1 设置方向角 F2 设置放样点 F3 坐标数据 F4 选项 作业名　　SOUTH 点　数　　　10 格网因子　1.000000
④按[F1]键设置方向角	[F1]	【设置测站点】 记录号　　1 点号：1 数字　空格　←　→　↑　↓

续表

操作步骤	按键	显示
⑤A 输入测站点点号。测站点号可以是数字或字符 如点号以字符开头，按[F1]（字母）键便允许输入数字，参见 3.12 节"输入字符和数字" ⑤B 如仪器内存中没有该测站点的坐标值，便显示输入该点坐标的输入屏幕 按[F1]（输入）键进行输入测站点的坐标 如需要零值，按[F6]（确认）键 如坐标值是其他数据，则输入坐标并按[ENT]键接受该数据 ● 注意：点号和坐标值在输入完后，不存储在内存中	[F1] 输入点号 [F1] 输入坐标 [F6]	A 【设置测站点】 记录号　　1 点号：1 数字　空格　←　→　↑　↓ B 【设置方向值】 测站点 　N：0.000 m 　E：0.000 m 　Z：0.000 m 输入　　　　　　　　　　确认
⑥A 下一屏幕提示输入后视点的点号。点号也可以是数字或字符，如在仪器内存中存在该点号和坐标值则进入到第⑦步，如内存中没有该点的数据则进入⑥B ⑥B 如仪器内存中没有该后视点的坐标数据，便显示输入该点坐标的输入屏幕。输入坐标后按[ENT]键接受该坐标值 ● 注意：按[F1]（退出）键返回到第④步 按[F6]键将光标由右向左移，用于编辑前一个字符		A 【设置后视点】 记录号　　2 点号：2 数字　空格　←　→　↑　↓ B 【设置方向值】 后视点 　N：1000.000　m 　E：1000.000 　Z：0.000　m 退出　　　　　　　　　　左移
⑦下一屏幕显示后视方位角。如方位角正确，用仪器瞄准后视点后锁定仪器。按[F5]（是）键接受该方位角 如对该方位角不满意按[F6]（否）键返回到⑥A ● 注意：在按（是）前应确保瞄准的后视点正确，以免放错坐标点		【设置方向值】 方位角 　H(B)：20°00′00″ > 设置吗？ 　　　　　　　　　是　否
⑧输入仪器高后按[ENT]键	输入仪器高 [ENT]	【设置放样点】 仪器高：1.600 退出　　　　　　　　　　左移

续表

操作步骤	按键	显示
⑨A 输入放样点的点号 如内存中存在该点的坐标，便进入到第⑩步 如内存中没有该点号，便进入到第⑨B	输入点号	A 【设置放样点】 记录号 1 点号：3 数字 空格 ← → ↑ ↓
⑨B 输入放样点的坐标值，并在输入完每一坐标值后按[ENT]键。继续进行第⑩步。	输入坐标值 [ENT]	B 【设置放样点】 N: 1000.000 m E: 0.000 m Z: 0.000 m 退出　　　　　　　　左移
⑩输入放样点的棱镜高	输入棱镜高	【设置放样点】 棱镜高：1.750 退出　　　　　　　　左移
⑪显示待放样点的放样角度和放样距离 从后视点，仪器应旋转45°23′45″才能转到放样点的方向上，平距23.901是仪器到放样点的距离。		【放样】 [F1] [F2] [F3] [F4] [F5] [F6]

[F1]至[F6]键的说明：

[F1]（角度）——该项选择显示实际的水平角（HR）和放样角度（dHR）。当仪器转到放样点的方向时，（HR）显示的便是待放样的角度，而（dHR）显示的为零（0°00′00″）	HR: 243°26′07″ dHR: 0°00′03″ （跟踪） 角度 距离 精粗 坐标 指挥 继续 [F1] [F2] [F3] [F4] [F5] [F6]
可以从[F2]～[F5]键中的任一键中选择角度选项	
[F2]（距离）——一旦持镜人在仪器方向上，便可完成到放样点的距离测量，（HD）显示为测量的实际距离，(dHD)显示的为持镜人到放样点的距离。距离测量的默认模式为精测的重复测量模式	（跟踪测量模式屏幕） HD: 25.364 m dHD: 2.045 m （跟踪） 角度 距离 精粗 坐标 指挥 继续 [F1] [F2] [F3] [F4] [F5] [F6]

续表

[F3]（精粗）——允许仪器操作者将距离测量从跟踪测量模式转换为精测模式。按一次便转换一次模式，在精测模式中会显示高差，按[F3]键两次将测量模式转换为先前的跟踪测量模式	（重复精测测量模式屏幕） HD:　　25.364 m dHD:　　2.045 m dZ:　　-0.800 m （精测） 角度 距离 精粗 坐标 指挥 继续 [F1] [F2] [F3] [F4] [F5] [F6]
[F4]（坐标）——该项选择允许仪器操作者在放样完该点后测量该点的坐标	N:　　0.002 m E:　　-0.001 m Z:　　0.001 m （跟踪） 角度 距离 精粗 坐标 指挥 继续 [F1] [F2] [F3] [F4] [F5] [F6]
[F5]（指挥）——在放样点位时使用定向点指示器，仪器操作者可以方便的指示持镜员的移动。选项可显示向朝着仪器的方向前移（向后），或要么朝向远离仪器的方向移动（向前）的距离。当持镜员偏离放样点的方向时可以通过（向右）或（向左）显示的距离来移动。也可以显示填挖信息，该功能允许仪器操作者查看当前放样点的填挖泥土信息，详细信息请参见本章的定向选项的介绍	→　向右　1.562 m ↑　向前　0.895 m ↑　向上　1.009 m （跟踪） 角度 距离 精粗 坐标 指挥 继续 [F1] [F2] [F3] [F4] [F5] [F6]
[F6]（继续）——该选项允许仪器操作者进行其他点位的放样	【设置放样点】 记录号　2 点号：5 数字 空格 ← → ↑ ↓

以上只是介绍了南方测绘 NTS600 系列全站仪的一些基本操作，还有许多其他功能，如导线测量、悬高测量、对边测量、角度复测、坐标放样、线高测量、偏心测量等，可参阅随机的操作手册进行操作。

第二节　GPS 全球定位系统简介

一、概述

GPS 是英文"NAVSTAR/GPS"的简称，全名为 Navigaion System Timing and Ranging/Global Positioning System，即"授时与测距导航系统/全球定位系统"。

美国的全球卫星定位系统（GPS）计划自 1973 年起步，1978 年首次发射卫星，1994 年完成 24 颗中等高度圆轨道（MEO）卫星组网，历时 16 年，耗资 120 亿美元。至今，已先后发展了三代卫星。整个系统由空间部分、控制部分和用户部分组成，具有全球性、全天候、高精度、连续的三维测速、导航、定位与授时能力。最初主要应用于军事领域，但由于其定位技术的高度自动化及其定位结果的高精度，很快也引起了广大民用部门，尤其是测量单位的关注。特别是近十几年来，GPS 技术在应用基础的研究、各领域的开拓及软、硬件的开发等方面都取得了迅速的发展，使得该技术已经广泛地渗透到了经济建设和科学研究的许多领域。GPS 技术给大地测量、工程测量、地籍测量、航空摄影测量、变形监测、资源勘察等多种学科带来了深刻的技术革新。与传统的测量技术相比较，GPS 技术具有以下特点。

（1）测站间无需通视　GPS 测量不要求测站间互相通视，只需要测站上空开阔即可，因此可节省大量的造标费用。由于无需点间通视，点位位置可根据需要，可稀可密，使选点工作甚为灵活，同时还可以省去经典大地网中的传算点，过渡点的测量工作。

（2）定位精度高　应用实践表明，GPS 相对定位精度在 50km 以内可达 10^{-6}，100～500km 可达 10^{-7}，1000km 以上可达 10^{-9}。在 300～1500m 工程精密定位中，1 小时以上观测的解其平面位置误差小于 1mm，与 ME-5000 电磁波测距仪测定的边长比较，其边长较差最大为 0.5mm，较差中误差为 0.3mm。

（3）观测时间短　随着 GPS 系统的不断完善，软件的不断更新，目前，20km 以内相对静态定位，仅需 15～20 分钟；快速静态相对定位测量时，当每个流动站与基准站相距在 15km 以内时，流动站观测时间只需 1～2 分钟；动态相对定位测量时，流动站出发时观测 1～2 分钟，然后可随时定位，每站观测仅需几秒钟。

（4）可提供三维坐标　即在精确测定观测站平面位置的同时，还可以精确测定观测站的大地高程。

（5）操作简便　随着 GPS 接收机不断改进，自动化程度越来越高，有的已达"傻瓜化"的程度；接收机的体积越来越小，重量越来越轻，极大地减轻测量工作者的工作紧张程度和劳动强度，使野外工作变得轻松愉快。

（6）全天候作业　目前 GPS 观测可在一天 24 小时内的任何时间进行，不受一般天气状况的影响。

（7）功能多应用广　GPS 系统不仅可以用于测量、导航，还可用于测速、测时。测速的精度可达 0.1m/s，测时的精度可达几十毫微秒。事实上 GPS 的应用领域上至航空航天，下至捕鱼、导游和农业生产，已经无所不在，正如人们所说的"GPS 的应用，仅受人类想象力的制约"。

二、GPS 系统的组成

GPS 系统包括三大部分：空间卫星部分、地面监控部分和用户接收设备部分。

（一）空间卫星部分

GPS 卫星星座由 21 颗工作卫星加三颗在轨道备用卫星组成，记作（21＋3）GPS 星座。如图 12-7 所示，24 颗卫星均匀分布在六个轨道平面内，轨道倾角为 55°，各个轨道平面之间相距 60°，即轨道的升交点赤经相差 60°。卫星运行周期为 11 小时 58 分钟（12 恒星时），载波频率为 1.575GHz 和 1.227GHz，卫星通过天顶时卫星的可见时间为 5 小时，在地球表面上任何时刻，在卫星高度角 15°以上，平均可同时观测到 6 颗卫星，最多可达 11 颗卫星。例如在我国北纬 34°48′，东经 114°28′一天内能够看到的 GPS 卫星数为：全天有 50% 的时间能够看到 7 颗 GPS 卫星；有 30% 的时间能够看到 6 颗 GPS 卫星；有 15% 的时间能够看到 8 颗 GPS 卫星；有 5% 的时间能够看到 5 颗 GPS 卫星。在用 GPS 信号导航定位时，为了解算测站的三维坐标，必须同时观测 4 颗 GPS 卫星，称为定位星

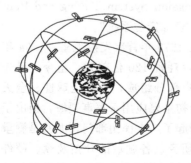

图 12-7　GPS 卫星星座

座。这四颗卫星在观测过程中的几何位置分布对定位精度有一定的影响。对于某地某时,甚至不能测得精确的点位坐标,这种时间段叫做"间歇段"。但这种时间间歇段是很短暂的,并不影响全球绝大多数地方的全天候、高精度、连续实时的导航定位测量。

在 GPS 系统中,GPS 的卫星的作用可概括如下。

① 用 L 波段的两个无线载波(19cm 和 24cm 波段)向地面用户连续不断地发送导航定位信号(简称 GPS 信号),并用导航电文报告自己的现势位置以及其他在轨卫星的大概位置。

② 在卫星飞越注入站上空时,接收由地面注入站用 S 波段(10cm)发送到卫星的导航电文和其他有关信息,并通过 GPS 信号电路,适时地发送给广大用户。

③ 接受地面主控站通过注入站发送的卫星调度命令,适时地改正运行偏差或启用备用时钟等。

(二)地面监控系统

GPS 工作卫星的地面监控系统包括一个主控站、三个注入站和五个监测站,系统分布如图 12-8 所示。

图 12-8　地面监控系统分布

主控站设在美国本土科罗拉多。主控制站的任务是收集、处理本站和监测站收到的全部资料,编算出每颗卫星的星历和 GPS 时间系统,将预测的卫星星历、钟差、状态数据以及大气传播改正编制编制成导航电文传送到注入站。同时主控制站还负责纠正卫星的轨道偏离,必要时调度卫星,让备用卫星取代失效的工作卫星。另外还负责监测整个地面监测系统的工作。检验注入给卫星的导航电文,监测卫星是否将导航电文发给用户。

三个注入站分别设在大西洋的阿森松岛、印度洋的迪戈加西亚岛和太平洋的卡瓦加兰。任务是将主控制站发来的导航电文注入到相应卫星的存储器。每天注入三次,每次注入 14 天的星历。此外,注入站能自动向主控站发射信号,每分钟报告一次自己的工作状态。

五个监测站除了位于主控站和三个注入站之外的四个站以外,还在夏威夷设置了一个监测站。监测站的主要任务是为主控站提供卫星的观测数据。每个监测站均用 GPS 信号接收机对每颗可见卫星每 6 分钟进行一次伪距测量和积分多普勒观测,采用气象要素等数据。在主控站的遥控下自动采集定轨数据并进行各项改正,每 15 分钟平滑一次观测数据,依次推算出每 2 分钟间隔的观测植,然后将数据发送给主控站。

(三) 用户接收设备部分

用户接收设备部分包括 GPS 接收机和数据处理软件等。GPS 接收机一般由主机、天线和电池三部分组成，是用户的核心部分。其主要任务是：能够捕捉到一定卫星高度截止角所选择的待测卫星的信号，并跟踪这些卫星的运行，对所接收到的 GPS 卫星进行变换、放大和处理，以便测量出 GPS 的从卫星到接收机天线的传播时间，解译导航电文，实时地计算出测站的三维位置，甚至三维速度和时间。

GPS 接收机类型很多，按用途来分，有导航型、测地型和授时型；按工作模式来分，有码相关型、平方型和混合型；按接收的卫星信号频率来分，有单频（L_1）和双频（L_1、L_2）接收机等。在精密定位测量工作中，一般采用测地型双频接收机或单频接收机。

GPS 接收机一般用蓄电池作电源，同时采用机内机外两种直流电源。设置机内电池的目的在于更换外电池时不断连续观测。在用机外电池的过程中，机内电池自动充电，关机后，机内电池为 RAM 存储器供电，以防止丢失数据。

近年来，国内引进了许多种类的 GPS 测地型接收机。各种类型的 GPS 测地型接收机用于精密相对定位时，其双频接收机精度可达 5mm＋1ppm·D，单频接收机在一定距离内精度可达 10mm＋2ppm·D。用于差分定位其精度可达亚米级至厘米级。

目前，各种类型的 GPS 接收机体积越来越小，重量越来越轻，便于野外观测。而同时能接收 GPS 和 GLONASS 卫星信号的全球导航定位系统接收机也已经问世。

三、GPS 定位的基本原理

测量工作的实质是要确定地面点的空间位置。在早期解决这一问题都是采用天文测量的方法，即通过测定北极星、太阳或者其他天体的高度角和方位角以及观测时间，来确定地面点在该时间的经纬度位置和某一方向的方位角。这种方法受到气候条件的制约，而且定位精度较低。

20 世纪 60 年代以后，随着空间技术的发展和人造卫星的相继升空，人们设想在绕地球运行的人造卫星上装置有无线电信号发射机，则在接收机钟的控制下，可以测定信号到达接收机的时间 Δt，进而求出卫星和接收机之间的距离为：

$$s = c\Delta t + \sum \delta_i$$

式中　c——信号传播的速度；

δ_i——各项改正数。

但是，卫星上的原子钟和地面上接收机的钟不会严格同步，假如卫星的钟差为 v_t，接收机的钟差为 v_T，则由卫星上的原子钟和地面上接收机的钟不同步对距离的影响为：

$$\Delta s = c(v_t - v_T)$$

现在欲确定待定点 P 的位置，可在该处安置一台 GPS 接收机，如果在某一时刻 t_1 同时测得了 4 颗 GPS 卫星（A，B，C，D）的距离 S_{AP}，S_{BP}，S_{CP}，S_{DP}，则可列出 4 个观测方程为：

$$S_{AP} = [(x_P - x_A)^2 + (y_P - y_A)^2 + (z_P - z_A)^2]^{\frac{1}{2}} + c(v_{tA} - v_T)$$

$$S_{BP} = [(x_P - x_B)^2 + (y_P - y_B)^2 + (z_P - z_B)^2]^{\frac{1}{2}} + c(v_{tB} - v_T)$$

$$S_{CP} = [(x_P - x_C)^2 + (y_P - y_C)^2 + (z_P - z_C)^2]^{\frac{1}{2}} + c(v_{tC} - v_T)$$

$$S_{DP} = [(x_P - x_D)^2 + (y_P - y_D)^2 + (z_P - z_D)^2]^{\frac{1}{2}} + c(v_{tD} - v_T)$$

式中 (x_A, y_A, z_A)，(x_B, y_B, z_B)，(x_C, y_C, z_C)，(x_D, y_D, z_D) 分别为卫星（A，

B，C，D) 在 t_1 时刻的空间直角坐标; $(v_{tA}$，v_{tB}，v_{tC}，$v_{tD})$ 分别为 t_1 时刻 4 颗卫星的钟差，它们均由卫星所广播的卫星星历来提供。

求解上列方程，即得待定点 P 的空间直角坐标 x_P，y_P，z_P。

由此可见，GPS 定位的实质就是根据高速度运动的卫星瞬间位置作为已知的起算数据，采取空间距离交会的方法，确定待定点的空间位置。

测量学中有测距交会定点位的方法。与其相似，无线电导航定位系统、卫星激光测距定位系统，其定位原理也是利用测距交会的原理定点位。利用 GPS 进行定位，就是把卫星视为"动态"的控制点，在已知其瞬时坐标（可根据卫星轨道参数计算）的条件下，以 GPS 卫星和用户接收机天线之间的距离（或距离差）为观测量，进行空间距离后方交会，从而确定用户接收机天线所处的位置。

利用 GPS 进行定位的方式有多种，按用户接收机天线所处的状态来分，可分为静态定位与动态定位，按参考点的位置不同，可分为单点定位和相对定位。

（一）静态定位与动态定位

1. 静态定位

静态定位是指 GPS 接收机在进行定位时，待定点的位置相对其周围的点位没有发生变化，其天线位置处于固定不动的静止状态。此时接收机可以连续不断地在不同历元同步观测不同的卫星，获得充分的多余观测量，根据 GPS 卫星的已知瞬间位置，解算出接收机天线相对中心的三维坐标。由于接收机的位置固定不动，就可以进行大量的重复观测，所以静态定位可靠性强，定位精度高，在大地测量工程测量中得到了广泛的应用，是精密定位中的基本模式。

准静态定位是指静止不动只是相对的。在卫星大地测量学中，在两次观测之间（一般为几十天到几个月）才能反映出发生的变化。

2. 动态定位

动态定位是指在定位过程中，接收机位于运动着的载体上，天线也处于运动状态的定位。动态定位是用 GPS 信号实时地测得运动载体的位置。如果按照接收机载体的运行速度，还可以将动态定位分为低动态（几十米/秒）、中等动态（几百米/秒）、高动态（几公里/秒）三种形式。其特点是测定一个动点的实时位置，多余观测量少、定位精度较低。

（二）单点定位和相对定位

1. GPS 单点定位

如图 12-9 所示，GPS 单点定位也叫绝对定位，就是采用一台接收机进行定位的模式，它所确定的是接收机天线相位中心在 WGS-84 世界大地坐标系统中的绝对位置，所以单点定位的结果也属于该坐标系统。GPS 绝对定位的基本原理是以 GPS 卫星和用户接收机天线之间的距离（或距离差）观测量为基础，并根据已知可见卫星的瞬时坐标来确定用户接收机天线相位中心的位置。该方法广泛应用于导航和测量中的单点定位工作。

GPS 单点定位的实质就是空间距离交会。因此，在一个测站上观测 3 颗卫星获取 3 个独立的距离观测数据就够了。但是由于 GPS 采用了单程测距原理，此时卫星钟与用户接收机钟不能保持同步，所以实际的观测距离均含有卫星钟和接收机钟不同步的误差影响，习惯上称之为伪距。其中卫星钟差可以用卫星电文中提供的钟差参数加以修正，而接收机的钟差只能作为一个未知参数，与测站的坐标在数据的处理中一并求解。因此，在一个测站上为了求解出 4 个未知参数（3 个点位坐标分量和 1 个钟差系数），至少需要 4 个同步伪距观测值。也就是说，至少必须同时观测 4 颗卫星。

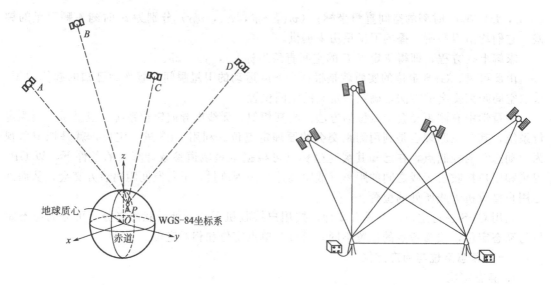

图 12-9　GPS 单点定位示意图　　　图 12-10　GPS 相对定位示意图

单点定位的优点是只需一台接收机即可独立定位，外业观测的组织及实施较为方便，数据处理也较为简单。缺点是定位精度较低，受卫星轨道误差、钟同步误差及信号传播误差等因素的影响，精度只能达到米级，所以该定位模式不能满足大地测量精密定位的要求。但它在地质矿产勘查等低精度的测量领域仍然有着广泛的应用前景。

2. GPS 相对定位

如图 12-10 所示，GPS 相对定位又称为差分 GPS 定位，是采用两台以上的接收机（含两台）同步观测相同的 GPS 卫星，以确定接收机天线间的相互位置关系的一种方法。其最基本的情况是用两台接收机分别安置在基线的两端，同步观测相同的 GPS 卫星，确定基线端点在世界大地坐标系统中的相对位置或坐标差（基线向量），在一个端点坐标已知的情况下，用基线向量推求另一待定点的坐标。相对定位可以推广到多台接收机安置在若干条基线的端点，通过同步观测 GPS 卫星确定多条基线向量。

由于同步观测值之间有着多种误差，其影响是相同的或大体相同的，这些误差在相对定位过程中可以得到消除或减弱，从而使相对定位获得极高的精度。当然，相对定位时需要多台（至少两台以上）接收机进行同步观测，故增加了外业观测组织和实施的难度。

在单点定位和相对定位中，又都可能包括静态定位两种方式。其中静态相对定位一般均采用载波相位观测值为基本观测量，这种定位方法是当前 GPS 测量定位中精度最高的一种方法，在大地测量、精密工程测量、地球动力学研究和精密导航等精度要求较高的测量工作中被普遍采用。

四、GPS 测量的实施

GPS 测量也分为外业和内业两大部分。其外业工作主要包括选点、建立测量标志、野外观测、成果质量检核等内容；而内业工作则主要包括测量的技术设计、测后数据处理及技术总结等内容。

（一）GPS 测量的技术设计

GPS 测量的技术设计是进行 GPS 定位最基本的工作，要依据国家有关规范（规程）及 GPS 网的用途、用户的要求，对测量工作的图形、精度及基准等进行具体设计，技术设计前，要尽可能收集测区各种比例尺地形图、各类控制点成果及测区有关地质、气象、交通、通信、行政区划等方面的资料，必要时需进行踏勘、调查。

（二）GPS 测量的选点与埋石

由于 GPS 测量不要求测站之间相互通视，而且网的图形结构也比较灵活，所以选点工作比常规控制测量的选点要简便，但是良好的点位对于保证观测工作的顺利进行和测量结果的可靠性亦有着重要意义。选点应按照有关规范（规程）所提出的工作原则进行。

GPS 网点一般应埋设具有中心标志的标石，以精确标志点位，点位标石和标志必须稳定、坚固，以利长久保存和利用。在基岩露头地区，也可直接在基岩上嵌入金属标志。点位标石埋设后，应明确点名、点号。

（三）GPS 外业观测

GPS 外业观测工作主要包括：天线安置、开机观测、观测记录等内容。

观测前，应将天线安置在测站上，对中、整平，并保证天线定向误差不超过 $3°\sim5°$，测定天线的高度及气象参数。在离开天线适当位置安放 GPS 接收机，按通接收机与电源、天线、控制器的连接电缆，并经过预热和静置，可启动接收机进行观测。接收机锁定卫星并开始记录数据后，观测员可使用专用功能键和选择菜单，查看有关信息，如接收卫星数量、各通道信噪比、相位测量残差、实时定位的结果及其变化、存储介质记录等情况。观测记录形式主要有两种：测量记录及测量手簿。测量记录由 GPS 接收机自动进行，均记录在存储介质（如硬盘、硬卡或记忆卡等）上；测量手簿是在接收机启动前及观测过程中，由观测者按规程规定的记录格式进行记录。

每当观测任务结束时，必须对观测数据的质量进行分析并作出评价，以确保观测成果和定位结果的预期精度。

（四）GPS 测量数据处理

GPS 接收机采集记录的是信号接收机天线至卫星的伪距、载波相位和卫星星历等数据。GPS 测量数据处理要从原始的观测值出发得到最终的测量定位成果，其数据处理过程大致包括 GPS 测量数据的基线向量解算、GPS 基线向量网平差、GPS 网平差或与地面网联合平差等几个阶段。

思考题与习题

1. 何谓全站仪？它由哪几部分组成？一般具有哪些测量功能？
2. 简述全站仪的结构与原理。
3. 衡量一台全站仪性能的主要指标有哪些？
4. 简述全站仪测量水平角的主要步骤。
5. 简述全站仪距离测量的主要步骤。
6. 简述全站仪坐标测量的主要步骤。
7. 简述全站仪使用时的注意事项。
8. GPS 全球定位系统由哪几部分构成？
9. GPS 全球定位系统的应用有哪些特点？
10. 什么是 GPS？它如何进行数据处理？

参 考 文 献

[1] 赵雪云,李峰.工程测量.北京:中国电力出版社,2007.
[2] 索效荣,李天和.地形测量.北京:煤炭工业出版社,2007.
[3] 高井祥.数字测图原理与方法.北京:中国矿业大学出版社,2001.
[4] 周建郑.建筑工程测量技术.武汉:武汉理工大学出版社,2002.
[5] 郑庄生.建筑工程测量.北京:中国建筑工业出版社,1995.
[6] 周相玉.建筑工程测量.第2版.武汉:武汉理工大学出版社,2002.
[7] 王云江,赵西安.建筑工程测量.北京:中国建筑工业出版社,2002.
[8] 中华人民共和国国家标准.工程测量规范(GB 50026—93).北京:中国计划出版社,1993.
[9] 国家标准局.地形图图式.1∶500,1∶1000,1∶2000.北京:测绘出版社,1988.
[10] 合肥工业大学,重庆建筑大学,天津大学,哈尔滨建筑大学合编.测量学.北京:中国建筑工业出版社,1995.
[11] 周建郑.建筑工程测量.北京:化学工业出版社,2005.
[12] 李生平.建筑工程测量.第2版.武汉:武汉工业大学出版社,2003.
[13] 李金如.地形测量学.北京:地质出版社,1983.
[14] 邹永康.工程测量.武汉:武汉大学出版社,2000.
[15] 王金山,周园.测量学基础.北京:教育科学出版社,2003.
[16] 周建郑.GPS测量定位技术.北京:化学工业出版社,2004.
[17] 魏静,王德利.建筑工程测量.北京:机械工业出版社,2004.
[18] 本社编.工程建设标准规范分类汇编:测量规范.北京:中国建筑工业出版社,1997.
[19] 武汉测绘科技大学《测量学》编写组.测量学.第3版.北京:测绘出版社,1993.
[20] 李青岳.工程测量学.北京:测绘出版社,1992.
[21] 林文介.测绘工程学.广州:华南理工大学出版社,2003.
[22] 刘玉珠.土木工程测量.广州:华南理工大学出版社,2001.
[23] 李仲.建筑工程测量.重庆:重庆大学出版社,2006.
[24] 林玉祥,杨华.GPS技术及其在测绘中的应用.北京:教育科学出版社,2005.
[25] 赵雪云,李峰.工程测量技能测试与辅导.北京:人民交通出版社,2007.

前　言

　　测量学基础实训是工程测量技术专业重要的实践性教学环节之一。只有通过课堂实训，才能真正实现把理论知识转化为实践技能的职业教育目的，使学生熟练掌握测量的各项基本技能，提高应用测量知识与技能解决工程实际问题的能力；才能实现对测量学基本知识的融会贯通，引导学生专业入门，为后续课程打好基础，从而实现高职教育的培养目标。

　　为了更好地指导学生顺利完成测量学基础课堂实训内容，真正达到实训目的，加强过程控制与考核，特编制本实训指导书。这样既能方便学生使用，又便于各院校教学资料和文件的存档。另外，还可以作为教师对学生进行实践考核或技能测试的参考。带 * 的项目可以作为选做内容。

　　本实训指导书由李峰编写。

　　由于编者水平有限，难免存在不足与欠妥之处，恳请广大读者批评指正。

编者
2008 年 4 月

目 录

测量学基础实训须知 …………………………………………………………………… 1

实训一　水准仪的认识与使用 …………………………………………………………… 4
实训二　普通水准测量 …………………………………………………………………… 7
实训三　水准仪的检验与校正 …………………………………………………………… 11
实训四　经纬仪的认识和使用 …………………………………………………………… 15
实训五　测回法观测水平角 ……………………………………………………………… 19
实训六　方向法观测水平角 ……………………………………………………………… 22
实训七　垂直角观测 ……………………………………………………………………… 25
实训八　经纬仪的检验与校正 …………………………………………………………… 27
实训九　直线定线和钢尺量距的一般方法 ……………………………………………… 30
实训十　闭合导线测量 …………………………………………………………………… 33
实训十一　四等水准测量 ………………………………………………………………… 36
*实训十二　用前方交会法测量点的平面位置 …………………………………………… 39
实训十三　碎部测量（经纬仪测绘法测图） …………………………………………… 41
*实训十四　全站仪的认识与使用 ………………………………………………………… 44

测量学基础实训须知

一、实训课的目的与要求

1. 实训课的目的

(1) 进一步了解和认识所学测量仪器的构造和性能；

(2) 巩固和验证课堂上所学的理论知识，使理论和实践结合起来；

(3) 掌握测量仪器的使用方法，通过完成测量任务加强技能训练，提高实践操作能力，进而逐步提高应用测量知识与技能解决工程实际问题的能力。

2. 实训课的要求

(1) 每次实训前均需预习教材相关部分并仔细阅读测量实训指导，在弄清楚实训的内容、要求、过程和注意事项的基础上再动手实训，并认真完成规定的实训报告，实训结束后及时上交实训报告。

(2) 实训一般分小组进行。学习委员或班长向任课教师提供分组名单，确定小组负责人（组长），负责组织与协调工作，办理所用仪器的借领和归还手续。每组以 4～6 人为宜，在组长的领导下完成实训任务。

(3) 实训是集体的学习活动，任何人不得无故缺席或迟到，应服从实训指导教师的安排在规定地点进行，实训中要严格按照操作规程规范操作，爱护仪器和现场设施，遵守学校各项规章制度，养成良好的习惯。

(4) 课余时间需要实训时，自行组成实训小组，凭学生证到测量仪器实训室办理手续、领借仪器，自选实训地点并征得实训室管理人员同意后进行实训。

二、测量仪器使用规定

测量仪器是精密光学仪器或光、机、电一体化的贵重设备，对仪器的正确使用、精心爱护和科学保养，是测量人员必须具备的素质，也是保证测量成果的质量、提高工作效率的必要条件。在使用测量仪器时应养成良好的工作习惯，严格遵守下列规则。

1. 仪器的借领

(1) 每次实训借用仪器设备时，应按实训指导老师的要求进行，并应遵守测量仪器室的规定，由各组组长领取并办理借用手续（自行实训凭学生证）。

(2) 测量仪器实训室每次根据实训的任务，按组配备、填好仪器的借用单，各组组长对仪器的借用单清点仪器及附件等，若无问题，由组长在借用单上签名，并将借用单交仪器管理人员后，方可将仪器借出实训室。

(3) 仪器借出后，首先详细检查仪器工具及其附件是否齐全，仪器各部件是否灵活、完好；脚架是否完好等。如有问题及时与仪器管理人员沟通，调换仪器或分清责任。

(4) 实训完毕后，应及时收装仪器工具，送还借领处并由仪器管理人员检查验收，办理归还手续。

(5) 测量仪器属贵重仪器，借出的仪器必须有专人保管，如发生损坏或遗失，应按照学院的规章制度进行赔偿。

2. 仪器的携带与搬迁

(1) 携带仪器前，应检查仪器箱盖是否锁好，背带与手提是否牢固。

(2) 在测量过程中搬站时，只要在可视范围内距离不是太远，一般不必拆卸仪器，先检查连接螺旋是否拧紧，松开各制动螺旋，收拢三脚架，一手握住仪器基座或照准部，一手抱住脚架、夹在腋下，稳步前进。

(3) 贵重仪器或搬站距离较远时，必须把仪器装箱后再搬。

3. 仪器的安装与使用

(1) 三角架的安置必须稳固可靠，应特别注意伸缩腿的稳固。

(2) 打开仪器箱时，应注意仪器箱平稳，以免摔坏仪器。打开箱盖后，应注意观察仪器及附件在箱中的安放位置，以便用毕后将各部件稳妥地放回原处，避免因放错位置而损伤仪器。

(3) 从仪器箱提取仪器时，应先松开制动螺旋，用双手握住仪器支架或基座放到三脚架上，拧紧连接螺旋。连接螺旋不要过紧，以免损坏螺旋；也不要过松，以免仪器脱落。

(4) 仪器从箱中取出后必须立即将箱盖关好，以防止灰尘进入或零件丢失。箱子应放在仪器附近，不准在箱上坐人。

(5) 使用仪器时，必须先旋松制动螺旋，未松开时，不可强行扭转。各处的制动螺旋不可拧得过紧。微动螺旋不可旋到尽头。拨动校正螺钉时，必须小心，先松后紧，松紧适度。

(6) 仪器镜头如有灰尘可用箱内的毛刷或镜头纸擦拭；仪器如有故障，不许自行拆卸，应立即请示指导老师和实训室管理人员进行处理。

(7) 仪器一经架起必须有专人看护，烈日下必须打遮阳伞，以免影响仪器的测量精度。雨天应停止使用仪器。

(8) 仪器用毕后，从三脚架上取下仪器时，应先松开制动螺旋，一手握住仪器支架或基座，一手拧松连接螺旋，用双手从支架上取下装箱。

(9) 将仪器按原位置装入箱内，箱盖若不能关闭时应查看原因，不可强力按下。仪器在箱内正确就位后，拧紧各制动螺旋，关箱上锁。

4. 测量工具的使用

(1) 钢尺应防止扭曲、打结或折断，防止行人踏踩或车辆碾压，避免尺身着水。携尺前进时，不得沿地面拖行。钢尺拉伸时用力应均匀，用毕后应及时擦净、涂油，避免受潮生锈。

(2) 水准尺、花杆应注意防水、防潮，防止横向受力，不能磨损尺面刻度，塔尺应注意接口处的正确连接。不得用水准尺、花杆等抬物或垫坐，以防弯曲。

(3) 小件工具如垂球、测钎、尺垫等应用完即收，防止遗失。

(4) 实训结束后，应清点各项用具，以免丢失，特别注意清点零星物品。

三、测量记录计算规则

测量记录是外业观测成果的记载和内业数据处理的依据。在测量记录、计算时必须严肃认真，一丝不苟，严格遵守以下规则。

(1) 实训记录须填写在规定的表格内，随测随记，不得转抄。记录者应首先"回报"读数然后再记录，以防听错、记错。

（2）所有记录与计算均须用2H或3H绘图铅笔记录，字体应端正清晰，字体大小只能占记录格的一半，以便留出空隙更改错误。

（3）记录表格上规定的内容及项目必须填写，不得空白。

（4）记录簿上禁止擦拭、涂改与挖补，如记错需要改正时，应以横线或斜线划去，不得使原字模糊不清，正确的数字应写在原字的上方。观测数据的尾数（长度单位的厘米、毫米，角度单位的秒）不得更改。

（5）观测成果不能连环涂改。已改过的数字又发现错误时，不准再改，应将部分成果作废重测。水准测量的黑、红面读数，角度测量中的盘左、盘右读数，距离丈量中的往返测读数等，均不能同时更改，否则重测。

（6）观测数据应表现其精度及真实性，如水准尺读数读至毫米，则应记1.530m，不能记成1.53m。观测手簿中，对于有正、负意义的量，必须带上"＋"和"－"号，即使是"＋"号也不能省略。

（7）数据计算时应根据所取的位数，按"4舍6入，5前单进双舍"的规则进行凑整。

（8）记录者记录完一个测站的数据后，应当场进行必要的计算和检核，确认无误后方可迁站。

（9）记录时要严格要求自己，培养良好的作业习惯，严格遵守作业规定，否则全部成果作废，另行重测。

实训一 水准仪的认识与使用

一、实训目的

(1) 了解水准仪的构造，熟悉各部件的名称、功能及作用。
(2) 初步掌握其使用方法，学会水准尺的读数。

二、实训器具

每组借领 DS_3 型微倾式水准仪 1 套，水准尺 1 对，尺垫 1 对，记录夹 1 个。自备实训报告、笔和计算器等。

三、实训内容

(1) 熟悉 DS_3 型微倾式水准仪各部件的名称及作用。
(2) 学会使用圆水准器粗略整平仪器。
(3) 学会调焦与照准目标、消除视差及利用望远镜的中丝在水准尺上读数。
(4) 学会测定地面两点间的高差。

四、实训步骤

1. 安置仪器

张开三脚架，使架头大致水平，高度适中，将脚架稳定（踩紧）。然后用连接螺旋将水准仪固定在三脚架上。

2. 了解水准仪各部件的功能及使用方法

(1) 调节目镜调焦螺旋，使十字丝清晰；旋转物镜调焦螺旋，使物像清晰。
(2) 转动脚螺旋使圆水准器气泡居中（此为粗平）；转动微倾螺旋使水准管气泡居中或气泡两端影像完全吻合（此为精平）。

(3) 用准星和照门来粗略找准目标，旋紧水平制动螺旋，转动水平微动螺旋来精确照准目标。

3. 粗略整平练习

如实训图 1(a) 所示的圆气泡处于 a 处而不居中。为使其居中，先按图中箭头的方向转动 1、2 两个脚螺旋，使气泡移动到 b 处，如实训图 1(b) 所示；再用右手按图 1(b) 中箭头所指的方向转动第三个螺旋，使气泡再从 b 处移动到圆水准器的中心位置。一般需反复操

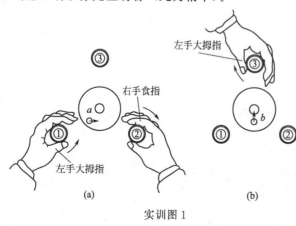

实训图 1

作2～3次即可整平仪器。操作熟练后，三个脚螺旋可一起转动，使气泡更快地进入圆圈中心。

4. 读数练习

概略整平仪器后，用准星和照门瞄准水准尺，旋紧水平制动螺旋。分别调节目镜和物镜调焦螺旋，使十字丝和物像都清晰。此时物像已投影到十字丝平面上，视差已完全消除。转动微动螺旋，使十字丝竖丝对准尺面，转动微倾螺旋精平，用十字丝的中丝读出米数、分米数和厘米数，并估读到毫米，记下四位读数。

5. 高差测量练习

（1）在仪器前后距离大致相等处各立一根水准尺，分别读出中丝所截取的尺面读数，记录并计算两点间的高差。

（2）不移动水准尺，改变水准仪的高度，再测两点间的高差，两次测得的高差之差不应大于5mm。

五、注意事项

（1）读取中丝读数前应消除视差，水准管气泡必须严格符合。

（2）微动螺旋和微倾螺旋应保持在中间运行，不要旋到极限。

（3）水准尺必须有人扶着，不能立在墙上等地方，以防摔坏水准尺。

（4）观测者的身体各部位不得接触脚架。

六、实训问答

1. 水准仪主要操作部件的认识（根据实训图2填实训表1）。

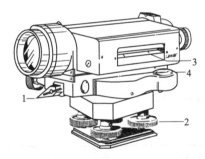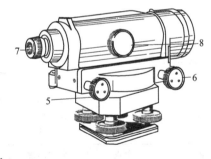

实训图2

实训表1　水准仪主要操作部件及其作用

序号	操作部件	作　　用
1		
2		
3		
4		
5		
6		
7		
8		

2. 水准仪上的圆水准器和管水准器各起什么作用？
   答：

3. 照准目标后，从水准尺上读数需完成哪些操作步骤？按操作的先后次序回答。
   答：

4. 什么是视差？如何消除视差？
   答：

5. 使用微倾式水准仪读数之前是否每次都要将管水准器居中？为什么？
   答：

七、观测记录表

实训表 2　水准仪认识观测记录

仪器号：　　　　　　　　天　气：
观测者：　　　　　　　　记录者：　　　　　　　　日　期：

安置仪器次数	测点	后视读数/m	前视读数/m	高差/m	高程/m
第一次					
第二次					

实训二　普通水准测量

一、实训目的

(1) 掌握普通水准测量的观测、记录、计算和校核方法。
(2) 熟悉水准路线的布设形式。

二、实训器具

DS_3 型微倾式水准仪 1 台，水准尺 1 对，尺垫 1 对，记录夹 1 个。自备实训报告、笔和计算器等。

三、实训内容

(1) 布设水准路线（闭合水准路线测量或附合水准路线测量），至少设置四个测站。
(2) 闭合水准路线测量或附合水准路线测量。
(3) 观测精度满足要求后，根据观测结果进行水准路线高差闭合差的调整和高程计算。
(4) 内业计算可以放在课后进行。

四、实训步骤

从指定水准点出发按普通水准测量的要求施测一条闭合（或附合）水准路线，组内成员可以轮流进行观测，然后计算高差闭合差和高差闭合差的允许值，进行精度评定。若高差闭合差在允许范围之内，则对闭合差进行调整，最后计算各测站改正后的高差和各点高程。若闭合差超限，则应返工重测。

(一) 基本操作步骤

水准仪的基本操作步骤为：安置仪器与粗平、调焦与照准、精平与读数。

1. 安置仪器与粗平

首先，选好测站位置（尽量使前、后视距离相等），在测站上调节三脚架固定螺旋，使其高度适中，然后张开三脚架，撑稳，目估架头大致水平。

从仪器箱中取出水准仪，用连接螺旋将仪器固定在三脚架上。转动脚螺旋使圆水准器气泡居中，完成粗平。

2. 调焦与照准

(1) 目镜调焦　把望远镜对向明亮的背景，转动目镜对光螺旋，使十字丝清晰；
(2) 粗略照准　松开水平制动螺旋，旋转望远镜，使照门和准星的连线对准水准尺，旋紧制动螺旋；
(3) 物镜调焦　转动物镜对光螺旋，使水准尺成像清晰；
(4) 精确瞄准　转动水平微动螺旋，使十字丝纵丝照准水准尺的中央或边缘；
(5) 消除视差　当尺像与十字丝分划板不重合时，眼睛靠近目镜上下微微移动，可看见十字丝横丝在水准尺上的读数随之变动，这种现象叫视差。消除视差的方法是仔细转动目镜对光螺旋与物镜对光螺旋，直至尺像与十字丝网平面重合。

3. 精平与读数

转动微倾螺旋，使符合水准器两半边气泡影像严密吻合，然后立即用十字丝中丝在水准尺上读数。读完后再检查气泡是否居中，如不居中，应再次精平，重新读数。

（二）外业施测过程

安置水准仪于前、后视距离相等的地方，首先调焦与照准后视尺，读取后视读数，记入手簿，然后后视转前视，注意调节微倾螺旋精平仪器，读取前视读数，记入手簿。同法继续进行，经过待定点后返回原水准点。检核计算：后视读数总和－前视读数总和＝高差代数和。

（三）技术规定

1. 视线长度不超过 100m，前、后视距应大致相等。
2. 限差要求：

$$f_{h容} = \pm 40\sqrt{L} \text{（mm）} \quad \text{平地公式}$$

或

$$f_{h容} = \pm 12\sqrt{n} \text{（mm）} \quad \text{山地公式}$$

式中　L——水准路线长度，km；

　　　n——测站数。

原则上，当 $\sum n/\sum L > 15$ 站时，用山地公式。

（四）内业成果计算（见教材第三章第五节）。

五、注意事项

（1）每次读数前水准管气泡要严格居中。

（2）注意用中丝读数，不要读成上或下丝的读数，读数前要消除视差。

（3）后视尺垫在水准仪搬动之前不得移动。仪器迁站时，前视尺垫不能移动。在已知高程点上和待定高程点上不得放尺垫。

（4）水准尺必须扶直，不得前后、左右倾斜。

（5）注意同一测站，圆水准器只能整平一次，即后视转前视时不得再调节脚螺旋，以免改变视线高度。

（6）记录应在观测读数后，一边复诵校核、一边立即记入表格，及时算出高差。

六、实训问答

1. 水准测量中，转点有什么作用？

答：

2. 水准测量中可能会产生哪些测量误差？在测量过程中如何消除或减弱它们的影响？

答：

3. 水准仪在测站上整平后，先读取后视读数，然后由后视转到前视，发现圆水准器气泡偏离中心，此时应如何处理？水准管气泡发生偏离呢？

答：

4. 在一个测站上，若未观测完，而仪器碰动了，怎么办？若前视点尺垫移动，怎么办？

答：

七、观测记录计算表

实训表 3 普通水准测量记录

测自　　点至　　点　　　　天气：　　　　　　　　　日期：
仪器号：　　　　　　　观测者：　　　　　　　　　　记录者：

测站	测点	后视读数/m	前视读数/m	高　差/m		高程/m	备注
				+	−		
校核计算	$\Sigma a-\Sigma b=$		$\Sigma h=$				

实训表 4 普通水准测量成果计算表

根据表 3 外业测量记录进行成果计算。

测段编号	点名	距离/km	实测高差/m	改正数/mm	改正后高差/m	高程/m	点名
1	2	3	4	5	6	7	8
1							
2							
3							
4							
5							
Σ							
辅助计算	$f_h=$　　　　　　　　　$f_{h容}=$ $\lvert f_h \rvert$ ____ $\lvert f_{h容} \rvert$，精度 ____ 要求 $\Sigma V=$　　　　　　　$\Sigma h_{改}=$						

实训三 水准仪的检验与校正

一、实训目的

(1) 熟悉水准仪各主要轴线之间应满足的几何条件。
(2) 掌握 DS_3 型微倾式水准仪的检验和校正方法。

二、实训器具

DS_3 型微倾式水准仪 1 台,水准尺 1 对,尺垫 1 对,记录夹 1 个,校正针 1 根、钟表一字旋具 1 把,皮尺 1 把。自备实训报告、笔和计算器等。

三、实训内容

(1) 水准仪的一般性检验。
(2) 圆水准器的检验和校正。
(3) 望远镜十字丝横丝的检验和校正。
(4) 水准管轴平行于视准轴的检验和校正。

四、实训步骤

1. 水准仪的一般性检验具体包括:三角架是否牢固,连接螺旋、脚螺旋、制动与微动螺旋、对光螺旋等是否灵活、有效,十字丝、望远镜成像是否清晰,仪器绕竖轴旋转是否灵活等。
2. 圆水准器轴平行于仪器竖轴的检验和校正
(1) 检验
① 将仪器置于脚架上,然后踩紧脚架,转动脚螺旋使圆水准器气泡严格居中;
② 仪器旋转 180°,若气泡偏离中心位置,则说明两者相互不平行,需要校正。
(2) 校正
① 如实训图 3,稍微松动圆水准器底部中央的固定螺旋;
② 用校正针拨动圆水准器校正螺钉,使气泡返回偏离中心的一半;
③ 转动脚螺旋使气泡严格居中;
④ 反复检查 2~3 遍,直至仪器转动到任何位置气泡都居中为止。
3. 十字丝横丝垂直于仪器竖轴的检验与校正
(1) 检验
① 严格整平水准仪,用十字丝交点对准一固定小点;
② 旋紧制动螺旋,转动微动螺旋,使望远镜水平移动,如移动时横丝不偏离小点,则条件满足;反之则应校正。
(2) 校正
用小旋具松开十字丝分划板的 3 个固定螺钉,转动十字丝环使横丝末端与小点重合,再

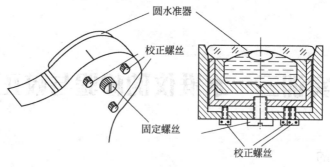

实训图 3

拧紧被松开的固定螺钉。

4. 水准管轴平行于视准轴的检验与校正

（1）检验

① 在比较平坦的地面上选择相距 80～100m 的 A、B 两点，分别在两点上放上尺垫，踩紧并立上水准尺；

② 置水准仪于 A、B 两点的中间，精确整平后分别读取两水准尺上的中丝读数 a_1 和 b_1，求得正确高差 $h_1=a_1-b_1$（为了提高精度并防止错误，可两次测定 A、B 两点的高差，并取平均值作为最后结果）；

③ 将仪器搬至离 B 点 2～3m 处，精确整平后读取 B 尺读数 b_2，计算 $a_2'=b_2+h_1$；

④ 再读取 A 尺读数 a_2，若 a_2 与 a_2' 不符，则表明误差存在，其误差大小为：$i=\dfrac{|a_2-a_2'|}{D_{AB}}=\dfrac{|\Delta a|}{D_{AB}}\rho''$，对于 DS_3 型水准仪，当 $i>20''$ 时，应校正。

（2）校正

① 先求得 A 点水准尺上的正确读数 $a_2'=b_2+h_1$；

② 转动微倾螺旋使中丝读数由 a_2 改变成 a_2'，此时水准管气泡不再居中；

③ 用校正针拨动管水准器校正螺钉，使水准管气泡居中；

④ 重复检查，直至满足要求为止。

五、实训要求及注意事项

（1）考虑到时间和实训条件的限制，如果条件不具备，可不要求校正操作，而改成填表叙述或面试口答校正过程。

（2）必须按实训步骤规定的顺序进行检验和校正，不得颠倒。

（3）拨动校正螺钉时，应先松后紧，松一个紧一个，用力不宜过大；校正结束后，校正螺钉不能松动，应处于旋紧状态。

（4）检验与校正需反复交替进行，直到符合要求。

六、实训问答

1. 水准仪提供水准视线的充要条件是什么？

答：

2. 水准测量时，水准管气泡已严格居中，视线一定水平吗？为什么？
答：

3. 经过检验，如果圆水准器轴平行于仪器的竖轴，那么，是否只要圆水准器气泡居中，竖轴就一定处于铅垂位置？望远镜的视准轴也一定处于水平位置吗？
答：

4. 水准仪检验、校正时，若将水准仪搬向 A 尺，计算 B 尺正确读数的公式是什么？
答：

5. 水准仪的三个重要条件不满足能否测出正确高差？（对三项误差分别叙述）
答：

七、观测记录表

实训表 5　DS$_3$ 型微倾式水准仪的检验与校正记录表

仪器号：　　　　　检校者：　　　　　记录者：　　　　　日　期：

1. 一般性检验记录

检验项目	检验结果
三脚架是否牢固	
脚螺旋是否有效	
制动与微动螺旋是否有效	
对光螺旋是否有效	
望远镜成像是否清晰	
其他(其他螺旋、绕竖轴旋转等)	

2. 写出圆水准器的检验与校正结果

3. 写出十字丝的检验与校正结果

4. 水准管的检验记录

仪器位置	项目	第一次	第二次	原理略图
在 A、B 两点中间安置仪器，测高差 h_{AB}	后视 A 点尺上读书 a_1			
	前视 B 点尺上读数 b_1			
	$h_1 = a_1 - b_1$			
	高差结果			
在 A 点（或 B 点）附近安置仪器进行检验	A 点尺上读数 a_2			
	B 点尺上读数 b_2			
	计算 $b_2' = a_2 - h_{AB}$			
	计算偏差值 $\Delta b = b_2 - b_2'$			
	计算 $i = \dfrac{|\Delta b|}{D_{AB}} \rho$			
	是否需校正			

5. 简述水准管的校正过程，并写出校正结果

实训四 经纬仪的认识和使用

一、实训目的

(1) 了解 DJ_6 型光学经纬仪的基本构造，熟悉各部件的名称、功能及作用。
(2) 初步掌握仪器的使用方法，包括仪器的对中、整平、照准、读数。

二、实训器具

DJ_6 型光学经纬仪 1 台、测钎 2 根、记录板 1 块。自备实训报告、笔和计算器等。

三、实训内容

(1) 熟悉 DJ_6 型光学经纬仪各部件的名称及作用。
(2) 学会对中与整平仪器，使用垂球或光学对点器进行仪器对中。
(3) 学会调焦与照准目标、消除视差及读数。
(4) 学会使用水平度盘变换手轮或复测扳手配置水平度盘。
(5) 测量两个方向间的水平角。

四、实训步骤

1. 安置经纬仪

将经纬仪从箱中取出，安置到三脚架上，拧紧中心连接螺旋，然后熟悉仪器构造和各部件的功能，正确使用制动螺旋、微动螺旋、调焦螺旋和脚螺旋等，了解仪器的读数方法及水平度盘变换手轮（或复测扳手）的使用。

2. 练习对中和整平（要求对中误差小于 3mm，整平误差不超过 1 小格）

用光学对中器对中的具体操作方法如下。
(1) 将三脚架安置在测站上，使架头大致水平，高度适中。
(2) 调整仪器的三个脚螺旋，使光学对中器的中心标志对准测站点（不要求气泡居中）。对中前，最好先用垂球大致对中。
(3) 伸缩三脚架腿使照准部圆水准器或管状水准器气泡大致居中（不必严格居中）。
(4) 如实训图 4，使照准部水准管轴平行于两个脚螺旋的连线，相对转动这两个脚螺旋使水准管气泡居中，然后将照准部旋转 90°，转动另一脚螺旋使气泡居中（注意气泡移动方向始终与大拇指移动方向一致），在这两个位置上来回数次，直到水准管气泡在任何方向都居中为止。
(5) 若整平后发现对中有偏差，可松开中心连接螺旋，移动照准部再进行对中，拧紧后仍需重新整平仪器，这样反复几次，就可对中、整平。

3. 测量两个方向间的水平角

先调节目镜对光螺旋，使十字丝清晰。松开照准部和望远镜的制动螺旋，用准星和照门粗略瞄准左边目标，拧紧照准部和望远镜的制动螺旋。经过调焦使物象清晰（注意消除视

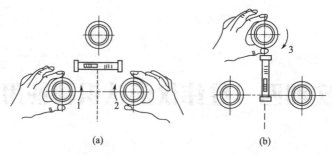

实训图 4

差），然后用照准部和望远镜的微动螺旋使十字丝的单丝（平分目标）或双丝（夹住目标）准确照准左目标，并读出水平度盘的读数（以 a 表示），计入手簿。松开照准部和望远镜的制动螺旋，顺时针转动照准部，如前所述再瞄准右目标，读出水平度盘的读数（以 b 表示），记入手簿。$\beta=b-a$，当 b 不够减时，将 b 加上 $360°$。

4. 配置水平度盘

首先，如有测微手轮，先转动测微手轮，使测微尺的读数为 $00'00''$，然后视仪器构造采用不同的方法。

① 经纬仪设置有离合器，则先将复测扳手扳上，转动照准部使度盘读数变为所配数值（如 $0°$）附近，拧紧水平制动螺旋，利用水平微动螺旋使度盘 $0°$ 分划线精确位于双指标线的中央；然后，扳下复测扳手；松开水平制动扳手，转动照准部精确调焦与照准目标（此时照准部是制动的）；最后再扳上复测扳手，此时读数便是所配的起始读数。

② 经纬仪设置有度盘变换手轮，则先转动照准部精确调焦与照准目标（此时照准部是制动的），然后再转动度盘变换手轮，使度盘读数精确为所配数值（如 $0°$），配度盘完成。

五、注意事项

(1) 仪器从箱中取出前，应看好它的放置位置，以免装箱时不能恢复到原位。
(2) 仪器在三脚架上未固定连接好前，手必须握住仪器，不得松手，以防止仪器跌落。
(3) 转动望远镜或照准之前，必须先松开制动螺旋，用力要轻；一旦发现转动不灵，要及时检查原因，不可强行转动。
(4) 仪器装箱后要及时上锁，以防存在事故危险。

六、实训问答

1. 按实训图 5 填实训表 6，说明对经纬仪主要操作部件的认识。

实训表 6　经纬仪主要操作部件及其作用

序号	操作部件名称	作　用
1		
2		
3		
4		

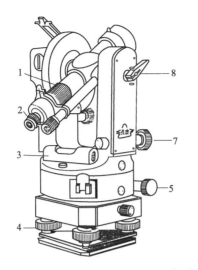
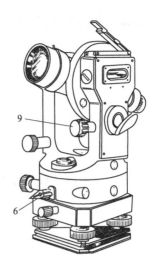

实训图 5

续表

序号	操作部件名称	作　　用
5		
6		
7		
8		
9		

2. 写出实训图 6 分微尺所示的角度值。

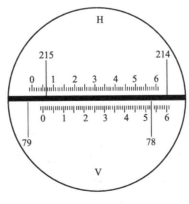

实训图 6

水平角角度值 ＿＿＿° ＿＿＿′ ＿＿＿″；垂直角角度值 ＿＿＿° ＿＿＿′ ＿＿＿″。

3. 水准仪与经纬仪的安置有何不同？
答：

4. 计算水平角时，如果被减数不够减时为什么可以再加360°？
答：

七、观测记录表

实训表7　水平角观测记录及计算

仪器型号：　　　　观测者：　　　　记录者：　　　　日期：

目标	水平度盘读数/(° ′ ″)	水平角(° ′ ″)	备注
左目标 A			
右目标 B			
左目标 C			
右目标 D			

实训五　测回法观测水平角

一、实训目的

(1) 掌握测回法观测水平角的方法及工作程序。
(2) 掌握测回法观测水平角的记录、计算方法和各项限差要求。

二、实训器具

DJ_6 型光学经纬仪 1 台，测钎 2 根，记录板 1 块。自备实训报告、笔和计算器等。

三、实训内容

(1) 练习用测回法观测水平角。
(2) 练习测回法观测水平角的记录、计算方法。

四、实训要求

(1) 对中误差小于 3mm，水准管气泡偏离不应超过一小格。
(2) 第一测回度盘配为 $0°$，其他测回改置为 $180°/n$。
(3) 上、下半测回角值差不超过 $±36″$，各测回角值差不超过 $±24″$。

五、实训步骤

(1) 仪器安置在测站上，对中、整平后，盘左照准左目标，配置水平度盘为 $0°00′$（或者在其附近），关上度盘变换手轮护盖，将起始读数记入手簿；松开照准部制动螺旋，顺时针转动照准部，照准右目标，读数并记入手簿，称为上半测回。

(2) 转动望远镜，将其由盘左位置转换为盘右位置，首先照准右目标，读数并记入手簿，松开制动螺旋，逆时针旋转照准部照准左目标，读数并记入手簿，称为下半测回。（上半测回和下半测回称为一个测回）

(3) 测完第一测回后，应检查水准管气泡是否偏离；若气泡偏离值小于 1 格，则可测第二测回。第二测回开始时，起始读数要配置在 $90°00′$ 左右，再重复第一测回的各步骤。当两个测回间的水平角值之差不超过 $±24″$ 时，取平均值作为最后角值。

六、注意事项

(1) 测回法每一个单角起始方向盘左应将度盘配置在 $0°$ 附近。
(2) 一测回观测过程中，当水准管气泡偏离值大于 1 格时，应整平后重测。
(3) 观测目标不应过粗或过细，否则以单丝平分目标或双丝夹住目标均有困难。
(4) 水平角观测时，次序不能错；水平角计算时，$β_左 = b_左 - a_左$，$β_右 = b_右 - a_右$ 不能变，当被减数不够减时，自动加上 $360°$ 再减，而不能颠倒。

（5）同一测回观测时，切勿变动或碰动复测扳手和度盘变换手轮，以免发生错误。

（6）观测时，立在点位上的花杆应尽量竖直，尽可能用十字丝交点瞄准花杆根部，最好能瞄准点位标志。

七、实训问答

1. 水平角观测中，若右目标读数小于左目标读数时，应如何计算角值？

答：

2. 为什么用盘左、盘右观测水平角，且取平均值？

答：

3. 若某测站点与两个不同高度的目标点位于同一竖直面内，那么其构成的水平角是多少？

答：

八、观测记录表

实训表 8　水平角观测记录（测回法）

仪器号：　　　　　　　　　测　站：　　　　　　　　天气：
观测者：　　　　　　　　　记录者：　　　　　　　　日期：

测站	竖盘位置	目标	水平度盘读数 /(° ′ ″)	半测回角值 /(° ′ ″)	一测回角值 /(° ′ ″)	各测回平均角值 /(° ′ ″)	备 注

实训六　方向法观测水平角

一、实训目的

(1) 掌握方向法观测水平角的方法及工作程序。
(2) 掌握方向法观测水平角的记录、计算方法和各项限差要求。

二、实训器具

DJ_6 型光学经纬仪 1 台，测钎 2 根，记录板 1 块。自备实训报告、笔和计算器等。

三、实训内容

(1) 练习用方向法观测水平角。
(2) 练习方向法观测水平角的记录、计算方法。

四、实训要求

(1) 对中误差小于 3mm，水准管气泡偏离不应超过一小格。
(2) 第一测回度盘配为 $0°$，其他测回改置为 $180°/n$。
(3) 半测回归零差不大于 $18″$（用于全圆方向法），各测回同一方向值互差不大于 $24″$。

五、实训步骤

(1) 树立标志于 A、B、C 三个目标点，安置仪器于测站点 O（包括对中和整平）。
(2) 盘左位置，顺时针方向旋转照准部依次照准目标 A、B 和 C（注意从左边即起始目标开始），分别读取水平度盘读数，并依次记入观测手簿，称为上半测回。
(3) 盘右位置，倒转望远镜，逆时针方向旋转照准部依次照准目标 C、B 和 A（注意从左边即起始目标开始），分别读取水平度盘读数，并依次记入观测手簿，称为下半测回。

上、下两个半测回合称一测回。如果为了提高精度需要测 n 个测回时，仍然需要配度盘，即每个测回的起始目标读数按 $180°/n$ 的原则进行配置，如实训表 9 中测了两测回。

实训表 9　方向法观测手簿

测站	测回数	目标	水平度盘读数		归零后读数		一测回方向平均值 /(° ′ ″)	各测回方向平均值 /(° ′ ″)	简图及角值
			盘左/(° ′ ″)	盘右/(° ′ ″)	盘左/(° ′ ″)	盘右/(° ′ ″)			
O	1	A	0 00 12	180 00 00	0 00 00	0 00 00	0 00 00	0 00 00	60°52′12″
		B	60 52 24	240 52 00	60 52 12	60 52 00	60 52 06	60 52 12	49°20′03″
		C	110 12 06	290 12 18	110 11 54	110 12 18	110 12 06	110 12 15	
	2	A	90 02 06	270 02 00	0 00 00	0 00 00	0 00 00		
		B	150 54 30	330 54 12	60 52 24	60 52 12	60 52 18		
		C	200 14 24	20 14 30	110 12 18	110 12 30	110 12 24		

(4) 计算：首先计算归零后读数，即将起始方向读数换算为 $0°00'00''$，也就是从各方向读数中减去起始方向读数，即得各方向的归零后读数，填入表中相应位置。然后计算一测回方向平均值，即

一测回方向平均值＝1/2(归零后盘左读数＋归零后盘右读数)

最后再求各测回方向平均值。并求差计算各角值，标注在表中简图上。

实训表 9 为方向法观测手簿示例。

六、注意事项

(1) 一测回观测过程中，当水准管气泡偏离值大于 1 格时，应整平后重测。

(2) 同一测回观测时，切勿变动或碰动复测扳手和度盘变换手轮，以免发生错误；一测回内不得重新整平仪器，但测回间可以重新整平仪器。

(3) 观测目标不应过粗或过细，否则以单丝平分目标或双丝夹住目标均有困难。

(4) 观测时，立在点位上的花杆应尽量竖直，尽可能用十字丝交点瞄准花杆根部，最好能瞄准点位标志。

七、实训问答

1. 上半测回归零差超限是否还应继续观测下半测回？归零差的超限是什么原因造成的？

答：

2. 在一测回观测过程中，发现水准管气泡已偏离了 1 格以上，是调整气泡后继续观测，还是必须重新观测？为什么？

答：

八、观测记录表

实训表10 水平角观测记录（方向法）

仪器号：　　　　　　　　测　站：　　　　　　　　天气：
观测者：　　　　　　　　记录者：　　　　　　　　日期：

测站	测回数	目标	水平度盘读数		归零后读数		一测回方向平均值/(° ′ ″)	各测回方向平均值/(° ′ ″)	简图及角值
			盘左/(° ′ ″)	盘右/(° ′ ″)	盘左/(° ′ ″)	盘右/(° ′ ″)			
O	1	A							
		B							
		C							
	2	A							
		B							
		C							
	3	A							
		B							
		C							

实训表11 水平角观测记录（全圆方向法）

仪器号：　　　　　　　　测　站：　　　　　　　　天气：
观测者：　　　　　　　　记录者：　　　　　　　　日期：

测站	测回数	目标	水平度盘读数		2c=左−(右±180°)/(° ′ ″)	平均读数/(° ′ ″)	归零后方向值/(° ′ ″)	各测回归零后方向平均值/(° ′ ″)	略图及角值
			盘左/(° ′ ″)	盘右/(° ′ ″)					
O	1	A							
		B							
		C							
		D							
		A							
	2	A							
		B							
		C							
		D							
		A							

实训七　垂直角观测

一、实训目的

(1) 了解竖直度盘与望远镜、水平轴、竖盘指标、竖盘指标水准管的关系。
(2) 掌握垂直角的观测、记录与计算。
(3) 熟悉竖盘指标差的概念与检验。

二、实训器具

DJ_6 光学经纬仪 1 台，记录板 1 块。自备实训报告、笔和计算器等。

三、实训内容

(1) 推导垂直角计算公式。
(2) 用盘左、盘右法对一高处目标进行垂直角观测练习。
(3) 竖盘指标差的检验。

四、实训要求

(1) 每人照准一目标观测两个测回。
(2) 两测回的竖直角及指标差互差均小于 24″。

五、实训步骤

(1) 推导竖直角计算公式　在测站点 O 安置经纬仪（包括对中和整平），将望远镜大致放置水平，观测一个读数，首先确定视线水平时的读数（是 90°的整数倍）；然后上仰望远镜，观测竖盘读数是增加还是减少，若读数增加，则垂直角的计算公式为：

$$\alpha = （瞄准目标时的读数）-（视线水平时的读数）$$

若读数减少，则

$$\alpha = （视线水平时的读数）-（瞄准目标时的读数）$$

(2) 盘左位置，调焦与照准目标 A，使十字丝横丝精确地切于目标顶端。转动竖盘指标水准管微动螺旋，使水准管气泡严格居中，然后读取竖盘读数 L，记入垂直角观测手簿。
(3) 盘右位置，重复步骤（2），记入手簿。
(4) 根据垂直角计算公式分别计算 α_L 和 α_R，则一测回垂直角为 $\alpha = 1/2(\alpha_L + \alpha_R)$，将计算结果分别记入手簿。
(5) 计算竖盘指标差

$$x = \frac{1}{2}(\alpha_L + \alpha_R) = \frac{(L+R) - 360°}{2}，当 x 大于 1′ 时，则需校正。$$

(6) 同理观测目标 B，并根据竖盘指标差互差评定精度。

注意：在垂直角观测中，每次读数前必须使竖盘指标水准管气泡居中，才能正确读数。

六、实训问答

1. 天顶距与垂直角的关系是什么？
答：

2. 经纬仪是否也能像水准仪那样提供一条水平视线？如何提供？若 DJ$_6$ 经纬仪竖盘的指标差为 +36″，则竖盘读数为多少时才是一条水平视线？
答：

3. 用盘左、盘右观测一个目标的垂直角，其值相等吗？若不相等，说明了什么？应如何处理？
答：

七、观测记录表

实训表 12　垂直角观测记录

仪器号：　　　　　　　天　气：
观测者：　　　　　　　记录者：　　　　　　　日期：

测站	目标	竖盘位置	竖盘读数/(° ′ ″)	指标差/(″)	垂直角/(° ′ ″)	备注

实训八　经纬仪的检验与校正

一、实训目的

(1) 掌握经纬仪应满足的几何条件，并检验这些几何条件是否满足要求。
(2) 初步掌握照准部水准管、视准轴、十字丝和竖盘指标水准管的校正方法。

二、实训器具

DJ_6 型光学经纬仪 1 台，校正针 1 根，旋具 1 把，记录板 1 块，花杆 2 根。自备实训报告、笔和计算器等。

三、实训内容

(1) DJ_6 型光学经纬仪的一般性检验。
(2) 照准部水准管轴的检验与校正。
(3) 十字丝竖丝的检验与校正。
(4) 视准轴的检验与校正。
(5) 横轴的检验与校正。
(6) 竖盘指标差的检验与校正。

四、实训步骤

(1) DJ_6 型光学经纬仪的一般性检验具体包括：三角架是否牢固，脚螺旋、水平制动与微动螺旋、望远镜制动与微动螺旋等是否灵活、有效，十字丝、望远镜成像是否清晰，照准部、望远镜转动是否灵活等。

(2) 照准部水准管轴的检验与校正

检验：安置好仪器后，调节两个脚螺旋，使水准管气泡严格居中，旋转照准部 180°，若气泡偏离中心大于 1 格，则需校正。

校正：拨动水准管的校正螺钉，使气泡返回偏离格值的一半，另一半用脚螺旋调节，使气泡居中。若气泡偏离值小于 1 格，一般可不校正。

(3) 十字丝竖丝垂直于横轴的检验与校正

检验：用十字丝交点照准一个明显的点目标，转动望远镜微动螺旋，若该目标离开竖丝，则需要校正。

校正：旋下望远镜前护罩，旋松十丝分划板座的四个固定螺旋，微微转动十字丝环，使竖丝末端与该目标重合。重复上述检验，满足要求后，再旋紧四个固定螺旋并装上护罩即可。

(4) 视准轴垂直于横轴地检验与校正

检验：在仪器到墙的相反方向上，相等距离处立花杆，视线水平时在花杆上做一标志 A。用盘左精确瞄准 A，纵转望远镜，仍使视线水平，在墙上标出 B_1；再用盘右瞄准 A，纵转望远镜，

在墙上标出 B_2；若两点不重合且间距大于 2cm，则需校正（仪器距墙距离为 30m 左右）。

校正：在 B_1、B_2 两点之间的 1/4 处定出一点 B，即为十字丝中心应照准的正确位置。取下十字丝分划板护罩，拨动十字丝分划板左、右校正螺钉，使十字丝交点对准 B 点，满足要求后，再旋紧固定螺旋并装上护罩即可。

(5) 横轴垂直于竖轴的检验与校正

检验：盘左瞄准楼房处一目标 P，松开望远镜制动螺旋，慢慢将望远镜放到水平位置，在墙上标出一点 a；盘右再瞄准 P 点，将望远镜放到水平位置后标出一点 b；若 a、b 两点不重合，相距超过规定限差，应进行校正。

校正：用十字丝交点照准 a、b 两点的中点，然后将望远镜上仰到和 P 点同高的位置；取下左边支架盖板（盘右时），松开偏心环（轴瓦）的固定螺旋，转动偏心环，使十字丝交点对准 P 点，最后拧紧偏心环固定螺钉，盖上护盖。

(6) 竖盘指标差的检验与校正

检验：瞄准一个明显的小目标，读取盘左、盘右的竖盘读数 L 和 R，按公式 $x=\dfrac{(L+R)-360°}{2}$ 计算出指标差，若指标差大于 $60''$，则应校正。

校正：先算出盘右的竖盘正确读数 $R-x$，以盘右照准原目标，用竖盘指标水准管微动螺旋使竖盘读数变为正确读数，此时竖盘指标水准管气泡偏离中心；旋下竖盘指标水准管校正螺钉的护盖，再用校正针将竖盘指标水准管气泡调至居中，然后重复检验一次。

五、实训要求及注意事项

(1) 考虑到时间和实训条件的限制，如果条件不具备，可不要求校正操作，或只要求部分校正操作，而改成填表叙述或面试口答校正过程。

(2) 几个项目检验的顺序不能颠倒。

(3) 拨动校正螺钉时，应先松后紧，松一个紧一个，用力不宜过大；校正结束后，校正螺钉不能松动，应处于旋紧状态。

(4) 选择测站时，最好应顾及视准轴与横轴两项检验。

六、实训问答

1. 水平角观测采用盘左、盘右取平均值，是为了消除仪器的什么误差？

答：

2. 检验视准轴应垂直于仪器竖轴时，为什么要选择一个与仪器水平视线同高的目标点？而检验仪器横轴应垂直于竖轴时，目标为什么要选高一点？

答：

3. 用盘左校正指标差时，盘左的正确读数如何计算？

答：

4. 用盘右校正指标差时，盘右的正确读数如何算？

答：

七、观测记录表

实训表 13　DJ$_6$型光学经纬仪的检验与校正记录

仪器号：　　　　　　　　　天　气：
观测者：　　　　　　　　　记录者：　　　　　　　　　日　期：

1. 一般性检验结果是：三脚架(　　　　)，水平制动与微动螺旋(　　　　)，望远镜制动与微动螺旋(　　　　)，照准部转动(　　　　)，望远镜转动(　　　　)，望远镜成像(　　　　)，脚螺旋(　　　　)，其他螺旋(　　　　)				
2. 水准管轴的检验	水准管平行一对脚螺旋时气泡位置图	照准部旋转180°后气泡的位置图	照准部旋转180°后气泡应有的正确位置图	是否需要校正
3. 十字丝纵丝的检验	检验开始时望远镜视场图	检验终了时望远镜视场图	正确的望远镜视场图	是否需要校正
4. 视准轴的检验	B_1、B_2两点间距离为＿＿＿，＿＿＿cm，是否需要校正？			
5. 横轴的检验	a、b两点是否重合，是否需要校正？			
6. 竖盘指标差检验	仪器安置点	目标	盘位	竖盘读数	竖直角
	A	G	左		
			右		
	检验	计算指标差：			
		是否需要校正			
7. 校正方法简述	水准管轴			
	十字丝纵丝			
	视准轴			
	横轴			
	指标差			

实训九　直线定线和钢尺量距的一般方法

一、实训目的

(1) 熟悉钢尺的正确使用。
(2) 掌握直线定线的方法。
(3) 掌握钢尺量距的一般方法与成果计算。

二、实训器具

30m 钢尺 1 把，花杆 3 根，测钎 1 束，木桩 3 个，斧头 1 把，记录板 1 块。自备实训报告、笔和计算器等。

三、实训内容

(1) 目估定线。与丈量工作同时进行。
(2) 用钢尺量距的一般方法丈量两点之间水平距离。一般采用整尺段加零尺段的方法。
(3) 完成内业计算。精度要求：$K_容 = 1/3000$。

四、实训步骤

(1) 如实训图 7，量距时，先在 A、B 两点上竖立标杆（或测钎），标定直线方向，然后，后尺手持钢尺的零端位于 A 点的后面，前尺手持尺的末端并携带一束测钎，沿 AB 方向前进，至一尺段处时停止。

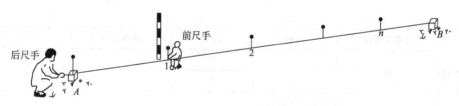

实训图 7

(2) 后尺手以手势指挥前尺手将测钎插在 AB 方向上；后尺手以尺的零点对准 A 点，两人同时将钢尺拉紧、拉平、拉稳后，前尺手喊"预备"，后尺手将钢尺零点准确对准 A 点，并喊"好"，前尺手随即将测钎对准钢尺末端刻划竖直插入地面，得 1 点。这样便完成了第一尺段 $A1$ 的丈量工作。

(3) 接着后尺手与前尺手共同持尺前进，后尺手走到 1 点时，即喊"停"。再用同样方法量出第二尺段 1—2 的丈量工作。然后后尺手拔起 1 点上的测钎，与前尺手共同持尺前进，丈量第三段。如此继续丈量下去，直到最后不足一整尺段 n—B 时，后尺手将钢尺零点对准 n 点测钎，由前尺手读 B 端点余尺读数，此读数即为零尺段长度 l'。这样就完成了由 A 点到

B 点的往测工作。从而得到直线 AB 水平距离的往测结果为：
$$D_{往}=nl+l'$$
式中　n——整尺段数（即 A、B 两点之间所拔测钎数）；
　　　l——钢尺长度，m；
　　　l'——不足一整尺的零尺段长度，m。
（4）用同样的方法由 B 点量至 A 点进行返测，结果为 $D_{返}$。
（5）内业成果计算

相对误差　$K=\dfrac{|D_{往}-D_{返}|}{D_{平均}}=\dfrac{|\Delta D|}{D_{平均}}=\dfrac{1}{\dfrac{D_{平均}}{|\Delta D|}}$

若 $K \leqslant K_{容}$，则精度符合要求。

AB 距离为：$D_{平均}=\dfrac{1}{2}(D_{往}+D_{返})$

五、注意事项

（1）钢尺量距的原理简单，但在操作上容易出错，要做到三清。

零点看清——尺子零点不一定在尺端，有些尺子零点前还有一段分划，必须看清；

读数认清——尺上读数要认清 m，dm，cm 的注字和 mm 的分划数；

尺段记清——尺段较多时，容易发生少记一个尺段的错误。

（2）钢尺容易损坏，为维护钢尺，应做到四不：不扭、不折、不压、不拖。用毕要擦净、涂油后才可卷入尺壳内。

（3）前、后尺手动作要配合好，定线要直，尺身要水平，尺子要拉紧，用力要均匀，待尺子稳定时再读数或插测钎。

（4）用测钎标志点位，测钎要竖直插下，前、后尺所量测钎的部位应一致。

（5）读数要细心，小数要防止错把 9 读成 6，或将 21.041 读成 21.014 等。

（6）记录应清楚，记好后及时回读，互相校核。

（7）量距越过公路时，不允许往来车辆碾压尺子，以免损坏。

六、实训问答

1. 哪些因素会对钢尺量距产生误差？应注意哪些事项？

答：

2. 什么是直线定线？量距时为什么要进行直线定线？如何进行直线定线？
答：

3. 丈量 A、B 两点水平距离，用 30m 长的钢尺，丈量结果为往测 4 尺段，余长为 10.250m，返测 4 尺段，余长为 10.210m，试进行精度校核，若精度合格，求出水平距离。（精度要求 $K_容 = 1/2000$）
解：

七、观测记录表

实训表 14　钢尺量距的一般方法记录与计算表

观测者：　　　　　　　　记录者：　　　　　　　　日期：

测量起止点	测量方向	整尺长/m	整尺数	余长/m	水平距离/m	往返测较差/m	平均距离/m	精度
A—B	往测							
	返测							
辅助计算备注								

实训十 闭合导线测量

一、实训目的

(1) 熟悉导线的布设方法。
(2) 掌握罗盘仪定向的方法。
(3) 掌握经纬仪钢尺导线测量。

二、实训器具

经纬仪1台,罗盘仪一台,钢尺1把,测钎若干,木桩若干,小钉若干,斧头1把,记录板1块。自备实训报告、笔和计算器等。

三、实训内容

(1) 布设导线,并做好标志。
(2) 导线起点坐标自己假定,起始边坐标方位角用罗盘仪测定。
(3) 用测回法完成闭合导线的转折角测量,用钢尺完成闭合导线的边长丈量。
(4) 要求画出草图,在草图上标出起算数据和观测结果,完成记录和成果计算全过程。

四、实训步骤

导线测量的外业工作一般包括:踏勘选点、建立标志、导线边长测量、导线转折角测量和导线连接测量等。图根导线测量技术指标见实训表15。

实训表15 图根导线测量技术指标

测图比例尺	附合导线长度/m	平均边长/m	往返丈量相对误差	测角中误差/(″)	导线全长相对闭合差	测回数 DJ_6	方位角闭合差/(″)
1:500	500	75	1/3000	±20	1/2000	1	$±60″\sqrt{n}$
1:1000	1000	110					
1:2000	2000	180					

(1) 踏勘选点与建立标志。选点要恰当,标志要清晰。一般以3~4点为宜。
(2) 导线边长测量。导线边长采用钢尺量距的一般方法进行,往、返丈量导线边长,其较差的相对误差不得超过1/3000。
(3) 测转折角。要求在附合导线中,测左角或右角;在闭合导线中,测内角。严格按测回法的观测程序作业,上、下半测回角值之差≤±36″,对中误差<3mm,水准管气泡偏差<1格。
(4) 用罗盘仪测定起始边的坐标方位角。
(5) 导线内业计算。角度闭合差不得超过 $±60″\sqrt{n}$,导线全长相对闭合差不得超过1/2000。

五、实训问答

1. 导线测量有哪几种布设形式？各在什么情况下使用？
答：

2. 图根导线测量选点的原则是什么？
答：

3. 导线坐标计算时应满足哪些几何条件？

六、观测记录表

实训表 16　经纬仪钢尺导线测量方法记录与计算表

仪器号：　　　　　　　　　天　气：
观测者：　　　　　　记录者：　　　　　　日期：

（一）导线测量外业记录表

测点	盘位	目标	水平度盘读数 /(° ′ ″)	水平角		边长丈量记录
				半测回值/(° ′ ″)	一测回值/(° ′ ″)	
						边长名： 往测： 返测： 平均：
						边长名： 往测： 返测： 平均：

续表

测点	盘位	目标	水平度盘读数 /(°′″)	水平角		边长丈量记录
				半测回值/(°′″)	一测回值/(°′″)	
						边长名： 往测： 返测： 平均：
						边长名： 往测： 返测： 平均：
	校核		角度闭合差 $f_\beta=$			

（二）导线测量内业成果计算表

导线平面布置草图	（注意标明所有起算数据和观测结果）									
点号	观测角 /(°′″)	改正数 /(″)	坐标方位角 /(°′″)	边长 /m	Δx /m	$v_{\Delta x}$ /mm	Δy /m	$v_{\Delta y}$ /mm	x /m	y /m
1	2	3	4	5	6	7	8	9	10	11
Σ										
辅助计算										

实训十一 四等水准测量

一、实训目的

(1) 熟悉四等水准测量的主要技术要求。
(2) 掌握四等水准测量的观测、记录、计算、校核方法及成果计算。

二、实训器具

DS_3 型微倾式水准仪 1 台,双面水准尺 1 对,尺垫 1 对,记录板 1 块。自备实训报告、笔和计算器等。

三、实训内容

(1) 布设一条闭合水准路线。假定已知点高程。
(2) 用四等水准测量的方法完成该工作的观测、记录和计算校核,并完成高差闭合差的调整与高程计算,求出未知点的高程。

四、实训步骤

1. 三、四等水准测量的主要技术要求(见实训表 17)

实训表 17 三、四等水准测量技术指标

等级	水准仪	水准尺	视线离地高度	视线长度/m	前后视距差/m	前后视距累积值/m	红黑面读数差/m	红黑面高差之差/mm	检测间歇高差之差/mm	观测次数		往返较差、附合或环形闭合差	
										与已知点连测的	附和或环形的	平地	山地
三	DS_3	双面	三丝能读数	65	3.0	6.0	2	3	3	往返各一次	往返各一次	$±12\sqrt{L}$	$±4\sqrt{n}$
四	DS_3	双面	三丝能读数	80	5.0	10.0	3	5	5	往返各一次	往一次	$±20\sqrt{L}$	$±6\sqrt{n}$

注:L 为单程路线长度,以 km 计;n 为测站数(单程)。

2. 一个测站的观测程序。

四等水准测量的观测程序为:后、前、前、后(有时也可采用后、后、前、前)的观测程序。观测程序如下。

① 安置仪器、粗平;
② 后视黑面尺,精平,读上、下、中、三丝读数,记入观测手簿;
③ 前视黑面尺,精平,读中、上、下、三丝读数,记入观测手簿;
④ 前视红面尺,精平,读中丝读数,记入观测手簿;
⑤ 后视红面尺,精平,读中丝读数,记入观测手簿。

3. 测站上的计算与检核

(1) 视距部分　分别计算后视距离 $d_{后}$，前视距离 $d_{前}$，前、后视距差 Δd，视距差累积值 $\Sigma \Delta d$。

(2) 高差部分　先进行同一标尺的黑红读数检核，然后进行高差计算和检核。各项限差经检核无误后，方可迁入下一测站。否则，不许搬站，应重测，直至达到要求为止。

4. 成果检核与高程计算

水准测量结束后，应立即进行成果检核，计算出路线的高差闭合差是否在实训表 17 的容许值范围内。符合要求后，应进行闭合差调整。最后按调整的高差计算各水准点的高程。

五、注意事项

(1) 在观测的同时，记录员应及时进行测站的计算与检核工作，符合要求方可迁站，否则应重测。

(2) 仪器未迁站时，后视尺不得移动；仪器迁站时，前视尺不得移动。

(3) 双面水准尺每两根为一组，当第一测站前尺位置决定以后，两根尺要交替前进，不能搞乱。记录计算时要明确尺号和相应的 K 值。

六、实训问答

1. 简述四等水准测量一测站的观测顺序。

答：

2. 四等水准测量为何限制前后视距差？

答：

七、观测记录表

实训表 18　四等水准测量记录表

仪器号：　　　　　　　　　天　气：
观测者：　　　　　　　　　记录者：　　　　　　　　　日　期：

测站编号	测点编号	后尺 上丝 / 下丝 / 后距 / 视距差	前尺 上丝 / 下丝 / 前距 / 累加差	方向及尺号	标尺读数 黑面 /m	标尺读数 红面 /m	K+黑 减红/mm	高差中数 /m	备注
				后					
				前					
				后—前					
				后					
				前					
				后—前					
				后					已知 BM_1 的
				前					高程为
				后—前					10.000m
				后					
				前					
				后—前					
				后					
				前					
				后—前					

实训表 19　水准测量成果计算表

点号	水准路线长 L_i/m	测站数 n_i/m	实测高差 h_i/m	高差改正数 v_i/m	改正后高差 $h_{i改}$/m	高程 H_i/m	备注
A						1000.000	已知
Ⅰ							
Ⅱ							
A							
Σ							
辅助计算	$f_h=$　　　　　　　　$f_{h容}=$ 　　　高差改正数 $v_i=$						

*实训十二　用前方交会法测量点的平面位置

一、实训目的

掌握前方交会法测量点的平面位置,包括外业测量与内业成果计算。

二、实训器具

DJ_6 光学经纬仪 1 台,记录板 1 块,木桩和小钉各 1 个,斧头 1 把。自备实训报告、笔和计算器等。

三、实训内容

(1) 用经纬仪测量水平角。
(2) 根据已知点坐标和水平角观测值用前方交会法计算未知点的坐标。

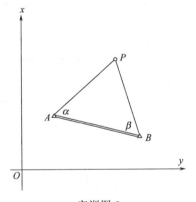

实训图 8

四、实训步骤

(1) 如实训图 8,A、B 为已知控制点,在现场选定未知点 P。
(2) 用经纬仪对 $\angle A$ 和 $\angle B$ 分别用测回法测一测回,得 α 和 β,注意精度要符合要求。
(3) 然后以下公式计算 P 点的坐标。

$$\left.\begin{array}{l} x_P = \dfrac{x_A \cot\beta + x_B \cot\alpha - y_A + y_B}{\cot\alpha + \cot\beta} \\ y_P = \dfrac{y_A \cot\beta + y_B \cot\alpha + x_A - x_B}{\cot\alpha + \cot\beta} \end{array}\right\}$$

(4) 如果条件具备,前方交会可以布设成如实训图 9 的几种图形。图中 A、B、C、D 为已知点,P 为前交点,α_1、β_1、α_2、β_2 为已知点上的观测角。

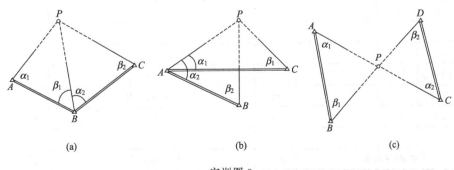

实训图 9

显然，P 点的坐标只需要一个三角形的两个角（α，β）和两个已知点的坐标，就能解算。但是为了避免错误和检核观测成果精度，实际工作中要求组成两个三角形图形并分别解算交会点坐标。若所得两组坐标的较差不大于图上 0.2mm，则可取其中数作为最后计算结果。

五、观测记录计算表

实训表 20　水平角观测记录（测回法）

仪器号：　　　　　　　测　站：　　　　　　　天　气：
观测者：　　　　　　　记录者：　　　　　　　日　期：

测站	竖盘位置	目标	水平度盘读数 /(° ′ ″)	半测回角值 /(° ′ ″)	一测回角值 /(° ′ ″)	各测回平均角值 /(° ′ ″)	备注

实训表 21　前方交会点计算表

计算者：　　　　　　　检查者：　　　　　　　时间：

示意图		观测图		备注 精度评定：

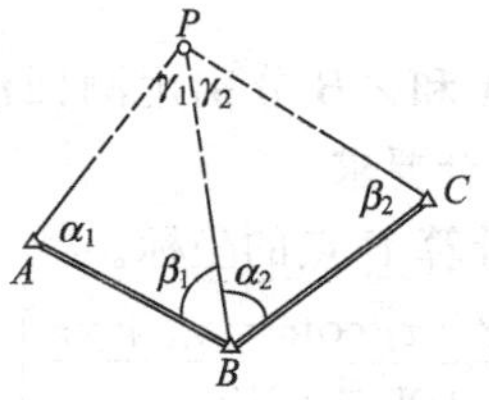

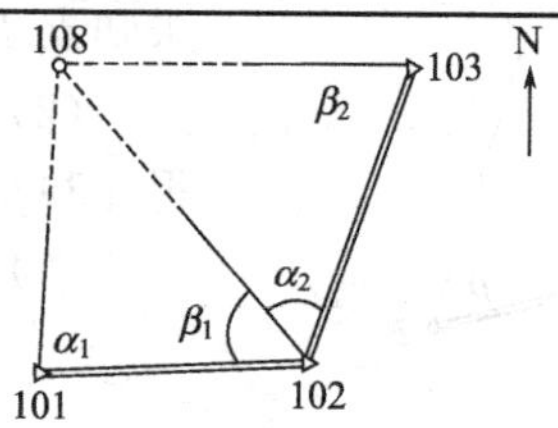

点之名称		观　测　角	坐　标	
			x	y
P	108	(γ_1)	x_P	y_P
A	101	α_1	x_A	y_A
B	102	β_1	x_B	y_B
P	108	(γ_2)	x_P	y_P
B	102	α_2	x_B	y_B
C	103	β_2	x_C	y_C
计算结果(平均值)			$x_{P中}$	$y_{P中}$

实训十三 碎部测量（经纬仪测绘法测图）

一、实训目的

了解经纬仪配合量角器测图的方法和步骤，掌握在一个测站上的测绘工作。

二、实训器具

DJ_6 经纬仪1台，绘图板1块，视距尺1根，量角器1个，三角板1副，小钢卷尺1个，比例尺1根，小针1根，记录板1块。自备实训报告、橡皮、铅笔、可编程序计算器，图纸（500mm×500mm 坐标方格网纸）一张。

三、实训内容

（1）用经纬仪和视距尺（水准尺）在一个测站点上施测周围的地物和地貌，采用边测边绘的方法进行。测图比例尺 1∶1000。

（2）根据地物特征点勾绘地物轮廓线，根据地貌特征点按等高距为1m，用目估法勾绘等高线。

四、实训步骤

（1）在测站上安置经纬仪，对中、整平、定向（根据已知边定向，瞄准已知边方向，水平度盘配零），然后量取仪器高 i（精确到厘米），假定测站点高程为 H_0。

（2）将图板安置在测站点附近，在图纸上定出测站点位置，画上起始方向线，将小针钉在测站点上，并套上量角器使之可绕小针自由转动。

（3）跑尺员按地形和地貌有计划地跑点。

（4）观测员对每一次立尺，依次读取上、下丝读数，中丝读数 v（可取与仪器高相等，即 $v=i$）；竖盘读数 L 和水平度盘读数，并分别记入碎部测量手簿。竖盘读数时，竖盘指标水准管气泡应居中。

（5）用可编程序计算器计算水平距离和高程。

（6）绘图员根据水平角读数和水平距离将立尺点展绘到图纸上，并在点的右侧注上高程；然后按照实际地形勾绘等高线并按地物形状连接各地物点。

五、注意事项

（1）测定碎部点只用竖盘盘左位置，故观测前需校正竖盘指标差，使其小于 $1'$。

（2）读竖盘读数时一定要用中丝准确切准目标，注意竖盘指标水准管气泡居中。

（3）注意协调配合，视距尺要立直，特殊的碎部点应在备注栏加以说明。

（4）比较平坦的地区可用"平截法"测定碎部点，将竖盘读数对准 $L=90$（竖盘水准管气泡居中）读出中丝截尺数 v，即可算出该点的高程：$H=H_0+i-v$。读取视距时，仍可用上丝对准尺上整米数；因为倾角很小，视距不加倾斜改正即为平距。在平坦地区，采用"平截法"测定碎部点，计算简单，碎部点的高程精度亦较高。

（5）随时检查"0"方向（一般每测 30 个碎部点检查一次），此项工作称为归零，归零差不得超过 4′。若归零差在 4′ 以内，允许重新配"0"；当"0"方向变动超过 4′，前区间的测点成果作废。

（6）仪器高度、中丝读数和高差计算精确到厘米，平距精确到分米。

（7）一般可用上丝对准尺上整米读数，读取下丝在尺上的读数，心算出视距。

（8）随测随绘，地形图上的线划、符号和注记一般在现场完成，并随时检查所绘地物、地貌与实地情况是否相符，有无漏测，及时发现和纠正问题，真正做到点点清、站站清。

六、实训问答

1. 测一个碎部点需观测哪些数据？

答：

2. 简述在一个测站上进行碎部点测量的工作要点。

答：

3. 测量一定数量碎部点后，为什么要检查图板的方向？应如何进行？

答：

七、实训记录表

实训表 22　碎部点观测记录与计算表

仪器号：　　　　　　测站点：　　　　　测站点高程：　　　　　后视点：　　　天气：
仪器高：　　　　　　观测者：　　　　　　　　　记录者：　　　　　　　　　　日期：

点号	视距读数/m			中丝读数 v/m	竖盘读数 L/(°′)	竖直角 α(°′)	水平角读数 β/(°′)	水平距离 /m	高差 /m	碎部点高程/m
	上丝读数 /m	下丝读数 /m	上下丝之差 l/m							

主要计算公式：

展绘成果见图纸。

*实训十四　全站仪的认识与使用

一、实训目的

（1）认识全站仪的构造、各部件的名称及作用。
（2）掌握全站仪的操作要领；掌握全站仪测量角度、距离、高差和坐标的方法。

二、实训器具

全站仪 1 台，带三角架棱镜组 2 个，记录板 1 块。自备实训报告和笔等工具。

三、实训内容

（1）熟悉全站仪的构造、各部件的名称及作用。
（2）利用全站仪进行角度、距离、高差和坐标的测量。

四、实训步骤

1. 全站仪的认识

全站仪由照准部、基座、水平度盘等部分组成，采用编码度盘或光栅度盘，读数方式为电子显示。有功能操作键及电源，还配有数据通信接口。

2. 全站仪的使用（以拓普康全站仪为例进行介绍）

（1）测量前的准备工作

① 电池的安装（注意：测量前电池需充足电）

a. 把电池盒底部的导块插入装电池的导孔。
b. 按电池盒的顶部直至听到"咔嚓"响声。

② 仪器的安置

a. 在实验场地上选择一点 O，作为测站，另外两点 A、B 作为观测点。
b. 将全站仪安置于 O 点，对中、整平。
c. 在 A、B 两点分别安置棱镜。

③ 竖直度盘和水平度盘指标的设置

a. 竖直度盘指标设置。松开竖直度盘制动钮，将望远镜纵转一周，竖直度盘指标即已设置。随即听见一声鸣响，并显示出竖直角。

b. 水平度盘指标设置。松开水平制动螺旋，旋转照准部 360°，水平度盘指标即自动设置。随即一声鸣响，同时显示水平角。至此，竖直度盘和水平度盘指标已设置完毕。注意：每当打开仪器电源时，必须重新设置新的指标。

④ 调焦与照准目标

操作步骤与一般经纬仪相同，注意消除视差。

（2）角度测量

① 首先从显示屏上确定是否处于角度测量模式，如果不是，则按操作转换为角度测量模式。

② 盘左瞄准左目标 A，按置零键，使水平度盘读数显示为 $0°00'00''$，顺时针旋转照准部，瞄准右目标 B，读取显示读数。

③ 同样方法可以进行盘右观测。

④ 如果测竖直角，可在读取水平度盘的同时读取竖盘的显示读数。

（3）距离测量

① 首先从显示屏上确定是否处于距离测量模式，如果不是，则按操作键转换为距离测量模式。

② 照准棱镜中心，这时显示屏上能显示箭头前进的动画，前进结束则完成距离测量，得出距离，HD 为水平距离，VD 为倾斜距离。

（4）坐标测量

① 首先从显示屏上确定是否处于坐标测量模式，如果不是，则按操作键转换为坐标测量模式。

② 输入本站点 O 点及后视点坐标，以及仪器高、棱镜高。

③ 瞄准棱镜中心，这时显示屏上能显示箭头前进的动画，前进结束则完成坐标测量，得出点的坐标。

3. 观测要求

（1）瞄准目标后读 5 个数：水平角读数、垂直角读数、斜距、平距、高差；

（2）水平角 1 测回，两个半测回同一方向（归零后）的较差 $35''$；

（3）垂直角 1 测回，两方向指标差互差 $\leqslant 25''$；

五、注意事项

（1）运输仪器时，应采用原装的包装箱运输、搬动。

（2）近距离将仪器和脚架一起搬动时，应保持仪器竖直向上。

（3）拔出插头之前应先关机。在测量过程中，若拔出插头，则可能丢失数据。

（4）换电池前必须关机。

（5）全站仪是精密贵重的测量仪器，要防日晒、防雨淋、防碰撞震动。严禁仪器直接照准太阳。

六、实训记录表

实训表 23　全站仪测量记录表

仪器号：　　　　　测站点：　　　　　测站点高程：　　　　　后视点：　　　天气：
仪器高：　　　　　观测者：　　　　　记录者：　　　　　　　　　　　　　日期：
测站点坐标：　　　　　　　　　　　　后视点坐标：

测站	测回	棱镜高/m	竖盘位置	水平角观测		竖直角观测		距离高差观测			坐标测量		
				水平度盘读数/(° ′ ″)	方向值或角值/(° ′ ″)	竖直度盘读数/(° ′ ″)	垂直角/(° ′ ″)	斜距/m	平距/m	高差/m	x/m	y/m	H/m

定价：49.00元